PBR 次世代游戏美术制作
——角色篇

主　编　张　维　张　恒
副主编　曹　婧　沙牧秋
参　编　王　丹　郭法宝
　　　　王　群　朱　睿

北京理工大学出版社
BEIJING INSTITUTE OF TECHNOLOGY PRESS

内 容 简 介

本书根据动漫游戏企业角色建模师岗位工作流程，将岗位典型工作任务进行教学化提炼、重构，以典型工作任务为中心，融合世界技能大赛“3D数字游戏艺术”项目对知识、技能和素质的要求组织内容。本书适用于对动漫游戏感兴趣、具有一定美术基础的学生和社会人士。通过学习本书，学习者能够掌握次世代游戏模型制作流程的知识，由浅入深，了解次世代模型制作的基本方法和技巧；激发学习者分析问题、解决问题的能力，为进一步的深造或工作打下坚实的基础。

图书在版编目(CIP)数据

PBR次世代游戏美术制作. 角色篇 / 张维，张恒主编. -- 北京：北京理工大学出版社，2023.9

ISBN 978-7-5763-1650-6

Ⅰ. ①P… Ⅱ. ①张… ②张… Ⅲ. ①游戏程序-程序设计 Ⅳ. ①TP317.6

中国版本图书馆CIP数据核字(2022)第157504号

责任编辑：王玲玲　　**文案编辑**：王玲玲
责任校对：周瑞红　　**责任印制**：施胜娟

出版发行 / 北京理工大学出版社有限责任公司
社　　址 / 北京市丰台区四合庄路6号
邮　　编 / 100070
电　　话 / (010) 68914026（教材售后服务热线）
(010) 68944437（课件资源服务热线）
网　　址 / http://www.bitpress.com.cn

版 印 次 / 2023年9月第1版第1次印刷
印　　刷 / 河北盛世彩捷印刷有限公司
开　　本 / 787 mm×1092 mm　1/16
印　　张 / 11.5
字　　数 / 255千字
定　　价 / 49.80元

前言

本书面向数字内容服务与影视节目制作行业，针对动画设计人员、动画制作员、数字媒体艺术专业人员等职业的岗位需求，校企“双元”合作，将纸质媒体和数字媒体有机结合。以真实生产项目的典型工作任务为载体，带领读者使用ZBrush雕刻符合人体比例的造型，根据角色背景为角色添加装备细节，再为模型制作真实的PBR材质，最后进入toolbag引擎渲染，熟悉次世代游戏美术流程的每一个环节。

本书摒弃了传统专业教材讲菜单、讲工具的教学方式，围绕次世代游戏模型制作工作流程整合案例，设计“进阶型”教学模块。本书由写实女性头部制作和男性剑士制作两个项目构成。案例间体现了由小到大、由简单到复杂的递进关系。后面项目在前面项目所学知识的基础上，提出新的问题和新的要求，促使读者积极地进行探索与发现，自主地进行知识的整合与建构，解决问题，完成创新，达到要求。读者在完成进阶型项目的过程中，逐步形成“巩固—提升—创新”的循环上升学习模式，最终掌握次世代头部细节特写制作、毛发解决方案，金属、皮革材质制作等知识点，熟悉角色形体雕刻、角色细节塑造、模型拓扑、标准UV拆分、PBR真实材质制作及toolbag引擎渲染次世代模型制作全流程。

全书分为两个项目，每个实训项目分解成6个典型任务。

项目一　写实女性头部制作

第1个任务：女性角色头部高精度模型大型制作。介绍了制作女性角色头部大型的方法和需要注意的问题。

第2个任务：女性角色头部高精度模型中级结构刻画。介绍了在女性角色大型制作完成的基础上，刻画眼睛、耳朵、嘴唇、颧骨等结构的方法和要注意的问题。

第3个任务：完成女性头部细节塑造。介绍了女性头部细节、微细节刻画以及睫毛的制作方法。

第4个任务：完成女性头部拓扑及UV分解。介绍了次世代游戏角色头部布线规则，以及使用ZBrush完成角色头部拓扑并拆分UV的方法。

第5个任务：完成女性角色头发模型制作。介绍了女性头发制作方法以及常用插件。

第6个任务：完成女性角色贴图制作。介绍了使用Substance Painter制作女性头发贴图、使用 ZBrush 插件 ZAppLink 绘制皮肤贴图、使用 Photoshop 绘制颜色贴图与高光贴图的方法技法。

项目二　男性剑士制作

第 1 个任务：男性人体制作。介绍人体艺用解剖，以及人体塑造方式。

第 2 个任务：男性剑士装备制作。介绍了铠甲类硬表面模型制作思路与技法。

第 3 个任务：男性角色头发模型制作。再次练习了角色头发模型制作方法。

第 4 个任务：整理男性剑士角色模型。介绍了模型清理规范和整理方法。

第 5 个任务：男性剑士装备高模制作。介绍了男性剑士的装备破损、褶皱等细节制作思路与方法。

第 6 个任务：男性剑士贴图制作。介绍了使用 Substance Painter 制作男性剑士装备贴图以及使用 ZBrush 制作脸部颜色贴图的方法。

本书提供配套同步教学视频资源，扫描二维码即可观看教学视频，下载教学资源，如果大家在阅读或使用过程中遇到任何与本书相关的技术问题，或者需要什么帮助，请发邮件至 Easyskill@ qq. com，我们会尽力为大家解答。

目录

项目一

写实女性头部制作

【项目描述】

本项目为次世代主机制作一款AAA级别的游戏，其中游戏风格为写实题材，需要制作一个写实的角色，项目要求该角色以明星照片原型为参考，按照PBR次世代的游戏美术流程完成该角色制作，本项目实训先从角色头部制作开始，需要熟悉PBR制作流程，同时需要掌握PBR流程核心知识点，写实女性角色头部制作是PBR次世代角色核心内容。包含了角色模型制作流程及规范、技巧，角色头部UV分解技巧及布局，Substance Painter PBR贴图制作技法，引擎渲染技术等知识的学习，最终完成写实女性角色头部模型、贴图的制作并使用引擎输出最终渲染图，如图1-1所示。

图1-1　次世代角色

【项目要求】

1. 使用软件：Maya 2020、ZBrush 2020
2. 场景单位：Meters
3. 模型面数：3 000 px
4. 贴图大小：2 048 px
5. 贴图数量：4张
6. 贴图精度：每厘米256 px

7. 高精度模型命名：Character_girl. ztl

8. 低精度模型命名：Character_girl_lowploy. ma

9. 贴图命名：（xxxx 代表不同的部分，对应不同的文件名，如脸部贴图可以是 Diffuse：Character_face_D. tga）

①Diffuse：Character_xxxx_D. tga

②Normal：Character_xxxx_N. tga

③Metalness：Character_xxxx_M. tga

④Raphness：Character_xxxx_R. tga

10. 场景文件中心点归零

11. 删除历史记录

【教学目标】

- 掌握 PBR 次世代游戏美术制作流程规范。
- 掌握 PBR 次世代游戏美术相关软件配合。
- 掌握 PBR 次世代游戏美术角色头部制作技巧。
- 掌握写实角色头部骨骼、肌肉结构及外在表现。
- 掌握写实女性高模制作流程及技法。
- 掌握写实女性游戏模型的拓扑结构。
- 掌握角色头部 UV 分解技巧。
- 了解写实角色脸部贴图制作技巧和要求。
- 了解 Substance Painter PBR 贴图制作流程。
- 了解运用引擎渲染设置和静帧图片输出的方法。

【项目分析】

根据 PBR 次世代角色制作流程，本项目首先使用 ZBrush 完成角色头部高精度模型制作，在 ZBrush 中从圆球开始制作，抓准角色头部造型的比例、轮廓，在此基础上升级模型，制作正确的头部骨骼、五官结构。在大型比例、轮廓、结构准确的基础上再次升级塑造角色细节。在完成女性角色模型雕刻之后，使用 Maya 拓扑模型低模完成头发模型制作并分解模型 UV。使用 Substance Painter 完成各类贴图制作，最后导入引擎完成静帧图片的渲染输出。

【知识传送】

1. PBR 次世代游戏美术

PBR（Physically Based Render，基于物理的渲染）是指可视化的渲染引擎技术。“次世代”是由日语原字“次世代”而来的，字面意思就是“下一代”游戏。和传统游戏相比，次世代游戏是把次世代游戏开发技术融入现代游戏之中，通过增加模型的面和贴图的数据量并使用次世代游戏引擎来改善游戏的画面效果。

2. AAA 级游戏

AAA 级游戏，简称“3A 大作游戏”，指高成本、高体量、高质量游戏。

任务一　女性角色头部高精度模型大型制作

【任务目标】完成女性角色头部大型制作。

【任务分析】使用 ZBrush 中的球体制作女性角色头型，并完成角色颈肩制作。根据三庭五眼比例完成眼睛、鼻子、嘴、耳朵的基础塑造，再依据五峰四谷理论完成女性角色头部额肌、眉弓、颧骨、口轮匝肌、颏肌的制作，最终制作出女性角色头部大型。

【知识准备】

知识 1：人体头部艺用解剖

①人体头部骨骼：如图 1－2 所示，人体头部骨骼点从上到下为顶骨、额骨（额头）、颞骨（太阳穴）、眉骨（分眉心和眉弓两部分）、眼眶骨（眼眶周围的骨头都属于眼眶骨，包括眉骨）、颧骨、颧弓（颧骨的延伸）、乳突、鼻骨（梨状孔）、上颌骨、下颌骨。

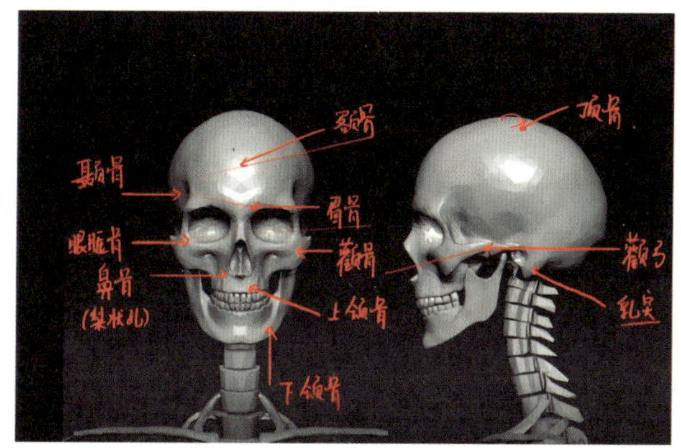

图 1－2　人体头部骨骼

②人体头部肌肉：如图 1－3 所示，人体头部肌肉从上到下为额肌、颞肌、眼轮匝肌（眼眶周围肌肉）、皱眉肌、上眼皮、下眼皮、鼻肌、鼻软骨、笑肌、咬肌、颧小肌、颧大肌、颊肌、口轮匝肌（嘴巴周围肌肉）、降下唇肌、降口角肌、颏肌。

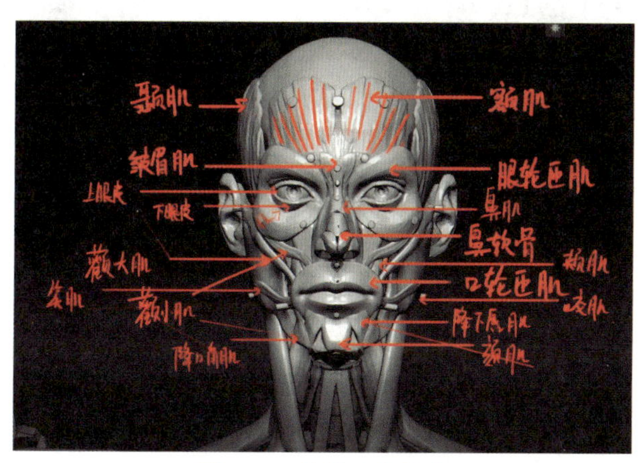

图 1－3　人体头部肌肉

知识 2：漂亮的东方女性角色脸部特点

与男性角色相比较，女性角色很难感受到脸上的肌肉，五官精致，面部扁平化，如图 1－4 所示。

图 1－4　亚洲女性

知识 3：漂亮的欧洲女性角色脸部特点

欧洲女性脸部比较立体，眼眶骨与眼球之间的距离比较深，鼻子高挺，脸部边缘轮廓线更有起伏感，颧骨较为明显，如图 1－5 所示。

图 1－5　欧洲女性

知识 4：三庭五眼

三庭：发际线到眉心为上庭；眉心到鼻头为中庭；鼻尖到下巴为下庭。五眼：脸的宽度应该为五个眼睛的宽度，其中两眼之间的距离应该为一眼，眼睛到太阳穴的距离应该又是一眼，如图 1－6 所示。注意，本书中的五眼是指在不开透视的情况下，一个漂亮的女性角色的脸部宽度一般遵循五眼规则。

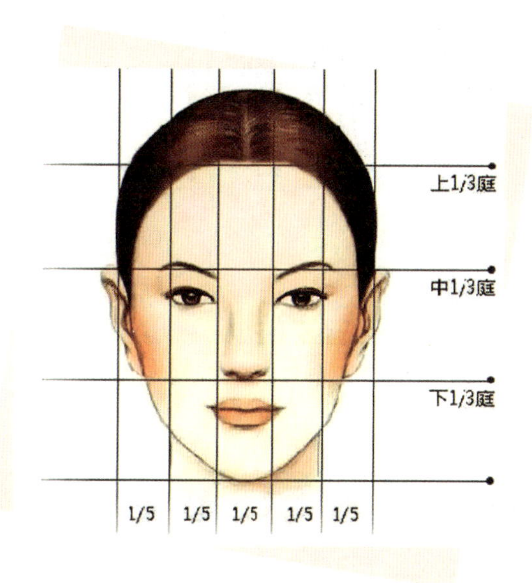

图 1－6　三庭五眼

知识 5：ZBrush 自定义 UI

ZBrush 可根据艺术家的使用习惯自由设置 UI，提高制作效率。设置 UI 方法如下：选择 Preferences→Config→Enable Customize，激活自定义 UI，如图 1－7 所示。按住 Ctrl + Alt 组合键拖动选中的工具将其移动到需要的位置，单击 Store Config，保存设置。

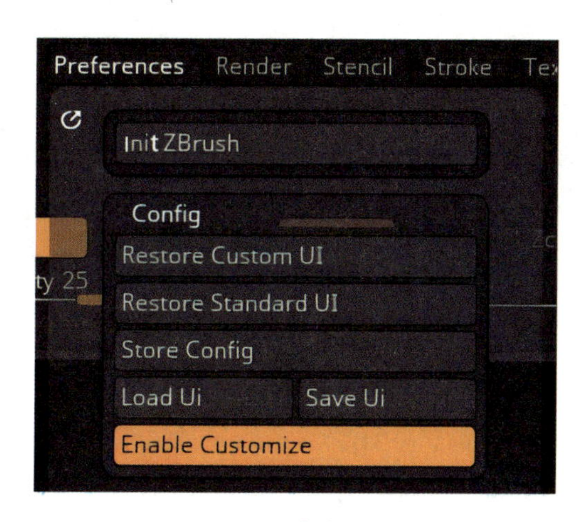

图 1－7　自定义 UI

【任务实施】

步骤 1：启动 ZBrush，在右侧 Tool 工具栏中选择球体，在画布中拖动，创建球体，如图 1－8 所示。选择左侧工具栏 Material→Blinn 给球体赋予 blinn 材质，如图 1－9 所示。

图 1－8　创建球体

图 1－9　赋予球体材质

步骤 2：单击 Tool→Make PolyMesh3D，将球体转变成可编辑网格，如图 1－10 所示。将 Geometry－DynaMesh 属性 Resolution 值改为 64，单击 DynaMesh 球体重新计算模型布线，如图 1－11 所示。

图 1－10　球体转变成多编辑网格

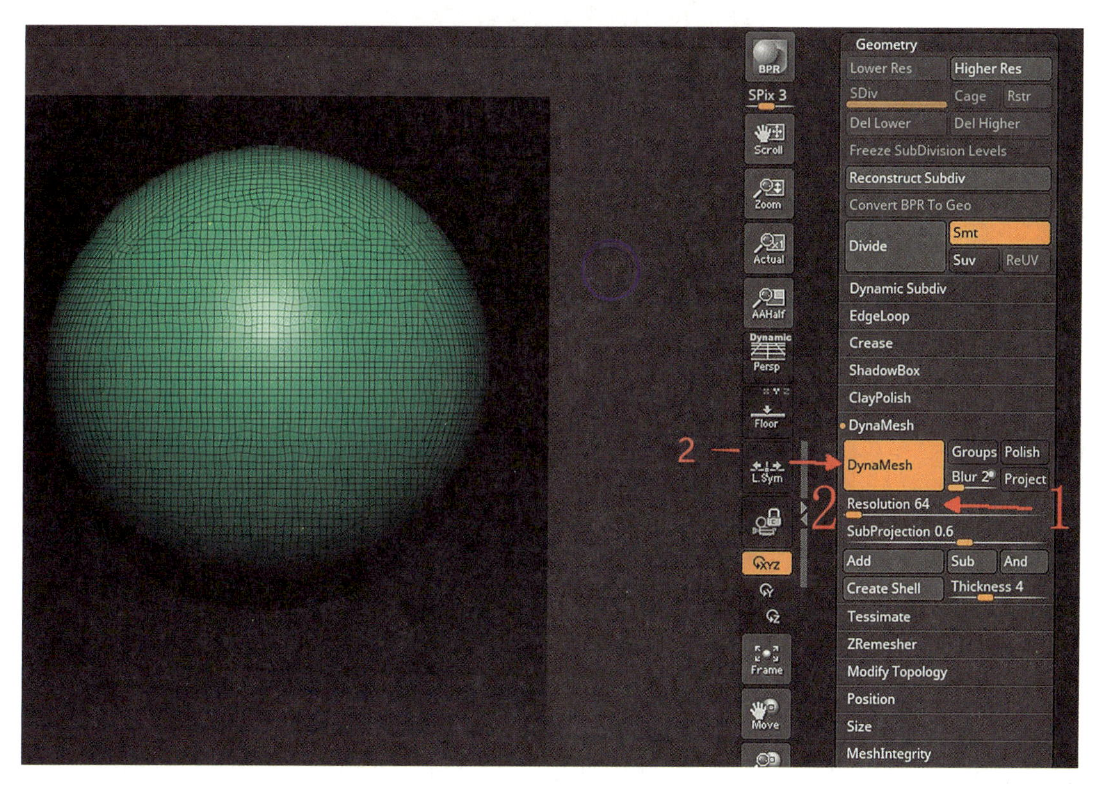

图 1－11　球体 DynaMesh

步骤3：按键盘 X 键打开对称，使用 Move 笔刷调整出头部基本形态，按住 Ctrl 键绘制脖子区域 Mask，按住 Ctrl 键用笔单击画布空白处，反选 Mask 区域，按 W 键制造出脖子。按 Ctrl 键框选画布空白处，再次 DynaMesh 模型。继续使用 Move 笔刷、Standard 在正确位置制作斜方肌、锁骨、胸锁乳突肌的大致形态，完成角色肩颈关系初步绘制，如图 1 – 12 所示。注意，制作过程中使用 DynaMesh 保持模型网格均匀。

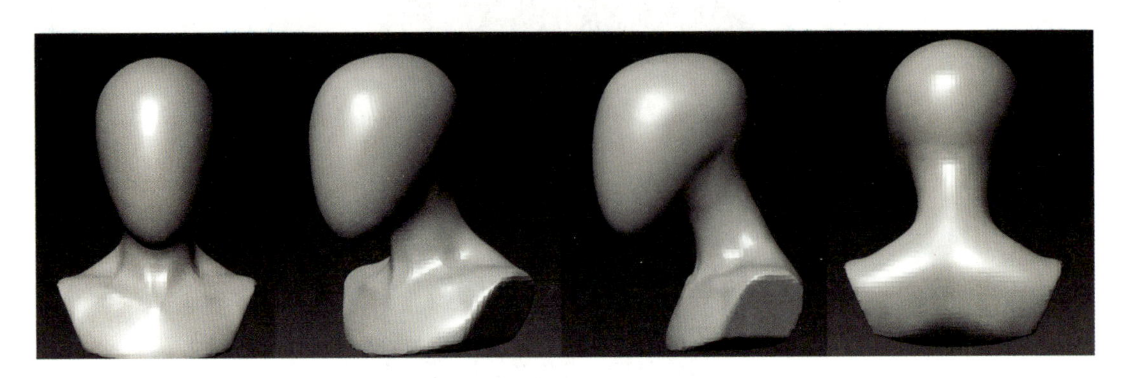

图 1 – 12　角色大型

步骤4：观察人类脸部，内外眼角和嘴角都是凹进去的，如图 1 – 13 所示。

图 1 – 13　脸部结构

根据人类面部三庭五眼比例，确定眼睛、鼻子、嘴的大致位置，使用 Move 笔刷将内外眼角与嘴角向里推，并提出鼻子的形状，如图 1 – 14 所示。在制作过程中，注意使用 Smooth 与 DynaMesh 保持模型光滑、网格均匀。

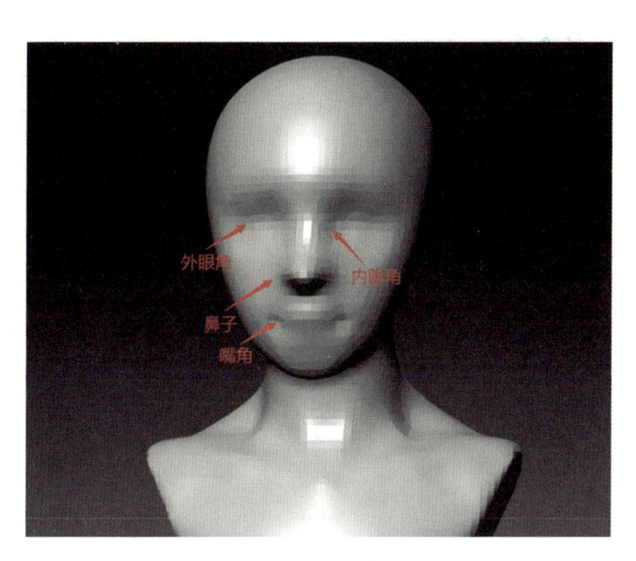

图 1－14　制作眼角、鼻子、嘴大型

步骤 5：使用 Move、Smooth 笔刷制作出颞骨与下颌骨，并调整头部大型，使角色更具备美丽女性的感觉，如图 1－15 所示。

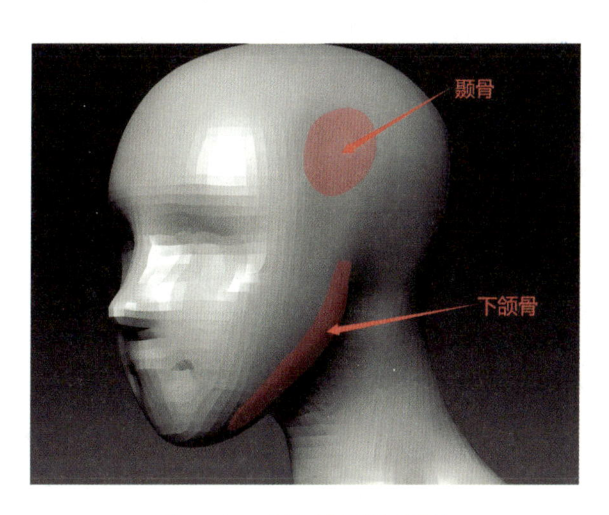

图 1－15　制作颞骨与下颌骨

使用 Move 笔刷移动出耳朵的大致形状，注意人的耳朵上沿与眉骨齐平，耳朵下沿与鼻底齐平。耳朵大型完成以后，使用 DynaMesh 重新拓扑网格，使角色网格均匀，如图 1－16 所示。

步骤 6：从 45°视角观察人类面部，会观察到五峰四谷。如图 1－17 所示，红色线段标注的额肌、眉弓、颧骨、口轮匝肌、颏肌 5 部分结构在 45°视角观察向外凸出，称为五峰。而与之对应的绿色线段标注的 4 段下凹的部分称为四谷。西方角色面部的五峰四谷尤其明显，在制作过程中要重点关注。

图 1-16　制作耳朵

图 1-17　五峰四谷

使用 Move、Smooth 笔刷制作角色面部五峰四谷。制作五峰四谷前后效果对比如图 1-18 所示。

图 1-18　制作五峰四谷前后效果对比

使用 Move、Smooth 笔刷调整颧骨、颞骨、颞骨上线、额肌高点，以及眼角、嘴角的位置，最终效果如图 1-19 所示。

步骤 7：将 Geometry-DynaMesh 属性的 Resolution 值改为 64，按住 Ctrl 键在画布空白处画框，提高模型精度。使用 Move、Smooth 笔刷继续调整模型大型，使之更像真正的人类。使用 Standard 和 Move 笔刷制作鼻翼两侧的线条以及人中，如图 1-20 所示。

使用 Standard 和 Move 笔刷细化耳朵大型，注意耳朵的 C 加 Y 造型特征，先制作耳朵 C 造型，再制作 Y 造型，以及耳垂大型，如图 1-21 所示。

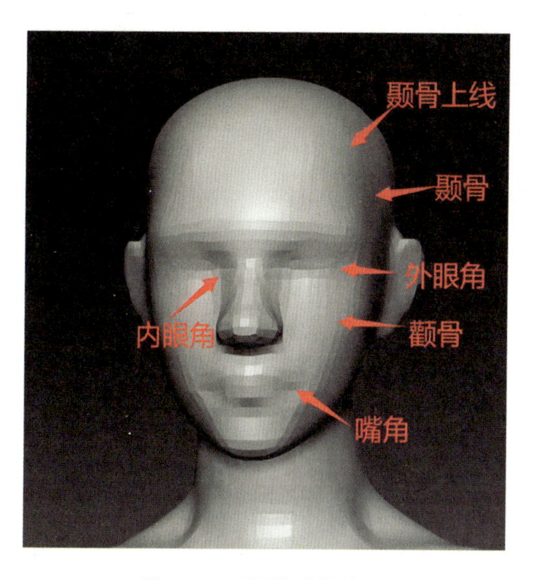

图 1－19　调整头部大型

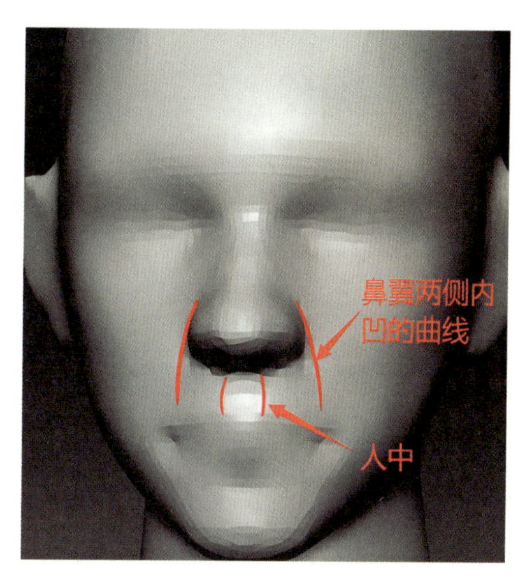

图 1－20　细化鼻翼周围及人中大型

步骤 8：使用 Standard 笔刷将上、下嘴唇分开，使用 Move 笔刷调整上、下嘴唇的曲线，使嘴部感觉更加明显。再次塑造眉骨形态，制作出上眼睑后，根据人物脸部三庭五眼的规则调整五官位置，完成女性角色头部大型塑造，如图 1－22 所示。

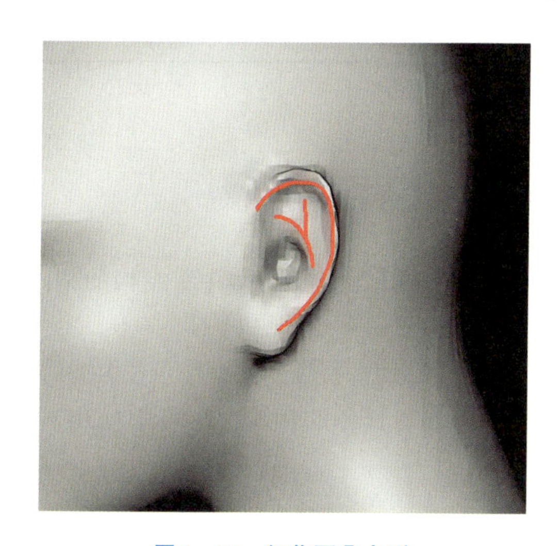

图 1－21　细化耳朵大型

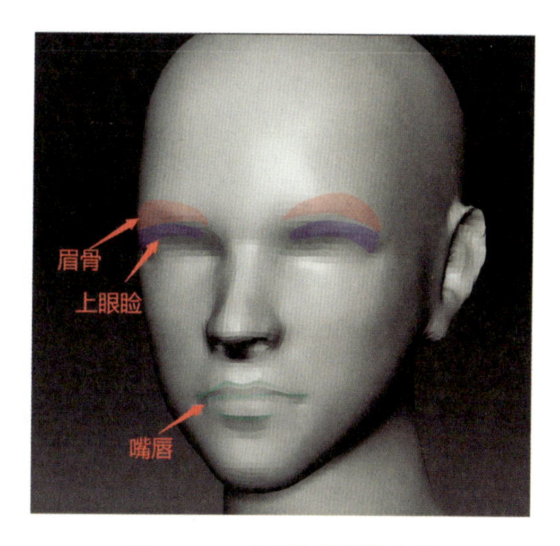

图 1－22　头部大型制作完成

【任务总结】 至此，女性角色高精度模型大型已经完成。女性头部比例即三庭五眼是制作大型时要注意的重点。角色 45°时的侧面轮廓即五峰四谷是制作大型时的另一个重点。在制作的过程中，要不断检视角色头部比例和轮廓的正确性，保证女性角色头部的大型精确，这是本任务的难点。

【作业】

女性人头大型制作	
作业概况	
根据本任务讲解的内容完成女性人头大型的制作。	
项目要求	
比例正确，头颈处关系正确，30%；骨点清晰，块面明显，40%；五官结构准确，30%。	
作业提交要求	
如案例所示，提供女性人头大型的五张图，并拼合成一张。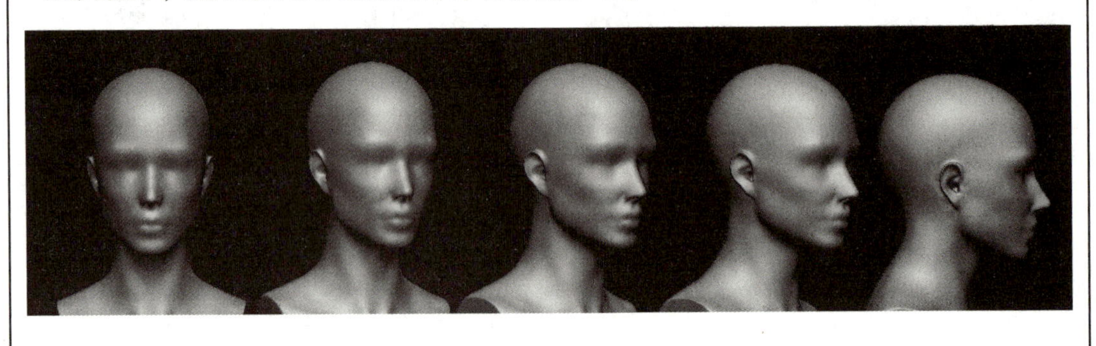	

任务二　女性角色头部高精度模型中级结构刻画

【任务目标】 根据参考女性的特征，完成女性角色头部五官、颧骨等中等结构的刻画，制作女性角色头部中级模型。

【任务分析】 观察多角度参考图，分析归纳出参考女性面部特征，在女性角色大型的基础上，刻画眼睛、耳朵、嘴唇、颧骨等结构，使其具备参考任务的特征，达到真人 70% 的相似度。

【知识准备】

知识：准备人物参考照片的注意点

①要选择人物年龄差距不大的照片，年龄差距过大，同一人物面貌也会有较大变化，不适合作为建模参考。

②要选择透视不是很强的照片，在使用 ZBrush 制作角色头像时，一般不开启透视，如选择透视较强的照片，会导致模型和真人差距较大。

③要选择没有表情的照片，游戏中使用的模型表情都在动画模块中制作，有表情的参考

照片不方便制作无表情的模型。

④要准备各个角度的参考照片，方便从多个角度观察角色外貌特征，如图 1－23 所示。

图 1－23　参考照片

【任务实施】

步骤 1：观察角色参考照片，使用 Move 笔刷调整角色模型脸部大型，根据参考女性咬肌比较明显、颧骨较高、眼窝深陷、上眼皮较为有肉、鼻翼小巧的特点，重点调整角色模型下颌骨、嘴唇、眉骨、上眼睑、鼻翼的形状，使其初步具备该女性的感觉，如图 1－24 所示。

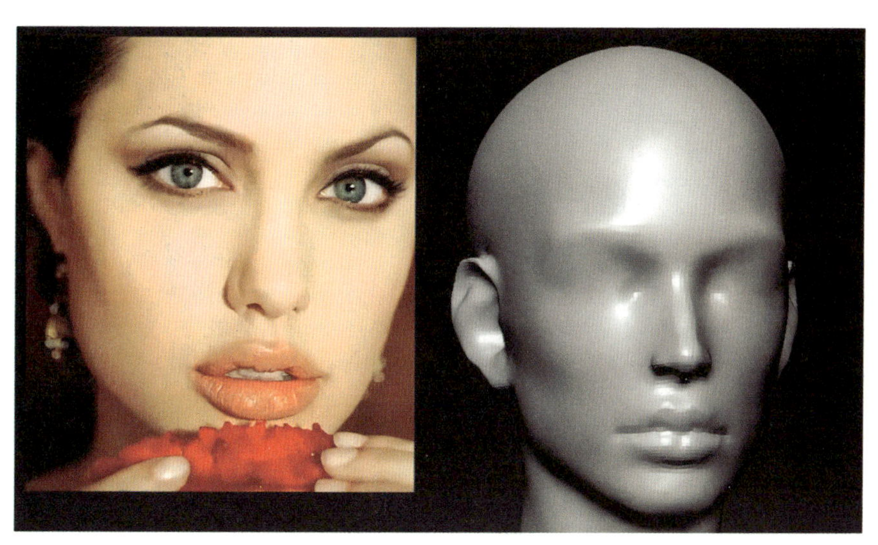

图 1－24　根据参考照片调整模型

步骤 2：依据参考照片继续强化各结构，如图 1－25 所示，调整耳朵大小，细化结构，强化下颌骨结构。

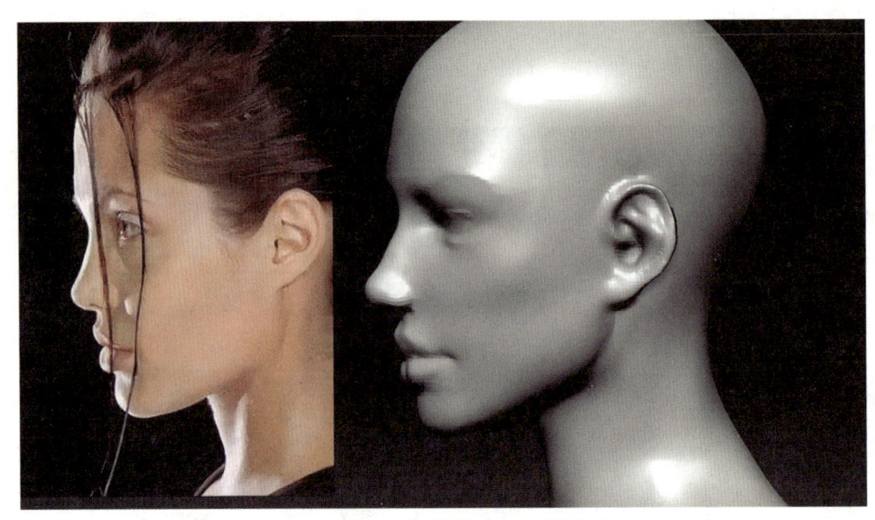

图 1－25　细化耳朵、下颌骨结构

如图 1－26 所示，使用 Inflat 笔刷、Clay 笔刷绘制角色有肉的上眼皮、丰满的嘴唇、小巧的鼻翼、较宽的下巴，提高颧骨。在提高颧骨时，除了可以使用 Move 笔刷直接拉高之外，也可以使用 Clay、Standard 等笔刷先给颧骨加高，再使用 Smooth 笔刷平滑，达到想要的效果。在制作过程中，需要按照参考照片一个角度一个角度地绘制模型，当每个角度的模型和参考照片都有很高的相似度以后，就能制作出还原度较高人物模型了。为了方便与参考照片进行对比，此处制作了一个简单头发模型。注意，在此阶段制作的模型首先要做的是像一个人（结构正确），然后是像一个女人（有女人的特征），再是一个美丽的女人（较好的比例与轮廓），最后才是相似度（有 80% 左右的相似度）。

图 1－26　细化眼部、嘴唇、颧骨等细节

步骤 3：观察参考照片制作鼻唇沟、眼轮匝肌等结构。在制作过程中，将模型角度摆放得与参考照片角度一致，二者角度是否一致可通过鼻尖到脸部边缘的距离来判断，如图 1－27 所示。制作时，需要提高的部位使用 Inflat 笔刷，需要稍微下凹的部位使用 Smooth 笔刷，需要较深的下凹部位使用 Move 笔刷。如此逐步完成中级模型结构制作。

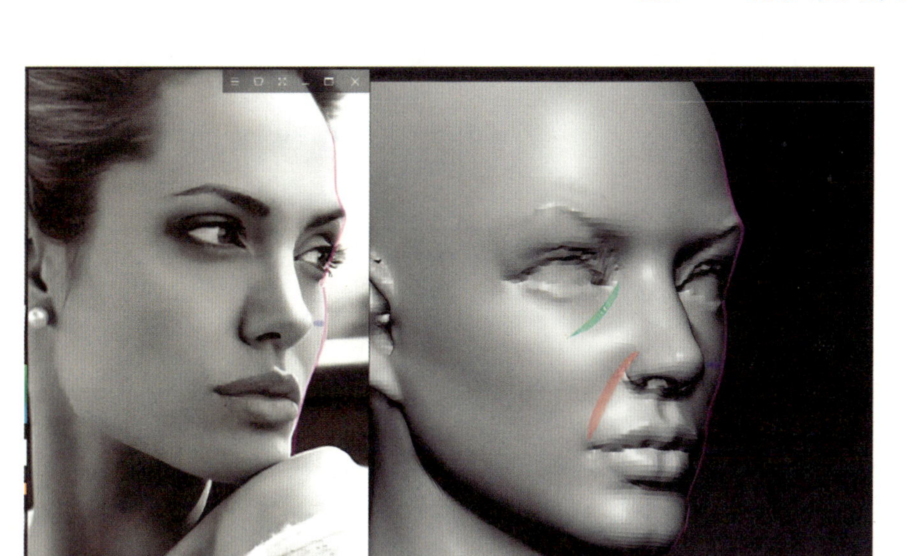

图 1-27　制作鼻唇沟、眼轮匝肌等结构

【任务总结】 至此，女性角色高精度模型中级结构刻画已经完成。掌握人类头部骨骼、肌肉结构知识是此阶段的重点及难点。只有了解骨骼、肌肉结构才能正确制作写实角色头部。在制作过程中，需要不断检视骨骼、肌肉结构。

【作业】

女性人头中级结构刻画	
作业概况	
根据本任务讲解的内容完成女性人头中级结构刻画。	
项目要求	
头部及五官结构准确，50%；眉骨、鼻骨、颧骨、下颌等重要骨点关系准确，50%。	
作业提交要求	
如案例所示，提供女性人头大型的五张图，并拼合成一张。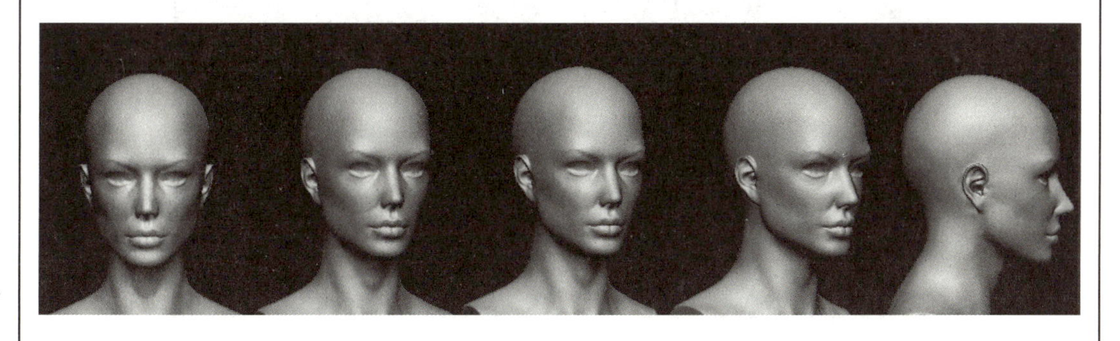	

任务三 完成女性头部细节塑造

【任务目标】 完成女性头部细节塑造。

【任务分析】 在女性高精度模型中级结构基础上完成细节、微细节刻画以及睫毛的制作。

【知识准备】

知识 1：ZBrush 高低模型映射

完成具有一定结构与细节的高级模型之后，要重新拓扑模型，拓扑之后的低级模型会丢失部分细节。使用 Project 映射命令可将高模的细节映射到拓扑后的低模上。

知识 2：ZBrush Layers 使用

高模细节基本完成后，通常会继续制作表面纹理。使用 Layers 功能，可在模型表面新建一层，表面纹理在新层上制作。层可以自由设置纹理强度，也可以随时关闭，方便艺术家修改，在确定效果无误后，再烘焙至模型。

知识 3：ZBrush Subtool 镜像

选中需镜像的模型，单击 ZBrush 上侧菜单 Zplugin→SubTool Master→Mirror，镜像物体，Please select Mirror option 中的 Merge into one SubTool 选项是将镜像的模型和原模型合并成一个 SubTool。Append as new SubTool 选项是将镜像模型添加为独立模型。Please choose Mirror axis 中的选项为选择镜像的方向，如图 1-28 所示。

图 1-28 SubTool 镜像

知识4：漂亮女性判断标准

漂亮女性正侧角度如图1－29所示。

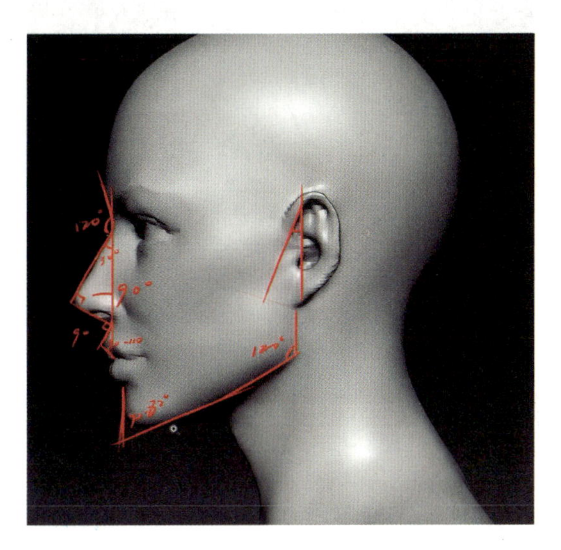

图1－29 漂亮女性正侧角度

【任务实施】

步骤1：使用Standard、Smooth笔刷深入刻画胸锁乳突肌。如图1－30所示，红色线条标注为胸锁乳突肌，此肌肉从蓝色圆点标注的乳突出发连接到胸骨，在绿色线条标注的部位分出一支连接到锁骨。

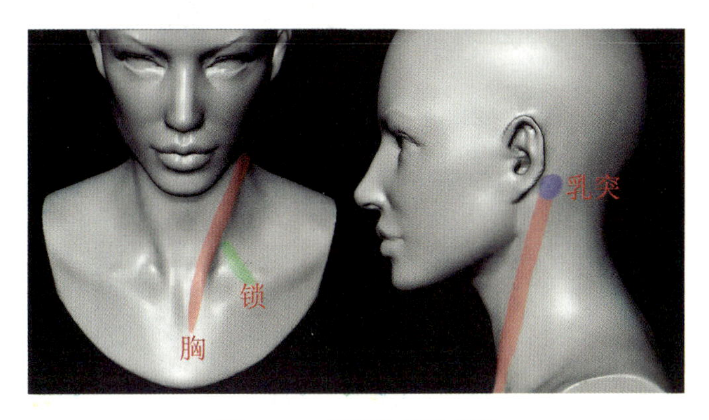

图1－30 强化胸锁乳突肌

步骤2：使用Standard、Move笔刷细化头发模型，做出发型的大致走势，作为未来拓扑的基础，如图1－31所示。

步骤3：将头部模型的DynaMesh属性Resolution值改为512，提升精度重新计算模型布线。注意，这里需要先在模型上Smooth，然后再在画布空白处按住Ctrl键框选一次才能重新计算模型精度。

图 1－31　细化头发模型

步骤 4：使用 Clay、Inflat 笔刷加强角色上眼睑的隆起，强化内外眼角、下眼睑及眼袋的细节，如图 1－32 所示。

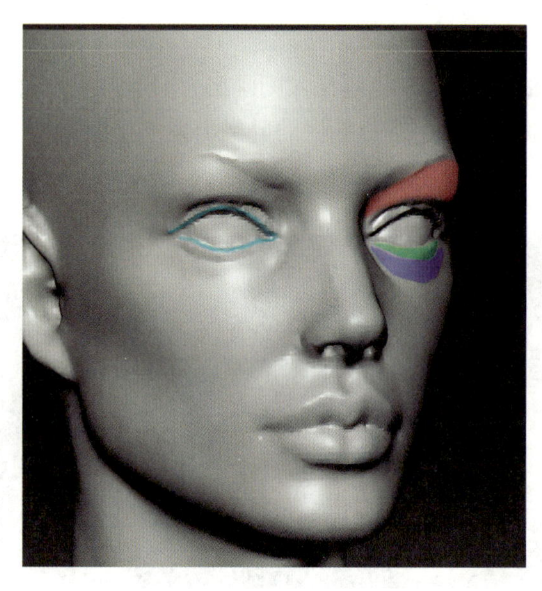

图 1－32　强化眼部细节

步骤 5：强化嘴角窝结构，做出嘴可以张开的感觉，使用 Inflat 笔刷使嘴唇饱满，更加符合角色特征。此处注意嘴部的结构是鼓起来的，类似于一个半圆球的结构，如图 1－33 所示。

步骤 6：打开右侧 Subtool 工具栏，单击 Append 工具添加一个球体，作为头像的眼球，如图 1－34 所示。

步骤 7：按 W、E 键，将球体缩小、移动到眼睛正确位置后镜像。注意，眼皮需要包裹住眼球，如图 1－35 所示。

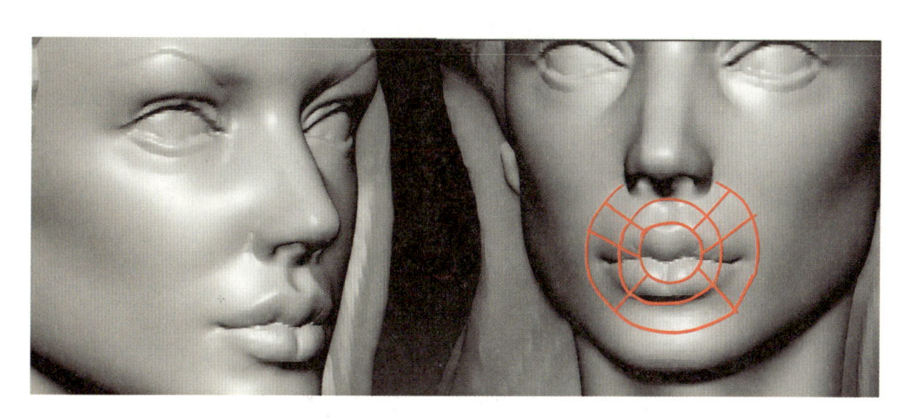

图 1－33　强化嘴部结构

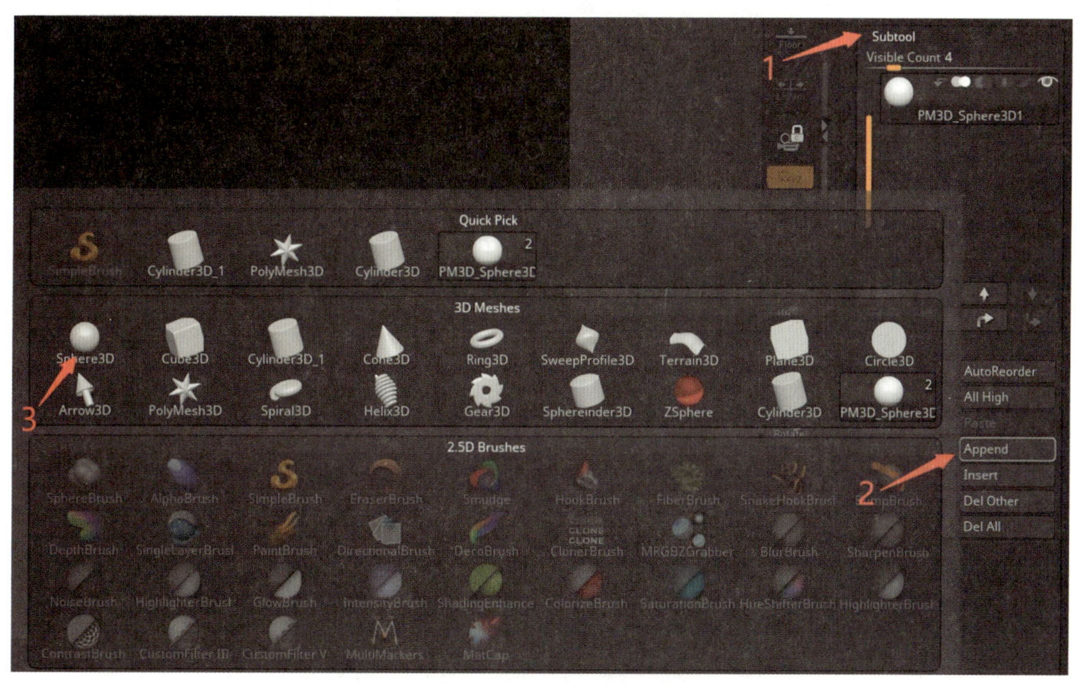

图 1－34　添加球体

图 1－35　制作眼球

步骤8：观察各角度参考照片，继续制作头像细节，直到 DynaMesh 512 网格精度不能支撑更高精度为止，如图 1 – 36 所示。

图 1 – 36　头像细节

步骤9：选中头部模型，单击 Subtool 工具栏里的 Duplicate 命令复制一个模型，将该模型命名为 Originalmodel，关闭 DynaMesh，使用 ZRemesherGuides 笔刷绘制 ZRemesher 拓扑引导线，如图 1 – 37 所示。

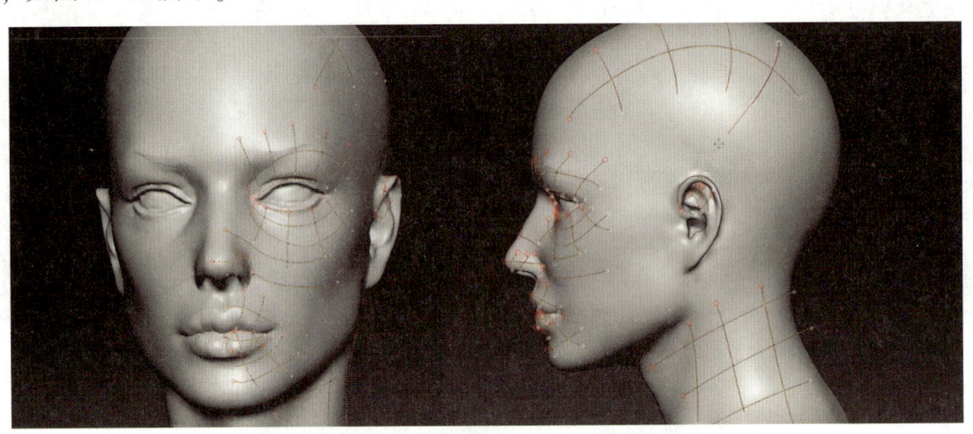

图 1 – 37　绘制 ZRemesher 拓扑引导线

步骤 10：将 ZRemesher 栏下的 Target Polygons Count 属性值改为 30，设置头部模型面数为 3 万面。单击 ZRemesher 按钮重新拓扑，获得角色头部低模，如图 1 – 38 所示。将低模重命名为 Headlowploy。

步骤 11：选中角色头部低模 Headlowploy，按 Ctrl + D 组合键提升模型细分级别到 3 级，将 Headlowploy 的面数提升到与 Originalmodel 的面数大致匹配。

步骤 12：选中 Headlowploy，按 Shift 键单击 Subtool 右侧的眼睛，隐藏所有模型。再单击 Originalmodel 右侧的眼睛，显示 Originalmodel。单击 Subtool→Projectc→ProjectAll，映射模型，将 Originalmodel 上的细节全部映射到 Headlowploy 上，将 Originalmodel 隐藏，如图 1 – 39 所示。

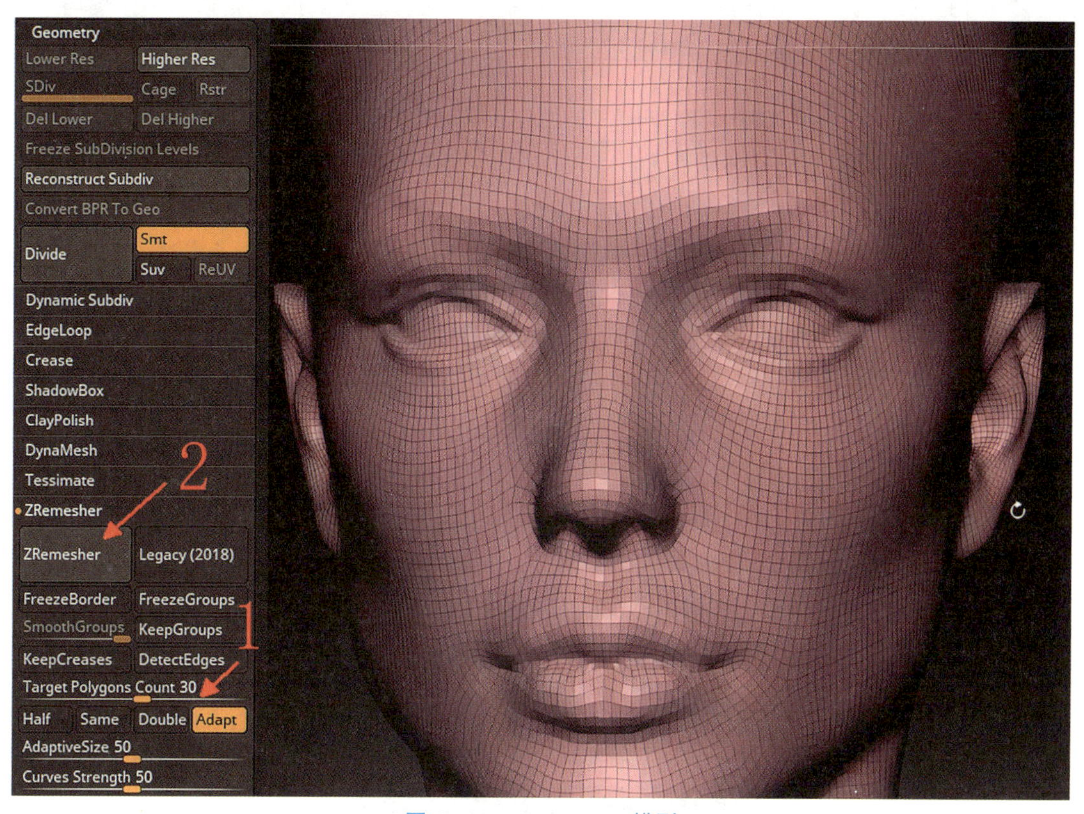

图 1－38　ZRemesher 模型

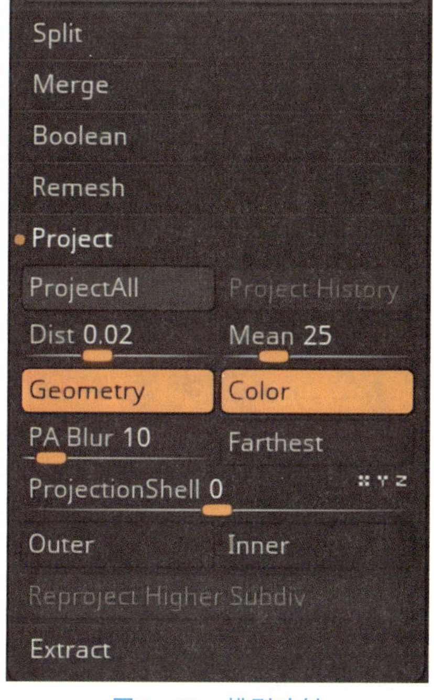

图 1－39　模型映射

步骤 13：按 Ctrl + D 组合键提升模型细分级别到 4 级，在较高面数支撑下制作嘴唇、眼睛、耳朵等部位微细节，如图 1 – 40 所示。

图 1 – 40　制作头部微细节

步骤 14：按 Ctrl + D 组合键提升模型细分级别到 5 级。单击右侧 Layers 菜单添加按钮，添加一个层，命名为 Surface 1，用于制作角色表面皮肤肌理，如图 1 – 41 所示。

图 1 – 41　添加层

步骤 15：选择 Standard 笔刷，将 Stroke 修改为 DraRect 模式。单击左侧菜单栏 Alpha 按钮，导入制作好的皮肤纹理 Alpha，如图 1 – 42 所示。

图 1－42　导入 Alpha

步骤 16：打开上侧 Alpha→Modify 菜单，将 MidValue 值修改为 50，柔化皮肤纹理 Alpha 边缘，如图 1－43 所示。

步骤 17：根据脸部不同的位置，选择不同的皮肤纹理 Alpha，调整笔刷 Z intensity 值，在模型上拖曳，获得需要的皮肤表面纹理效果，如图 1－44 所示。

步骤 18：降低模型级别至可清晰找到上眼睑边缘为宜。单击 Export 导出 obj 格式模型，将其命名为 Headlowploy. obj。

步骤 19：打开 Maya 软件，单击 File→Import 命令打开选项卡，导入 Headlowploy. obj。

步骤 20：按 Shift + 鼠标右键唤醒热盒，选择 Cylinder 创建圆柱。将圆柱 polyCylinder 属性栏中的 Subdivisions Axis 值修改为 3。将鼠标放置到圆柱上，按右键选择 Edge，选中圆柱顶端和底端的 6 根线，按 Shift + 鼠标右键唤醒热盒，选择 Delete Edge 删除，如图1－45 所示。

步骤 21：按 E 键缩放几何体至合适的大小，并将几何体移动到睫毛生长的位置，选择几何体顶端的面，按 Shift + 鼠标右键唤醒热盒，选择 Extrude Face，挤出面，移动、缩放至合适的位置与大小。按 G 键重复上一次的动作，直至完成眼睫毛大型，如图1－46 所示。

步骤 22：按 Ctrl + D 组合键复制制作好的眼睫毛，移动、缩放、旋转，3～4 根为一簇，制作几种形态不一的簇。复制簇，根据眼睫毛生长规律摆放到正确的位置。将上眼睫毛与下眼睫毛分别结合。调节点，最后效果如图 1－47 所示。

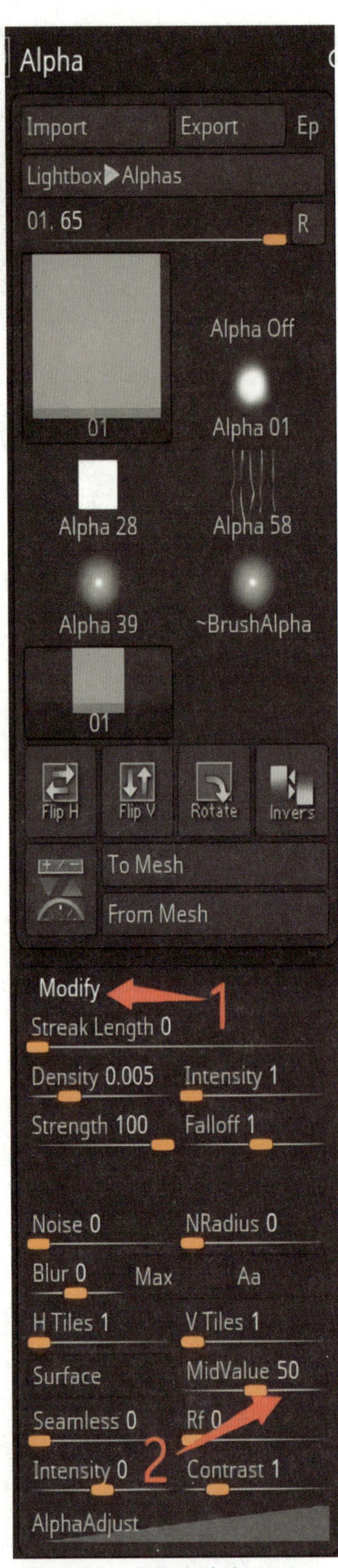

图 1－43　柔化皮肤纹理 Alpha

图 1－44　绘制皮肤表面纹理

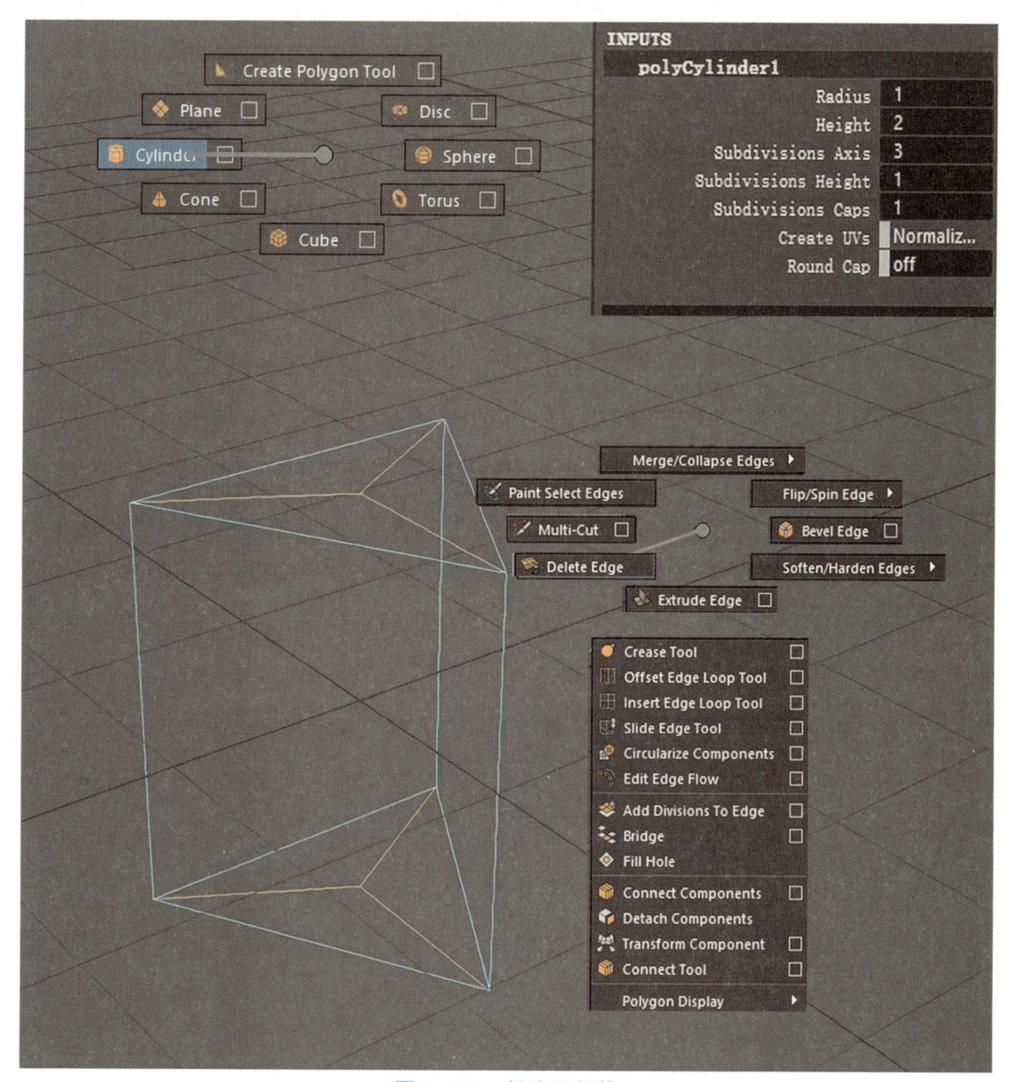

图 1－45　创建几何体

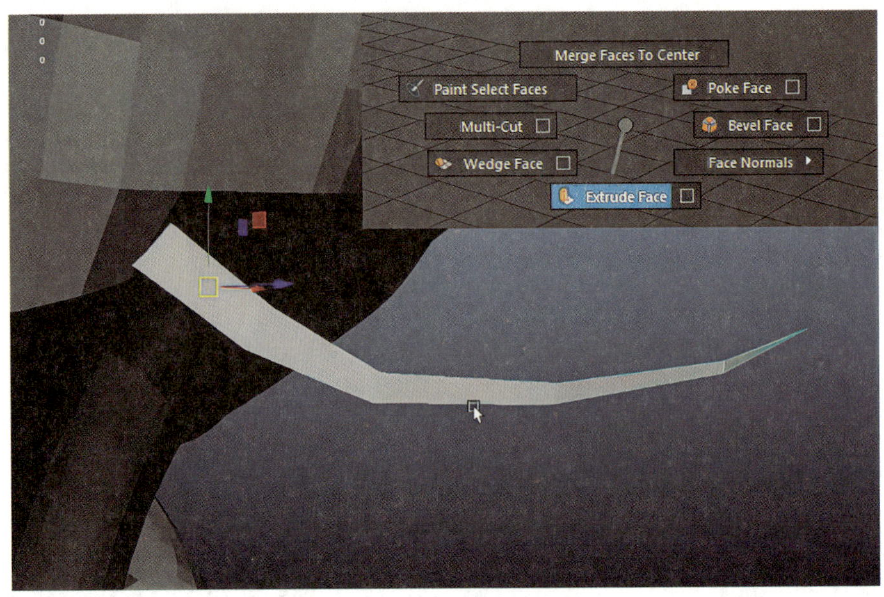

图 1－46　制作眼睫毛大型

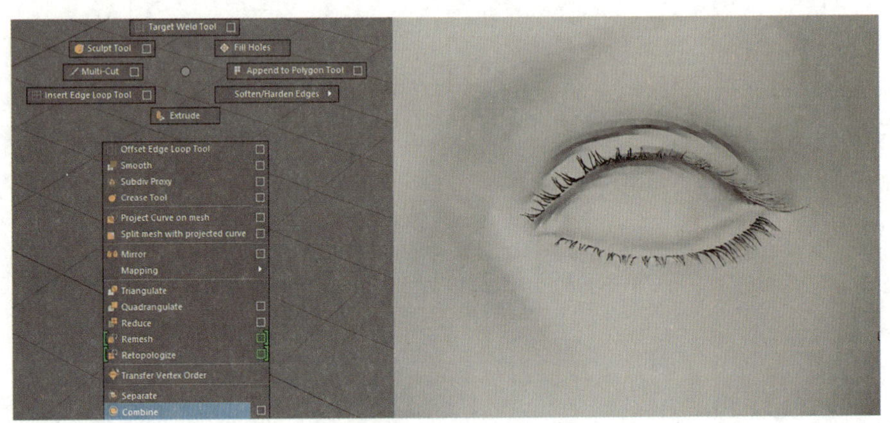

图 1－47　眼睫毛制作完成

步骤 23：选中眼睫毛模型，单击 File→Export Selection，导出 obj 格式模型，打开 ZBrush，将其导入 ZBrush 后镜像。女性角色高模最终效果如图 1－48 所示。

图 1－48　女性角色高模最终效果

【任务总结】 至此，女性角色高精度模型已全部完成。此阶段的制作都是制作角色头部细节与微细节。角色头部比例、轮廓、结构以及与参考女性的相似度已在前面的任务中完成，无须再做改动。角色头部细节与微细节的塑造，以及睫毛的制作是本任务的重点与难点。

【作业】

<table>
<tr><td colspan="2">女性人头细节塑造</td></tr>
<tr><td>作业概况</td><td></td></tr>
<tr><td colspan="2">根据本任务讲解的内容完成女性人头女性人头细节塑造。</td></tr>
<tr><td>项目要求</td><td></td></tr>
<tr><td colspan="2">头部及五官结构准确，所有肌肉位置正确，40%；皮肤起伏、纹理自然，40%；睫毛位置结构正确，20%。</td></tr>
<tr><td>作业提交要求</td><td></td></tr>
<tr><td colspan="2">如案例所示，提供女性人头大型的五张图，并拼合成一张。
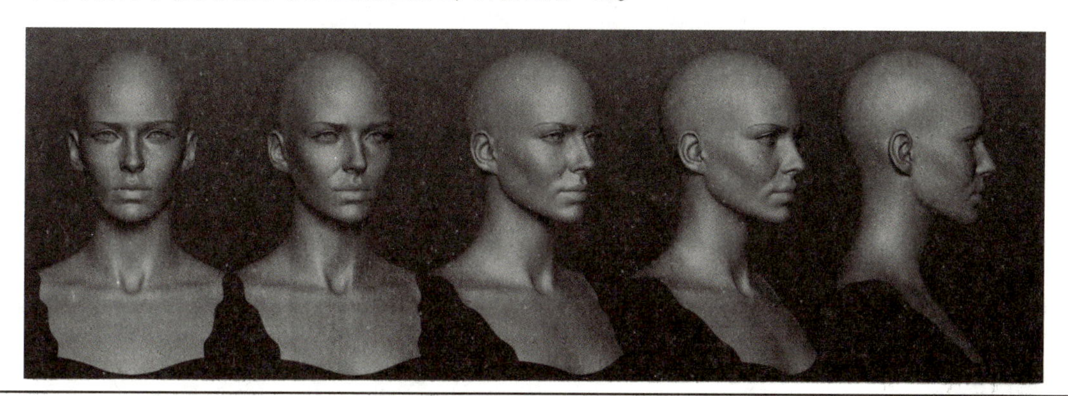</td></tr>
</table>

任务四　完成女性头部拓扑及 UV 分解

【任务目标】 了解次世代游戏角色头部布线规则，能使用 ZBrush、Maya、Topugun 工具完成角色头部拓扑并分解 UV。

【任务分析】 根据次世代游戏角色头部布线规则，使用 ZBrush、Maya 完成眼部、嘴部、耳朵部位环线的拓扑，再将这些部位的拓扑连接起来，完成整个头部的拓扑并分解 UV。

【知识准备】

知识 1：游戏角色拓扑规则

①合理性，网络游戏角色可使用 20 000 tris，手游游戏角色可使用 2 000 tris，单机游戏角色可使用 200 000 tris。本任务为网络游戏角色分配到头部的面数大约为 3 000 tris。

②布线均匀。

③考虑肌肉走向，方便制作动画。

④体现结构，造型准确。

知识 2：游戏角色拓扑应避免的问题

①避免三角面。

②避免五星点。

知识 3：人类角色头部拓扑

人类角色头部拓扑如图 1－49 所示。

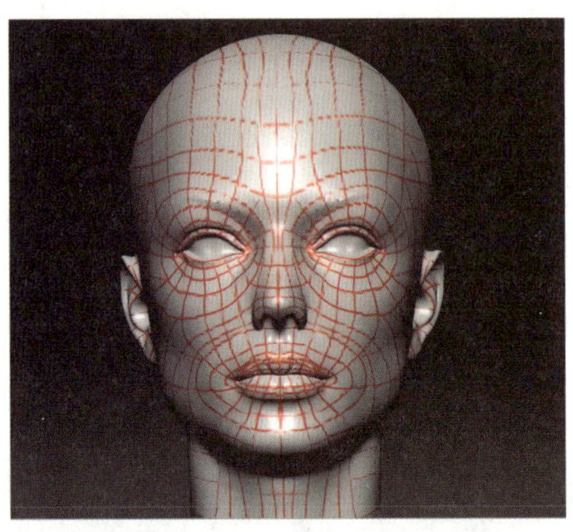

图 1－49　人类角色头部拓扑

【任务实施】

步骤 1：在画布中添加一个 ZSphere。按 T 键打开编辑模式，单击右侧 Rigging→Select Mesh，选择 Headlowploy，如图 1－50 所示。

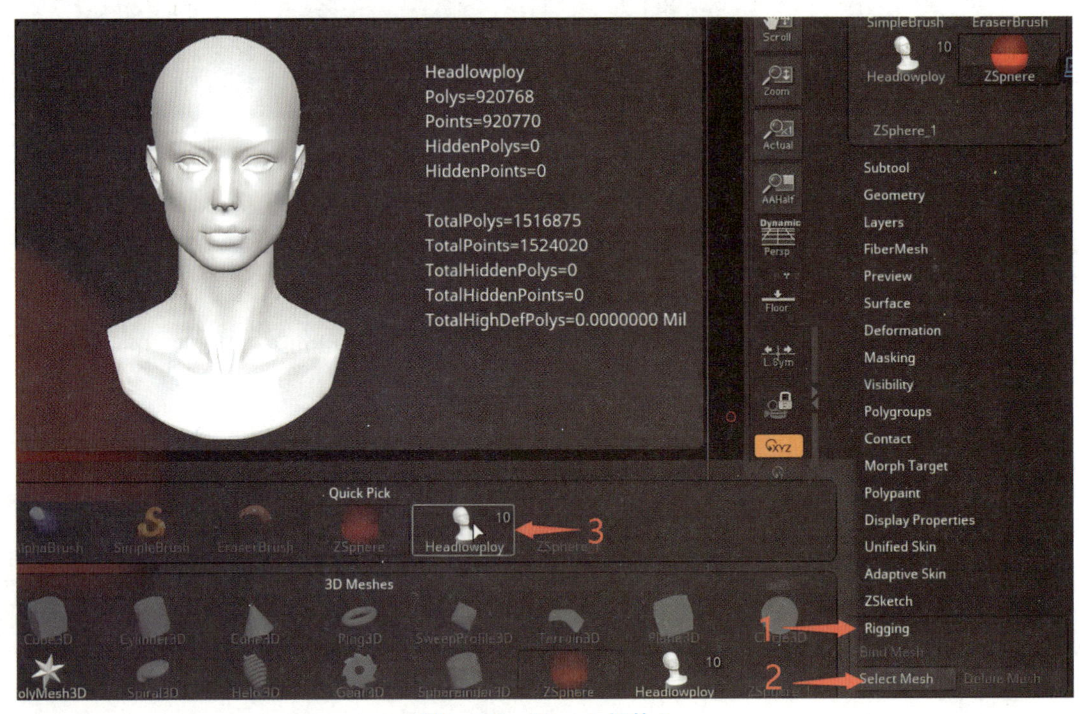

图 1－50　ZBrush 拓扑 1

步骤2：单击右侧 Topology 菜单下的 Edit Topology 命令，按 X 键打开对称，打开右侧 Adaptive Skin 菜单，将 DynaMesh Resolution 值改为0，Density 值改为1，如图1－51所示。

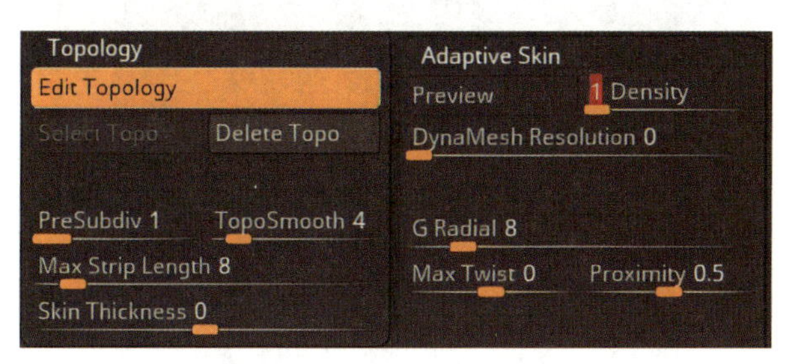

图1－51　ZBrush 拓扑 2

步骤3：完成眼部拓扑，如图1－52所示。注意，外眼角处拓扑两根距离较近的布线，方便角色模型眨眼动作的制作。

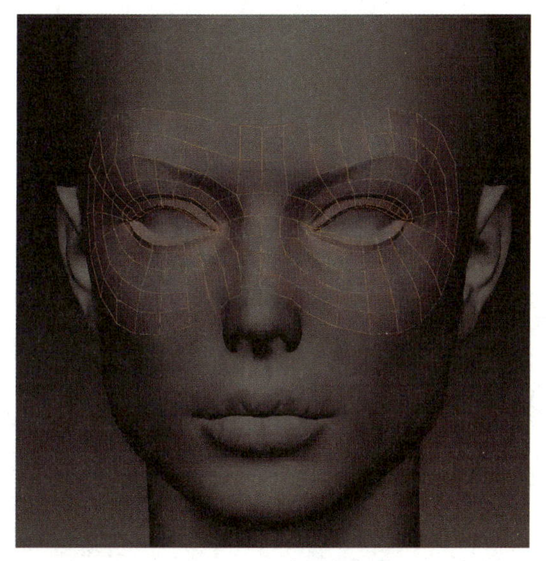

图1－52　完成眼部拓扑

步骤4：完成嘴部拓扑，如图1－53所示。注意嘴角处的4个三角面。

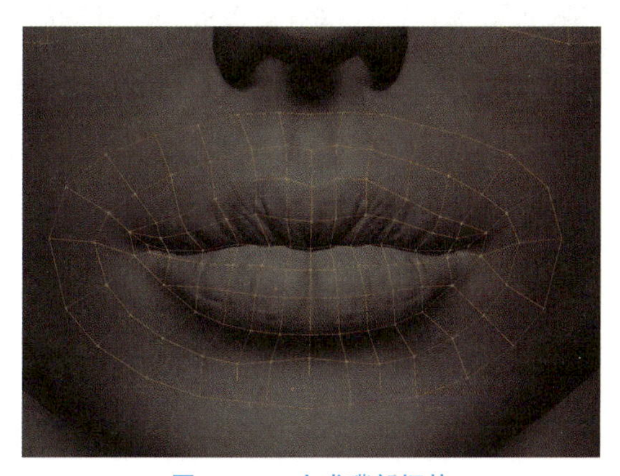

图1－53　完成嘴部拓扑

步骤 5：完成耳朵拓扑，如图 1－54 所示。

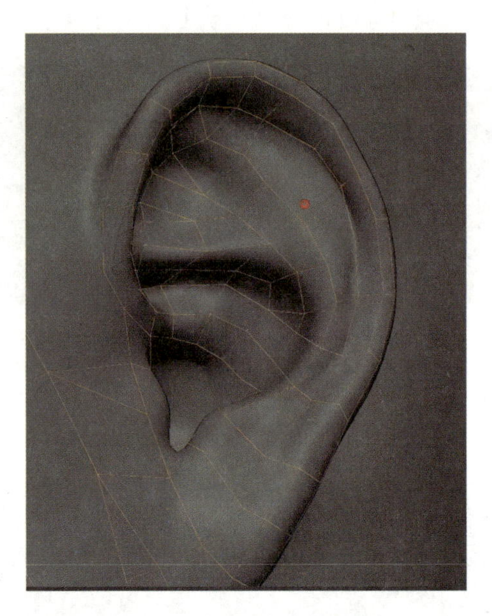

图 1－54 完成耳朵拓扑

步骤 6：将眼部、嘴部、耳朵拓扑连接，完成整个头部的拓扑，如图 1－55 所示。

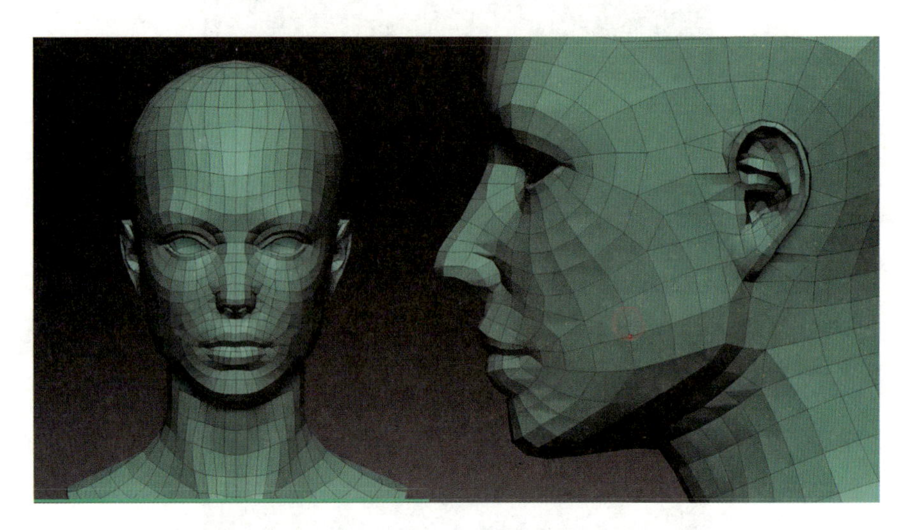

图 1－55 完成头部拓扑

步骤 7：选择头部模型，选择 Maya 上侧菜单栏 UV→UV Editor，打开 UV 编辑器，单击 UV Toolkit→Create→Spherical，对角色头部模型做球面映射，如图 1－56 所示。

步骤 8：调整后 UV 后，单击 UV Toolkit→Unfold→Optimize 优化 UV，选择需要合并的线，单击 UV Toolkit→Cut and Sew→Sew 合并。选择需要剪开的线，单击 UV Toolkit→Cut and Sew→Cut 剪开。将需要放大 UV 的部位，比如鼻子，放大，将需要缩小 UV 的部位，比如后脑，缩小，经过多次优化，效果如图 1－57 所示。

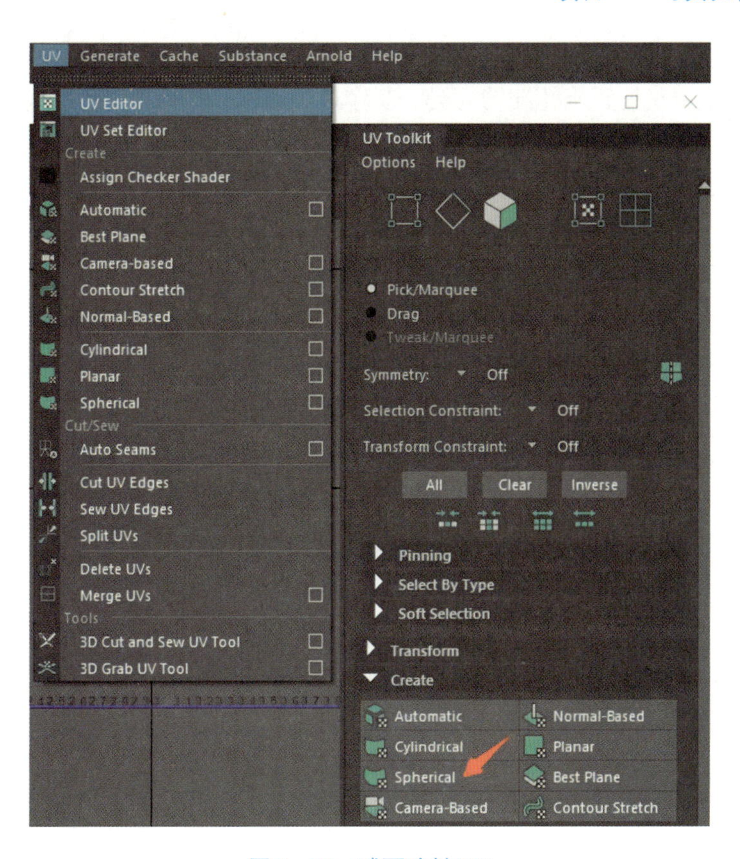

图 1－56　球面映射 UV

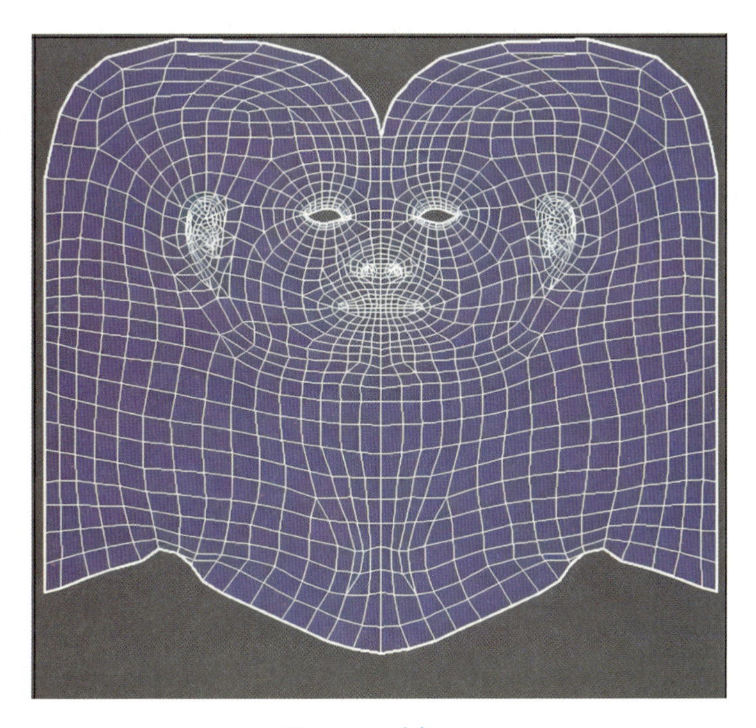

图 1－57　头部 UV

【任务总结】 至此，使用 ZBrush 拓扑女性角色模型及 UV 分解已全部完成。熟悉游戏角色头部常规布线，是能正确拓扑的前提。制作过程中尽量保持模型流畅的四边面，但三角面、五星点不可避免。五星点是两个环线的交接处的点，需要记住大致位置。除 ZBrush 之外，还可使用 Maya 与 Topogun 拓扑模型，其拓扑思路与使用 ZBrush 无异，软件使用方式与具体拓扑过程可观看教学视屏学习，在此处不多用笔墨描述。

UV 的分解要注意 UV 均匀，将需要绘制细节的部位 UV 放大。

【作业】

女性人头部模型拓扑及 UV 分解	
作业概况	
根据本任务讲解的内容完成女性人头部模型拓扑及 UV 分解。	
项目要求	
布线疏密程度合理，头部面数控制在 2 600～3 000 四边面，30%；线型走势正确，在眼耳口鼻处有清晰的环状结构，眼部、口部均为封闭的环状线，不允许有螺旋线出现，耳部尽量为环状线，50%；重要部位 UV 无扭曲变形，UV 像素大小分布合理，30%。	
作业提交要求	
如案例所示，提供女性人头大型的五张图，并拼合成一张。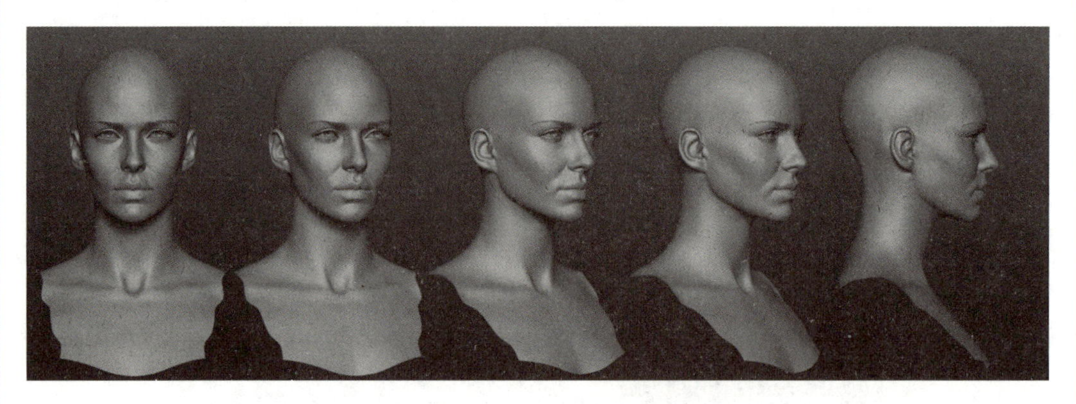	

任务五 完成女性角色头发模型制作

【任务目标】 掌握女性头发制作方法，完成女性角色头发模型制作。

【任务分析】 按照头发的长势制作头发面片模型，插入头皮。制作头发透明通道与法线，配合面片模型完成头发制作并合理排布头发 UV。

【知识准备】

知识1：CV曲线

在Maya创建菜单栏中选择曲线工具的CV曲线即可创建，也可以在下方菜单栏的曲线/曲面菜单栏中选择如图1-58所示的快捷命令创建CV曲线。

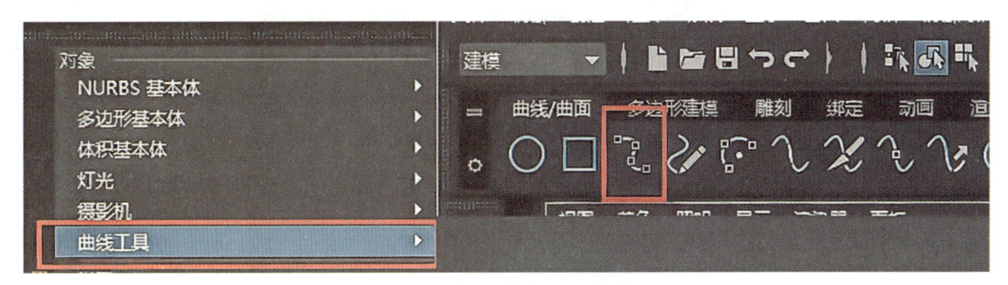

图1-58　创建CV曲线

知识2：卷发制作思路

①在Maya上侧快捷菜单栏中，单击Curves/Surfaces→Ep Curve Tool命令绘制一条头发曲线，按住鼠标右键，选择Control Vertex进入曲线控制点模式。调节曲线形态，如图1-59所示。

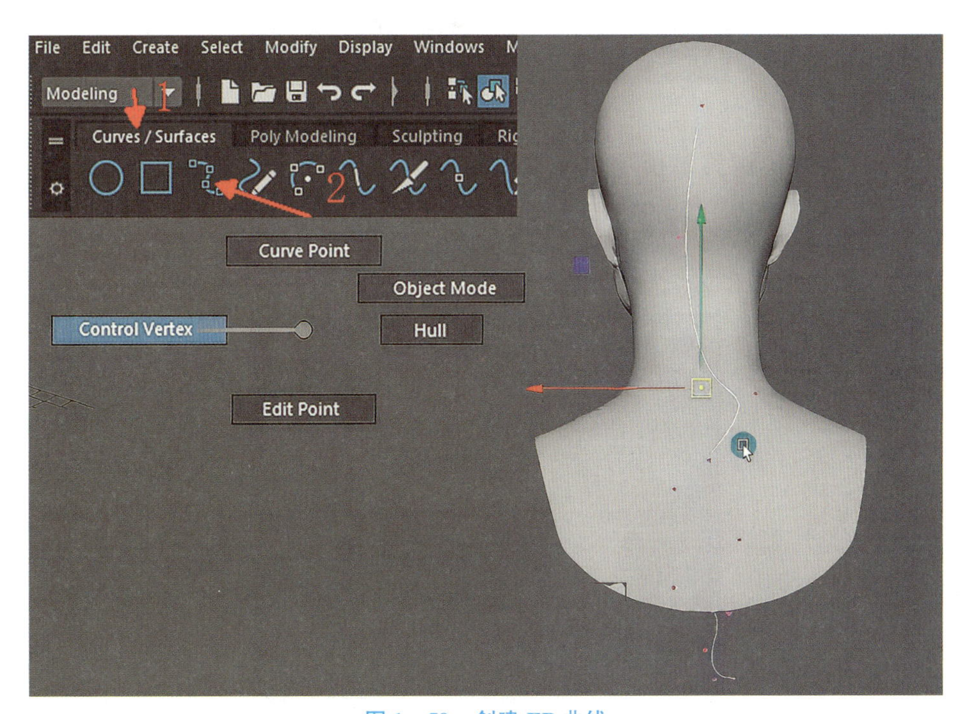

图1-59　创建EP曲线

②按Ctrl+D组合键复制曲线，按W键移动曲线。按鼠标右键，选择Control Vertex调整曲线形态，使曲线更富有变化。同时选中两条曲线，单击Maya上侧快捷菜单栏中的Curves/Surfaces→Loft命令，放样创建曲面。按住鼠标右键，选择Control Vertex进入曲面控制点模式。调节曲面形态，如图1-60所示。

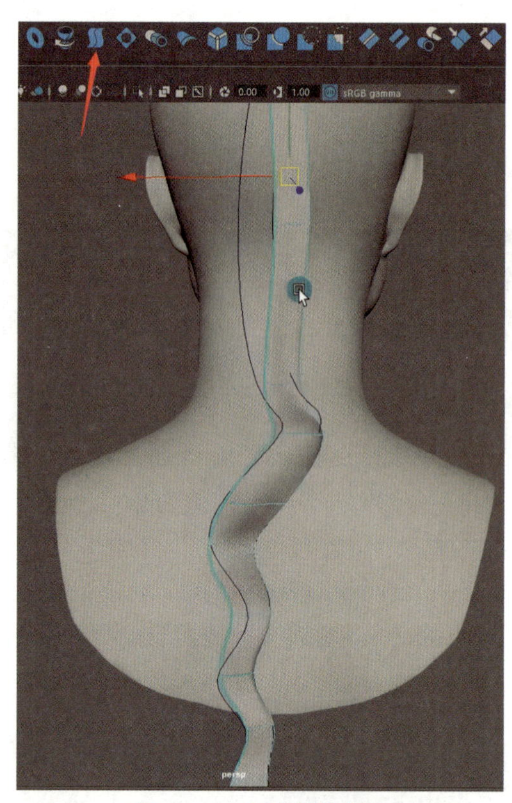

图 1－60　创建放样曲面

选择 Maya 上侧快捷菜单栏 Modify→Convert→NURBS to Polygons 后面的参数框，如图 1－61 所示，输入合适的参数，将曲面转为多边形，如图 1－62 所示。

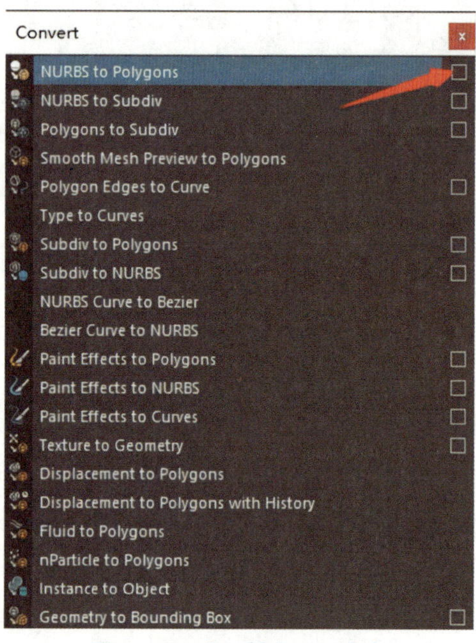

图 1－61　曲面转多边形命令

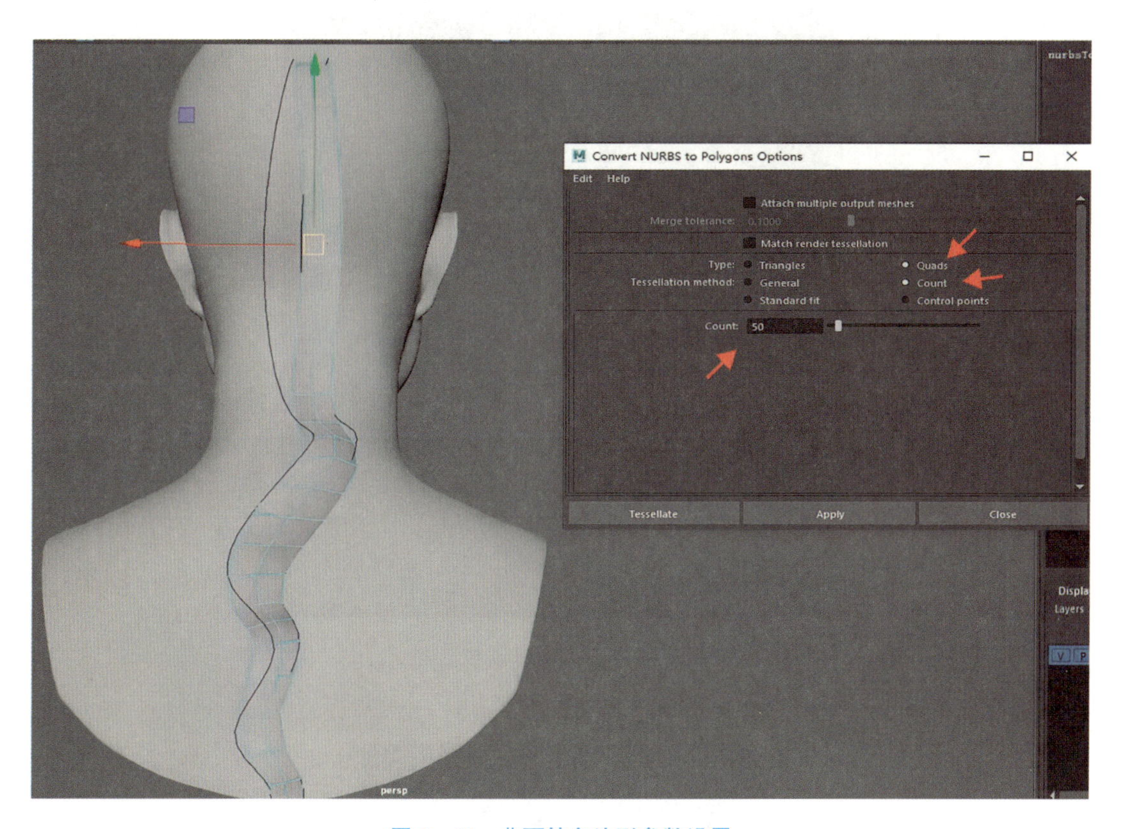

图 1-62　曲面转多边形参数设置

知识 3：辫子制作思路

①创建一个多边形圆柱，将圆柱属性 Subdivisions Axis 值修改为 6，在需要加线时，唤醒 Maya 热盒，选择 Multi - Cut 工具，如图 1-63 所示。按 Ctrl + 鼠标左键在需要加线部位添加环线。调整形态，如图 1-64 所示。

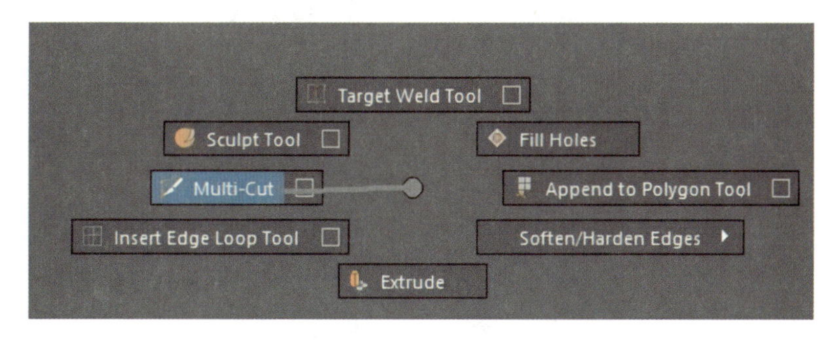

图 1-63　切割面工具

②复制制作好的辫子单位，旋转移动到合适位置，重复以上步骤，完成辫子制作，如图 1-65 所示。

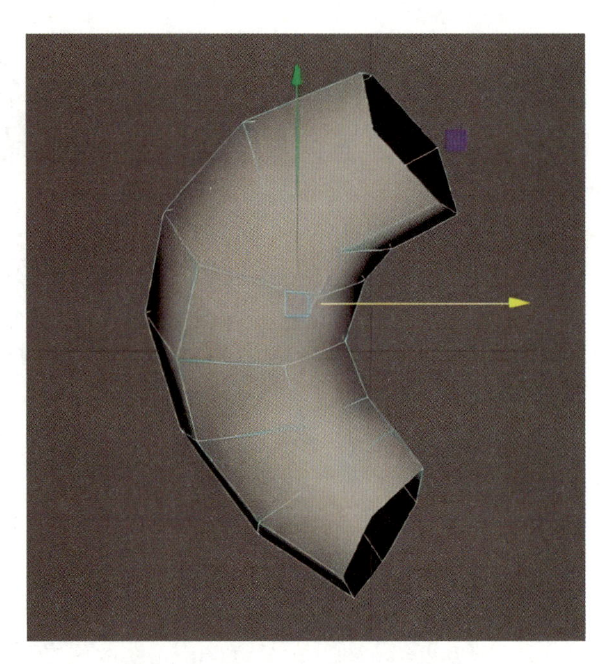

图 1-64　一个辫子单位形态

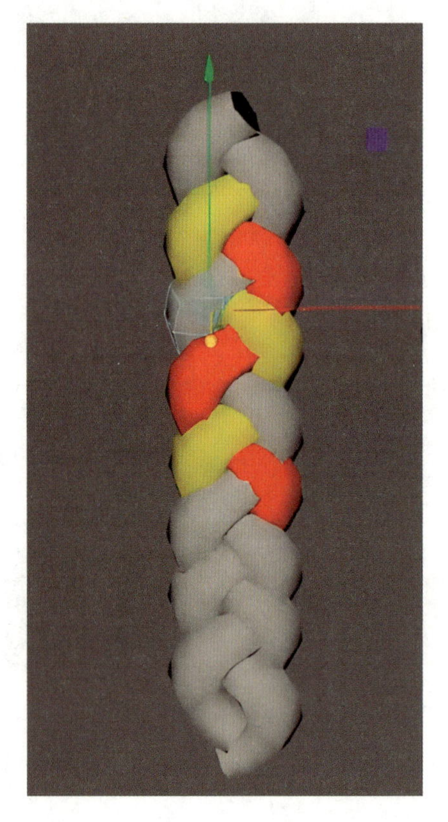

图 1-65　辫子制作完成

知识 4：Maya 插件 Bonus Tools 的使用

安装 Bonus Tools 插件，将会在 Maya 上侧工具栏添加 Bonus Tools 菜单。创建并调整好头发曲线后，选中头发曲线，单击 Bonus Tools→Modeling→Curve to Ribbon Mesh 生成头发多边形面片。单击右侧属性 Width，控制面片宽度；Orientation 控制面片旋转角度；Curvature 控制面片曲度；Taper 控制面片末端宽度；Twist 控制面片扭曲度；Length Subdivisions 与 Width Subdivisions 分别控制面片纵横方向段数。

【任务实施】

步骤 1：创建头发曲线，调整头发曲线至合适形态，使用 Bonus Tools 创建头发面片，调整 Width 值，使宽度合适，增加 Length Subdivisions 的值使面片更加流畅，调整 Width Subdivisions 值为 3、Curvature 值为 0.2、Taper 值为 0.3、Twist 值为 130，制作一簇长发，如图 1－66 所示。

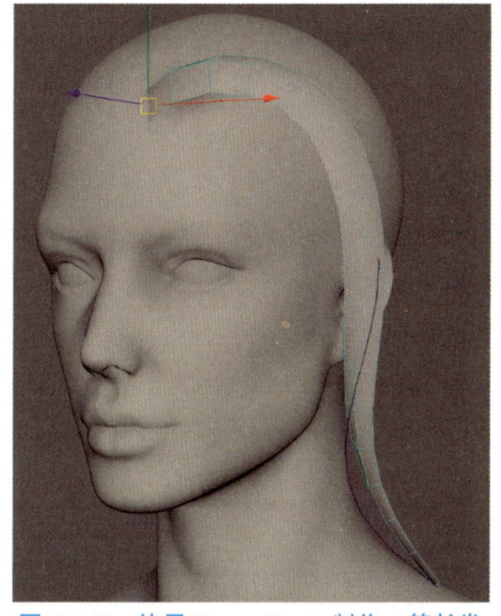

图 1－66　使用 Bonus Tools 制作一簇长发

步骤 2：复制头发曲线，至合适的位置，调整曲线形态，使用 Bonus Tools 创建头发面片，调整参数至满意。依此类推，如图 1－67 所示，完成头发模型基本大型制作。

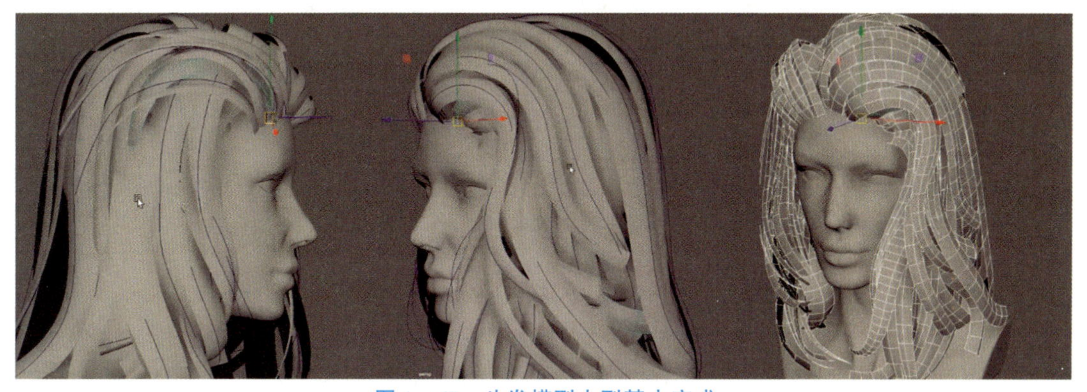

图 1－67　头发模型大型基本完成

步骤 3：将头发模型合并，对照参考角色照片使用软选择调整头发整体形态，使之与参考角色发型相符，多角度观察，修正穿帮部位，将头发曲线摆顺。调整发际线位置，将发际线与头皮穿插过多部分删除，防止后期在制作头发贴图时透明通道不明显，产生头发与头皮有明显接缝的现象。最终效果如图 1 – 68 所示。

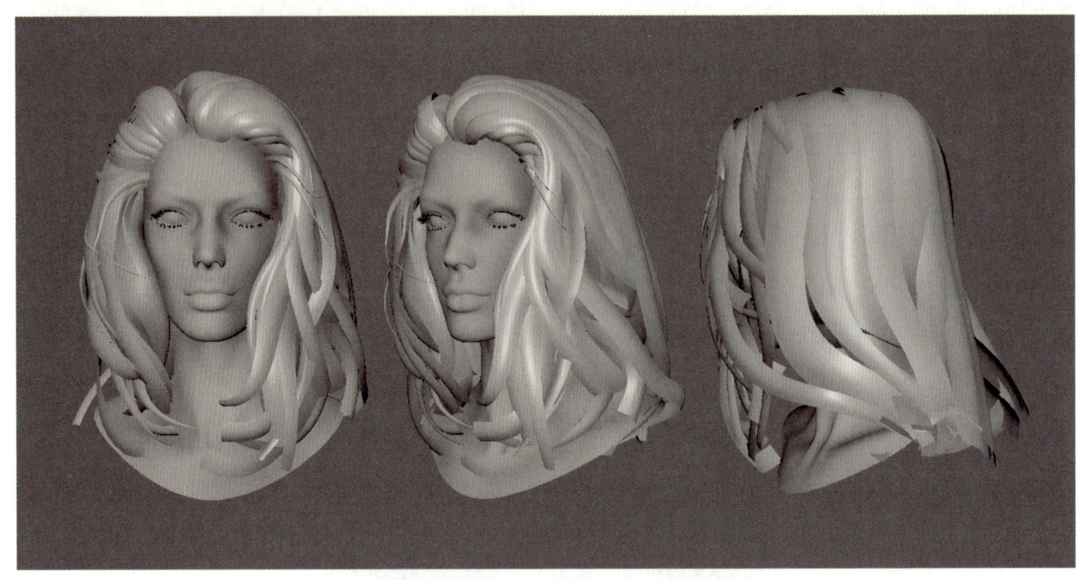

图 1 – 68　头发模型制作完成

步骤 4：选择头发模型，将头发 UV 缩小为长条状，如图 1 – 69 所示，单击 Layout 按钮，将头发片面 UV 自动排布。

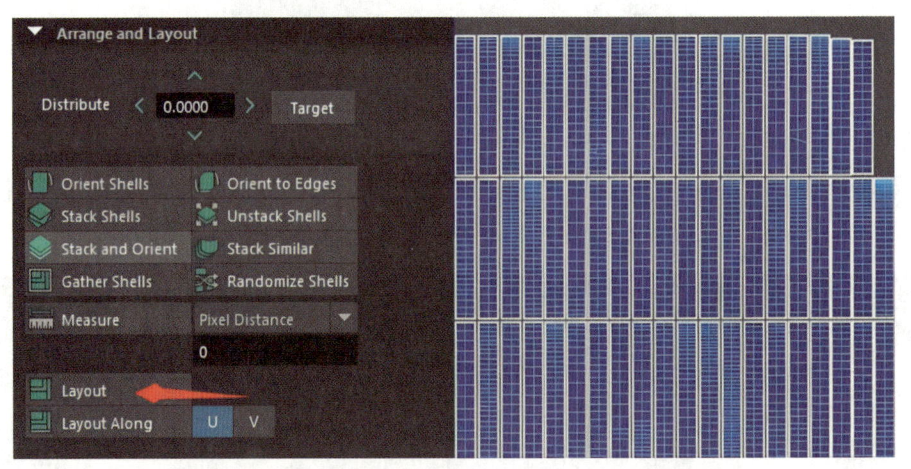

图 1 – 69　自动排布 UV

步骤 5：移动头发片面 UV，将其重叠摆放，如图 1 – 70 所示。

【任务总结】 至此，女性角色头发模型已全部完成。此阶段的制作主要根据参考角色发型制作头发模型面片并将其 UV 重叠摆放。Bonus Tools 插件使头发模型的制作变得更加简便，只需耐心制作即可。

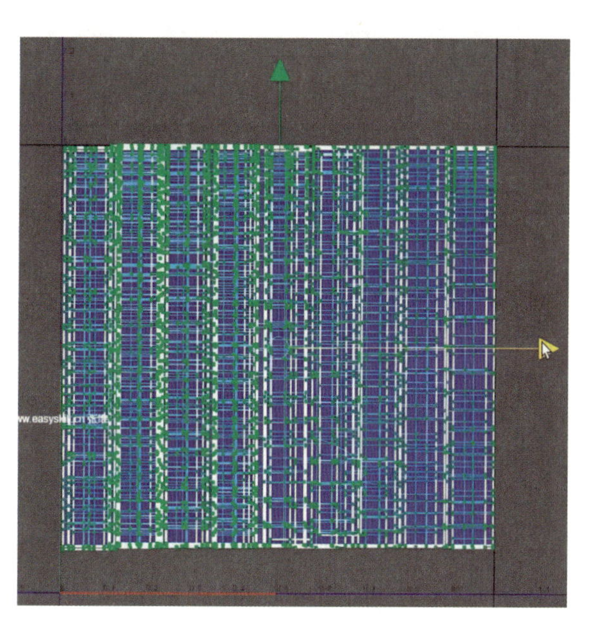

图 1－70　重叠摆放头发 UV

【作业】

女性人头部头发模型制作	
作业概况	
根据本任务讲解的内容完成女性头发模型制作。	
项目要求	
头发模型符合头发生长走势，发际线位置合理，40%；模型布线走势正确，疏密均匀，20%；发型与参考角色相符，40%。	
作业提交要求	
如案例所示，提供女性人头大型的三张图，并拼合成一张。 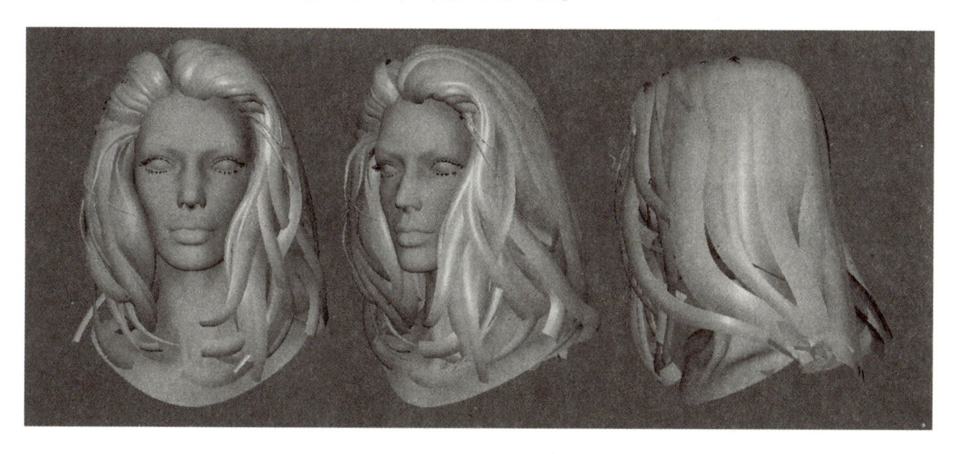	

任务六 完成女性角色贴图制作

【任务目标】

1. 掌握使用 Substance Painter 制作女性头发贴图的方法。
2. 掌握使用 XNomal 烘焙法线贴图的方法。
3. 了解 ZBrush 插件 ZAppLink 的使用方法。
4. 掌握使用 Photoshop 绘制颜色贴图与高光贴图的方法和技法。
5. 了解真实眼睛的制作技法

【任务分析】 在 XNomal 中导入 UV 正确的低模和与之匹配的高模，烘焙法线贴图，根据烘焙出法线贴图的情况，修改参数，重新烘焙法线贴图，最后在 Photoshop 中修正小错误。使用 Photoshop 制作的基础颜色贴图与高光贴图以及 XNormal 烘焙出的 Cavity Map 制作出具有丰富细节的颜色贴图与高光贴图，导入 Marmoset Toolbag 渲染。在制作眼睛时，使用建模方式制作泪腺与上眼睑投影，模拟真实眼睛效果。

【知识准备】

知识 1：法线贴图

法线贴图是在原物体的凹凸表面的每个点上均作法线，通过 RGB 颜色通道来标记法线的方向，你可以把它理解成与原凹凸表面平行的另一个不同的表面，但实际上它又只是一个光滑的平面。

对于视觉效果而言，它的效率比原有的凹凸表面更高，若在特定位置上应用光源，可以让细节程度较低的表面生成高细节程度的精确光照方向和反射效果。法线贴图多用在 CG 动画的渲染以及游戏画面的制作上，将具有高细节的模型通过映射烘焙出法线贴图，然后贴在低端模型的法线贴图通道上，使其表面拥有光影分布的渲染效果，能大大降低表现物体时需要的面数和计算内容，从而达到优化动画和游戏的渲染效果。

法线贴图是一种显示三维模型更多细节的重要方法，它计算了模型表面因为灯光而产生的细节。这是一种二维的效果，所以它不会改变模型的形状，但是它计算了轮廓线以内的极大的额外细节。在处理能力受限的情况下，这对实时游戏引擎是非常有用的。另外，当渲染动画受到时间限制时，它也是极其有效的解决办法。如图 1－71 所示，上面为法线贴图，左边为未使用法线贴图的效果，右边为使用法线贴图之后的效果。

知识 2：Substance Painter

Substance Painter 软件是一款功能强大的 3D 纹理贴图软件，该软件提供了大量的画笔与材质，用户可以设计出符合要求的图形纹理模型。软件具有智能选材功能，用户在使用涂料时，系统会自动匹配相应的设计模板。

知识 3：Marmoset Toolbag

Marmoset Toolbag 是 8Monkey 公司推出的一款专业的三维场景实时渲染预览软件。它拥有多种渲染工具、贴图、材质、灯光阴影效果等，可以进行实时模型观察、材质编辑和动画

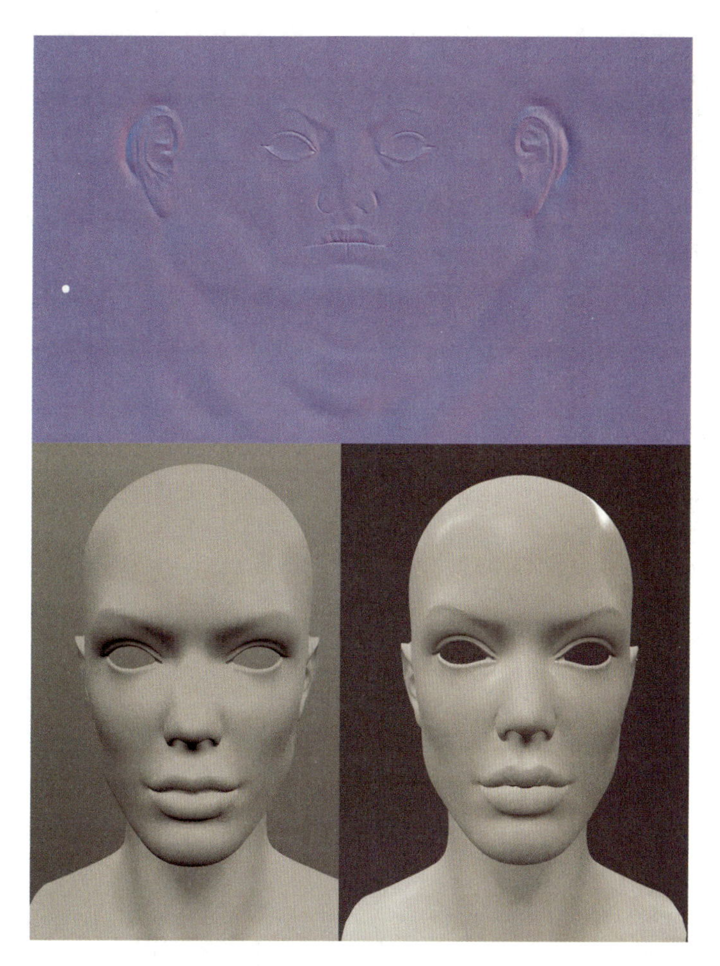

图 1－71 法线贴图与使用后效果

预览等，为用户提供强大的三维渲染工具，还可以进行画面后期处理。比较适合动漫设计师、影视制作等行业人士使用。

【任务实施】

步骤 1：选择头发模型将其导出为 . obj 格式，命名为 hair. obj。打开 Substance Painter，选择“文件”→“新建”，新建一个项目，将 hair. obj 导入。参数设置如图 1－72 所示。

步骤 2：选择填充层菜单，新建一层填充层，即填充图层 1，按照参考角色头发，调整 Base Color 与 Roughness，如图 1－73 所示。

步骤 3：再新建一层填充层，即填充图层 2，调整 Base Color，如图 1－74 所示，制作发丝效果。

步骤 4：选中填充图层 2，按鼠标右键添加一个黑色蒙版，再给黑色蒙版添加填充，选择 Procedurals 程序纹理中的 Fur 3 纹理，按住鼠标左键拖动到填选属性栏 grayscale，如图 1－75 所示。

步骤 5：调节填充属性 U 向比例值 0. 2，V 向比例值 2，旋转 90°，U 向偏离值 －0. 07，V 向偏离值 0. 14。调整 Base Color，如图 1－76 所示，完成发丝颜色贴图制作。

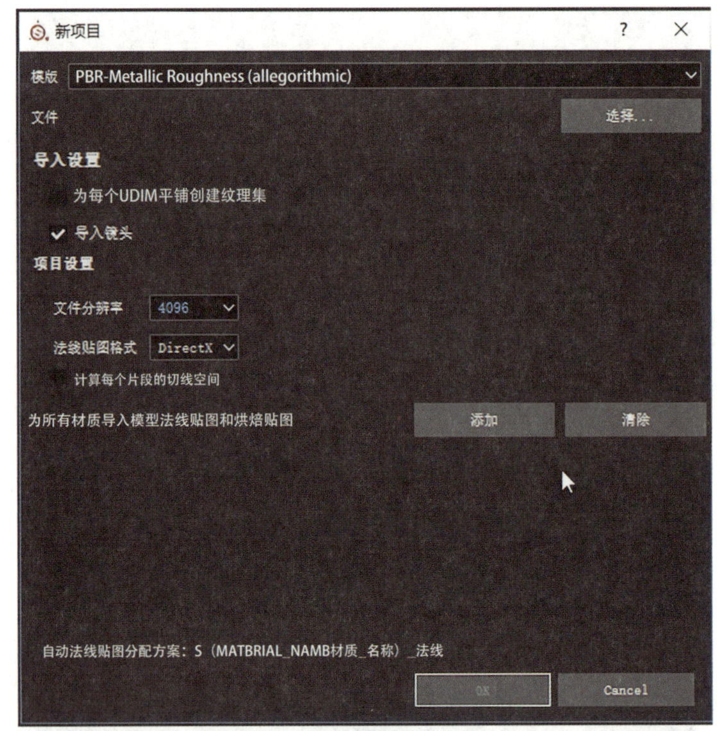

图 1－72　新建项目参数设置

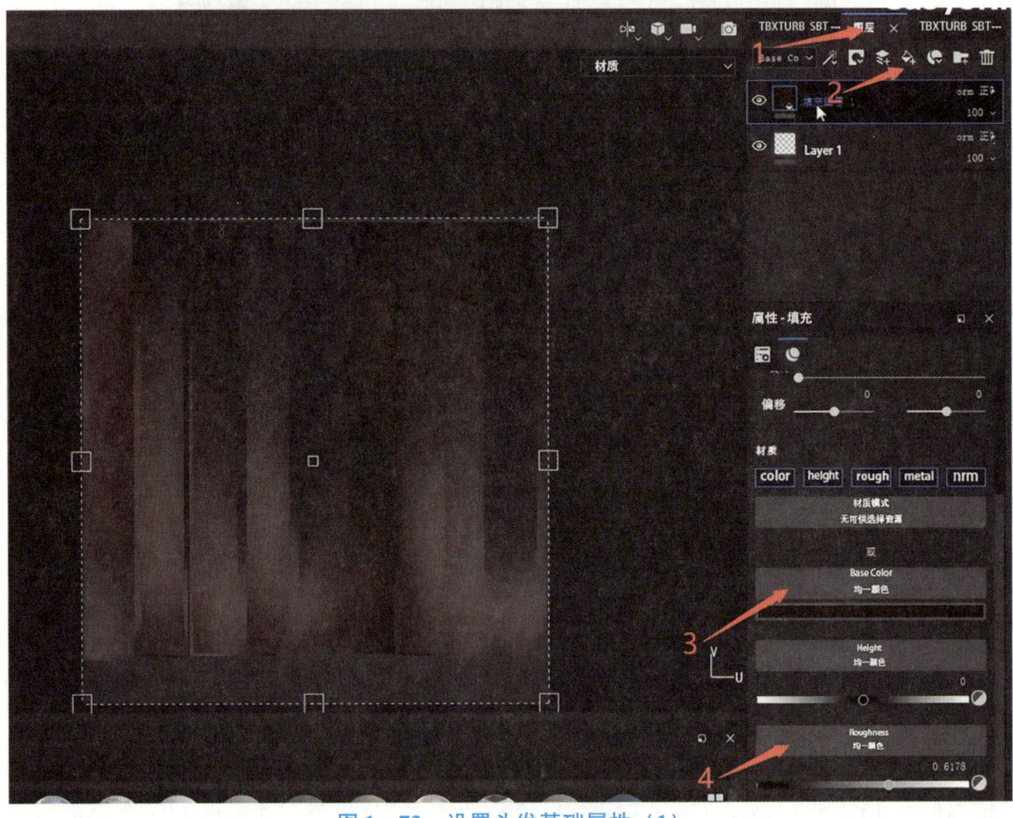

图 1－73　设置头发基础属性（1）

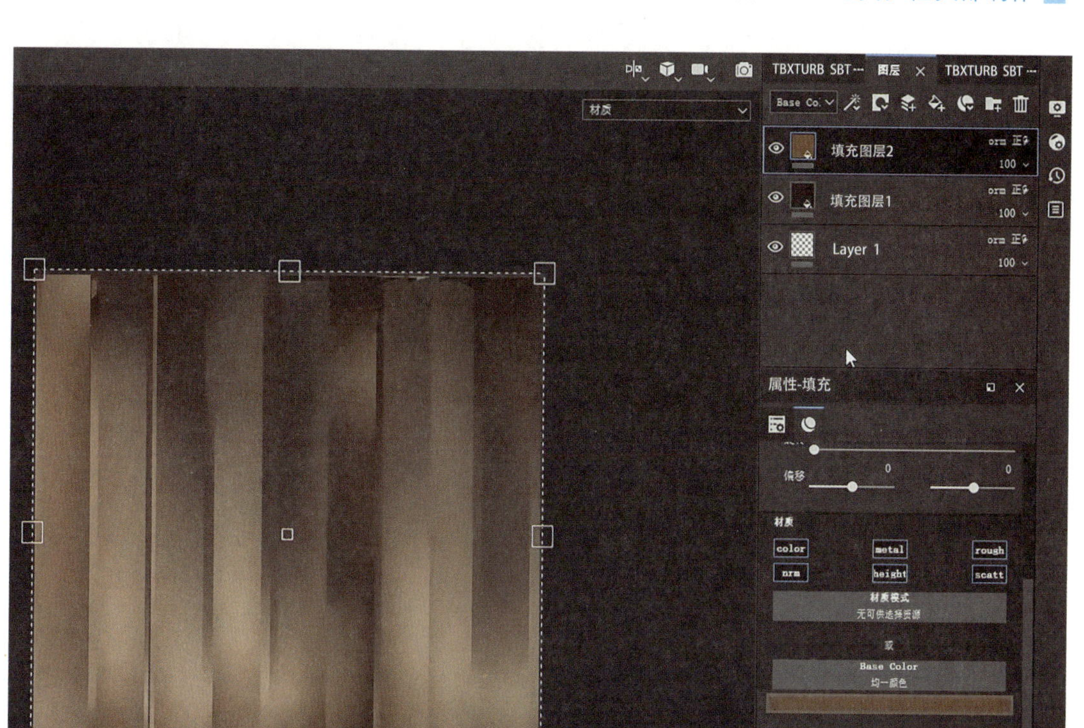

图 1－74　设置发丝基础属性（2）

步骤 6：将填充图层 1 重新命名为 dark color；将填充图层 2 重新命名为 mid color。选择 mid color 层，按 Ctrl＋D 组合键复制一层，重新命名为 light color。将此三层打包到一个文件中，将文件夹命名为 color。分别调整三个层的 Base Color、Roughness 属性，最终效果如图 1－77 所示。

步骤 7：选择 mid color 层，按 Ctrl＋D 组合键复制一层，重新命名为 opacity，将其移动到 color 文件夹上一层。如图 1－78 所示，单击右侧 Shader 设置，选择 pbr－metal－rough－with－alpha－blending 材质球。再打开 TBXTURB SET SBTTINGS 菜单，添加 opacity 通道。将 opacity 层材质属性除 Opacity 以外全部关闭。

步骤 8：调整各层 Fur 3 纹理属性值以及材质属性。将 opacity 层 Opacity 属性值设置为 0. 03，mid color 层 Height 属性值设置为 0. 2，最后效果如图 1－79 所示。

步骤 9：在导出文件窗口选择 PBR SpecGloss from MetalRough 配置，将制作好的贴图导出，如图 1－80 所示。

步骤 10：使用 Photoshop 打开 hair_DefaultMaterial_diffuse. png，为其下添加一个填充黑色的图层。调整色阶，为其添加一个白色蒙版，使用黑色笔绘制蒙版，虚化头发根部和发梢，合并图层并复制。打开历史记录，恢复到最初状态，将复制的图层粘贴到 RGB 通道，如图 1－81 所示。增加一层填充咖啡色，调整透明度。继续增加 2 层，在这两层上绘制颜色，使发根暗一些，头发中间亮一些。保存，完成 diffuse 贴图修改，如图 1－82 所示。

图 1－75　制作发丝效果

步骤 11：从 ZBrush 中导出 Level2 级别角色头部低模与 Level4 级别角色头部高模，分别命名为 Aj_head_lowploy. obj 与 Aj_head_highploy. obj。

步骤 12：打开 Xnomal，单击右侧 High definition meshs 按钮，导入高模 Aj_head_highploy. obj；单击右侧 Low definition meshs 按钮，导入低模 Aj_head_lowploy. obj，如图 1－83 所示。

步骤 13：根据高低模型之间的距离将 High definition meshs 栏中 Maximum frontal ray distance 与 Maximum rear ray distance 的值均调整为 0. 1。单击 Baking options 按钮，设置烘焙参数，如图 1－84 所示。输出 Tag 格式文件，大小为 4 096 ×4 096，烘焙出的法线大于 UV 8 个像素，烘焙 Normal map，抗锯齿参数为 1x。单击 Generate Map，烘焙法线贴图。

图 1－76　发丝基础颜色制作

图 1－77　完成发丝颜色贴图制作

步骤 14：使用 Photoshop 中的涂抹工具修正如图 1－85 所示法线贴图中的错误。最终效果如图 1－86 所示。

步骤 15：在 ZBrush 中将头部模型精度提升到 Level4，选择上侧 Document 菜单，将画布大小设置改为 4 096 ×4 096，单击 Resize 修改画布大小，如图 1－87 所示。选择上侧 Texture 菜单，将要绘制贴图的大小设置改为 4 096 ×4 096，单击 New 按钮创建一张新的贴图，如图 1－88 所示。

步骤 16：选择右侧 Texture Map 菜单，创建一张白色的新贴图，如图 1－89 所示。

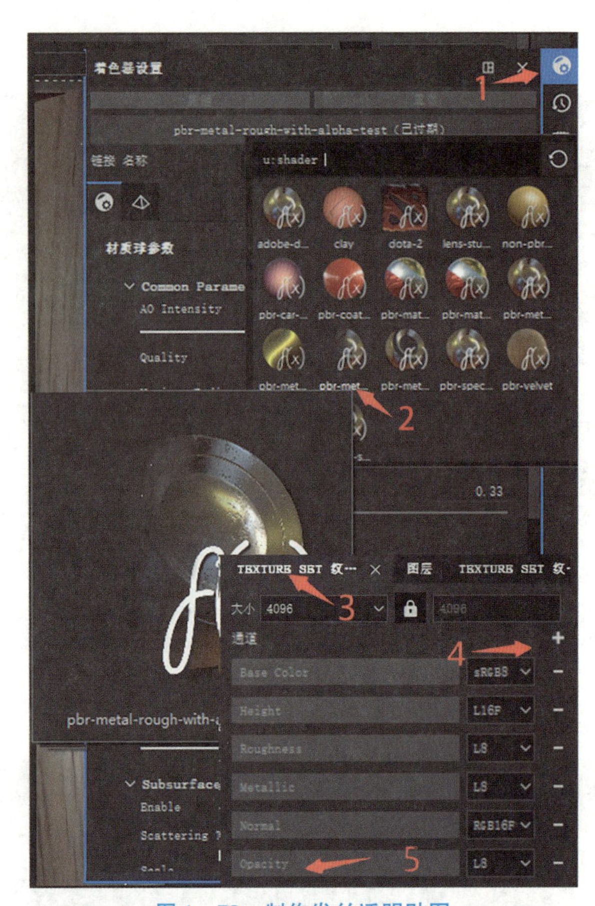

图 1-78　制作发丝透明贴图

图 1-79　头发效果

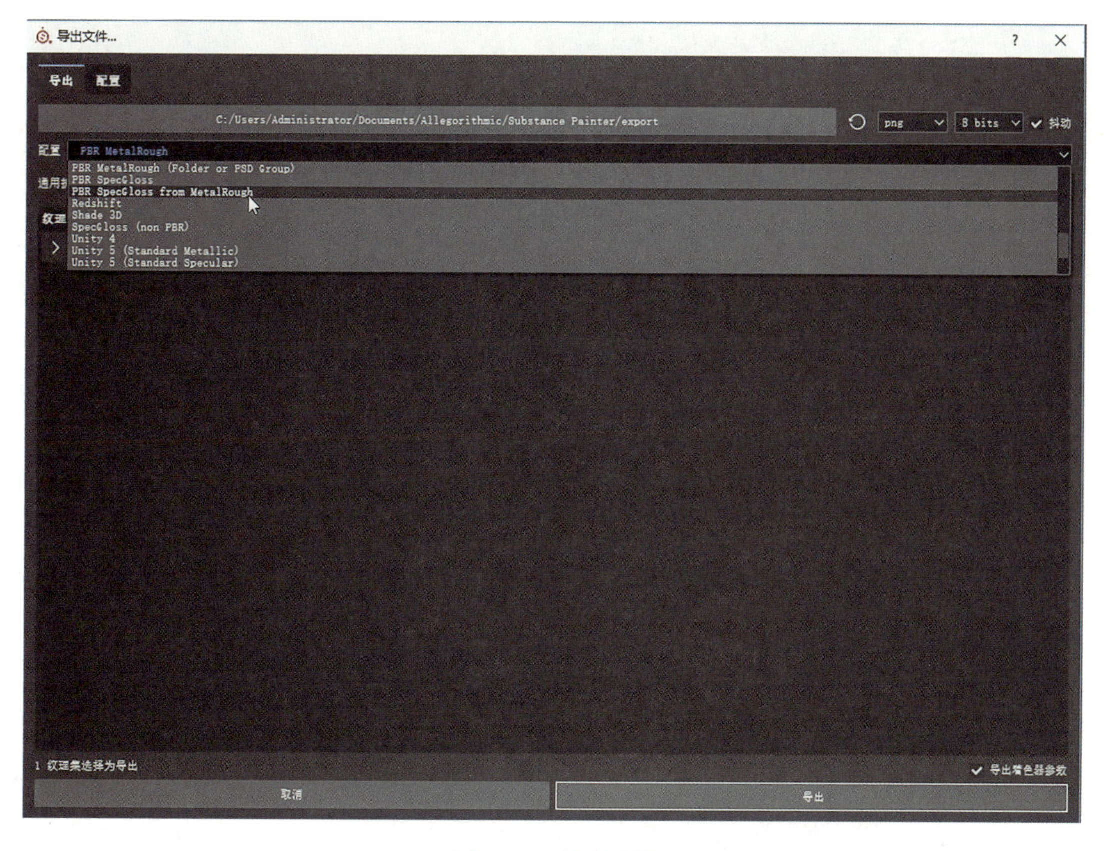

图 1－80　导出贴图

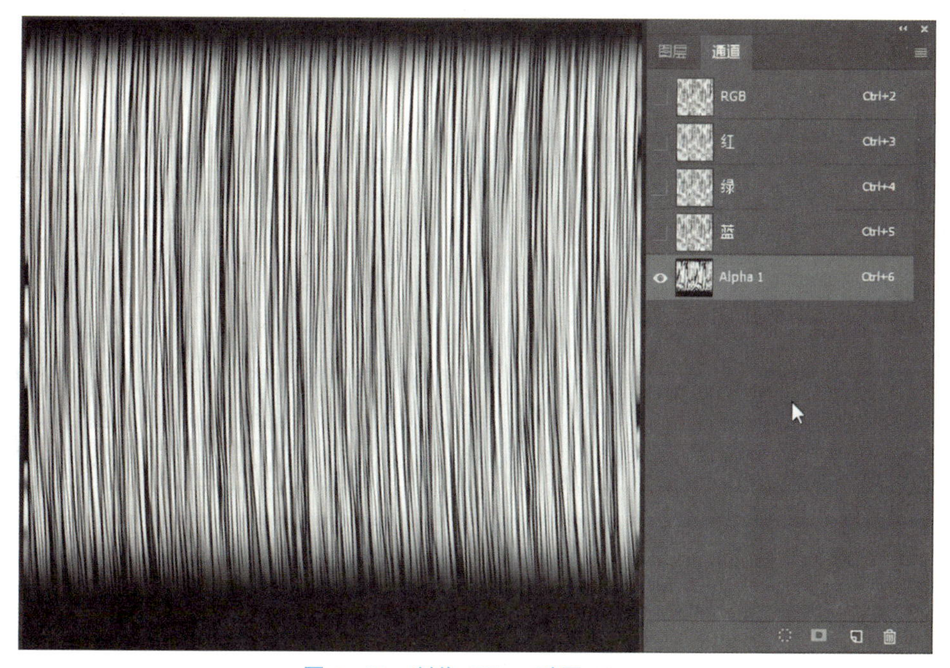

图 1－81　制作 diffuse 贴图 Alpha

图 1－82　完成 diffuse 贴图修改

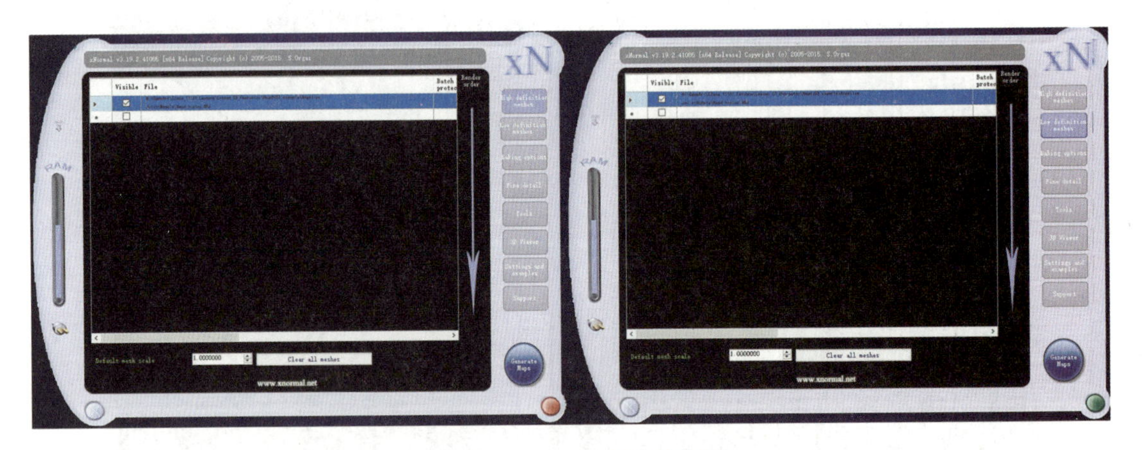

图 1－83　XNomal 导入高低模

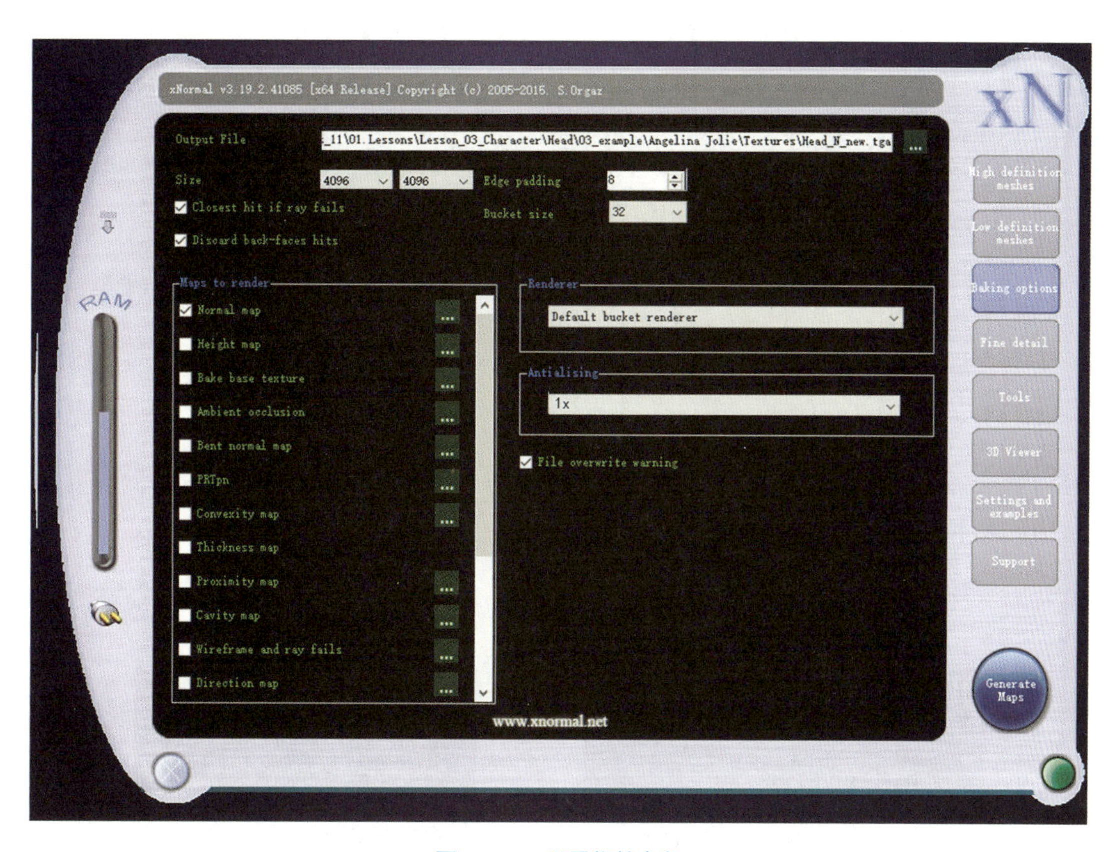

图 1－84 设置烘焙参数

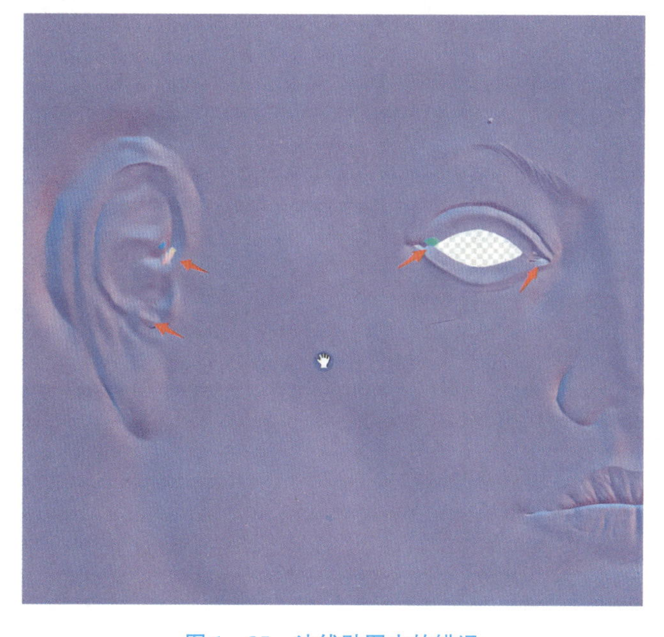

图 1－85 法线贴图中的错误

图 1－86　法线贴图最终效果

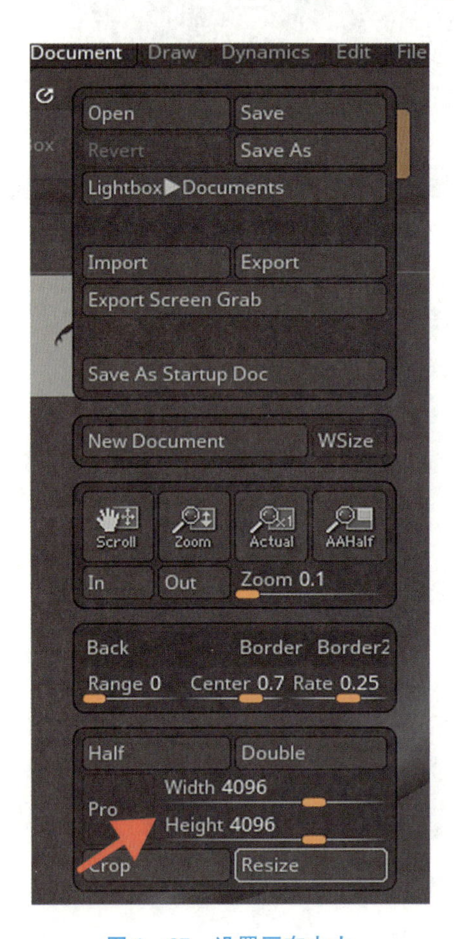

图 1－87　设置画布大小

图 1－88　设置贴图大小

图 1 –89　选择白色贴图

步骤 17：在 ZBrush 中将视角转动到正视角度，将模型材质球修改为 SkinShade。选择上侧 Document 菜单，单击 ZAppLink，打开 ZAppLink Projection 对话框，如图 1 –90 所示。单击 Set Target App 关联 Photoshop 的启动文件，单击 DROP NOW 按钮启动 Photoshop，如图 1 –90 所示。ZBrush 中的文档即被导入 Photoshop。Photoshop 中包含有明暗效果的材质球图层 ZShading、蒙版图层 Layer1 和填充层图层 Fill ZShading 三个图层，如图 1 –91 所示。

图 1 –90　关联并启动 Photoshop

步骤 18：在 Photoshop Layer1 层之上添加一个图层，导入一张正面照片，按 Ctrl + T 组合键调整照片大小和位置，尽量和模型匹配。使用 Ctrl + E 组合键向下合并图层命令，将照片所在图层与 Layer1 层合并为一个图层，如图 1 –92 所示。

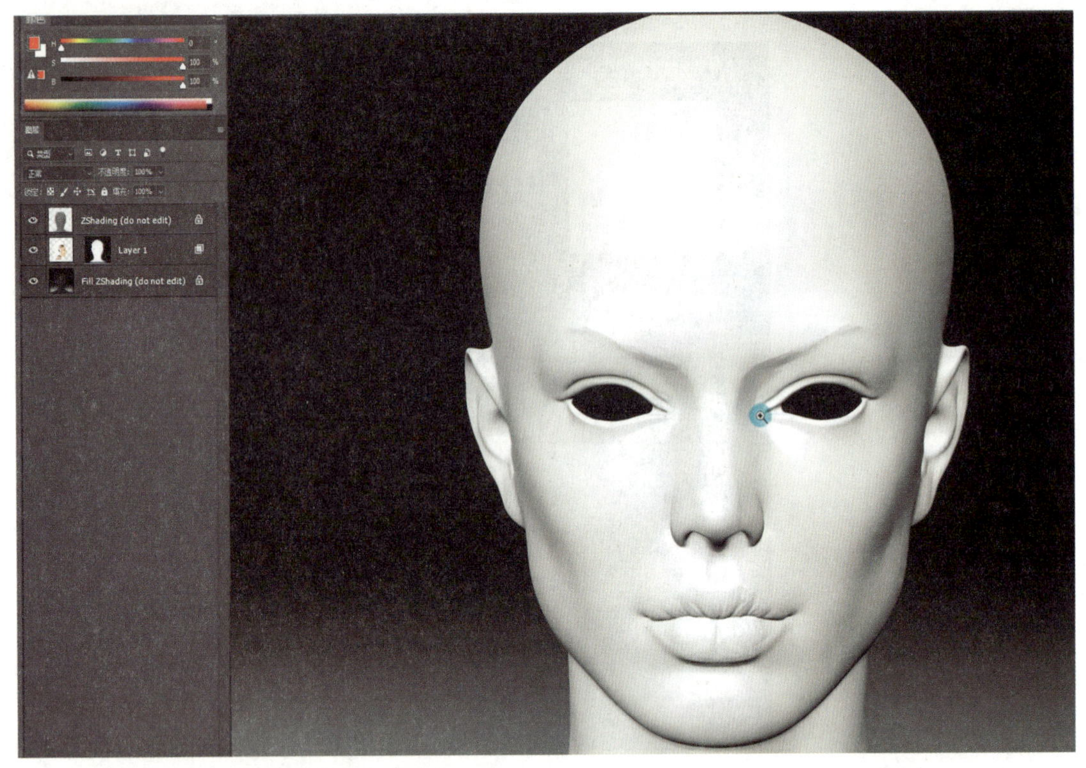

图 1－91　导入 Photoshop 中的文档

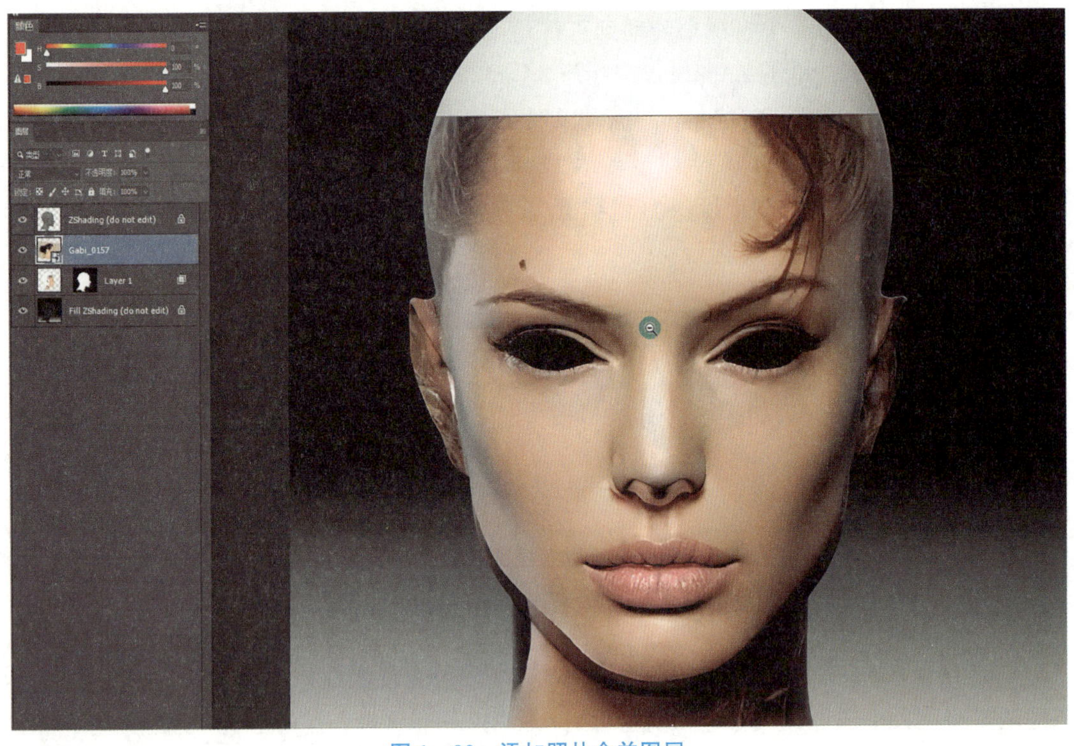

图 1－92　添加照片合并图层

步骤 19：将高清素材照片导入 Photoshop，按 Ctrl + T 组合键调整大小和位置，绘制额头皮肤贴图。给该图层添加黑色遮罩，使用白色笔在黑色蒙版上绘画，留下需要的部分。导入眼睛部分的高清照片，打开 ZShading 图层，按 Ctrl + T 组合键调整大小和位置，再按右键，选择变形，将照片与模型双眼皮、内外眼角、上下眼睑的位置匹配。给该图层添加白色蒙版，使用黑色笔在白色蒙版上绘画，使眼睛部分颜色贴图与其他部分贴图融合。按照此方法完成眉毛、鼻子、嘴唇等部分的颜色贴图绘制，最终效果如图 1 – 93 所示。按 Ctrl + S 组合键将其导回 ZBrush。

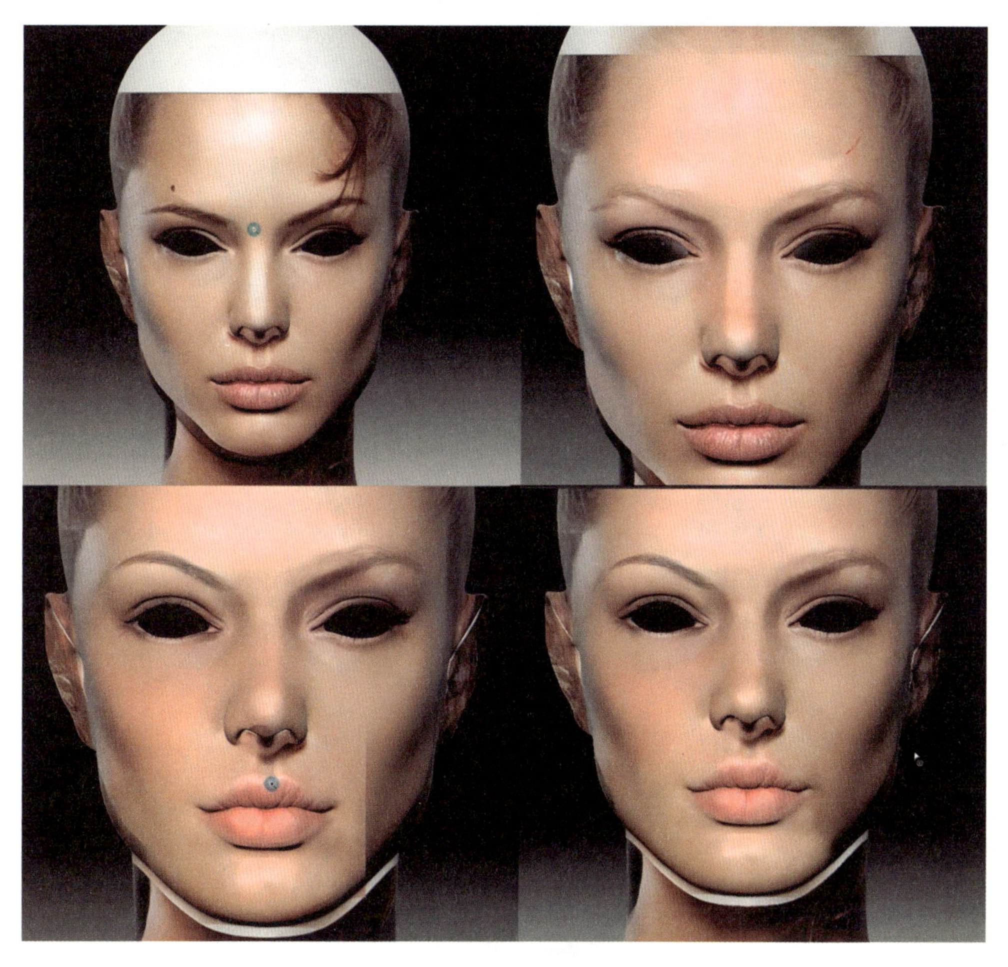

图 1 – 93　制作正面颜色贴图

步骤 20：重复步骤 8 完成角色侧面颜色贴图制作，如图 1 – 94 所示。注意，侧面使用照片和正面使用照片之间会有色差，使用 Photoshop 色阶、曲线、色相/饱和度等工具调节，使之融合。按 Ctrl + S 组合键将其导回 ZBrush。

步骤 21：完成其他角度的颜色贴图制作，并导回 ZBrush。选择 ZBrush 右侧的 Texture Map 菜单，单击 Clone Txtr。单击左侧 Texture→Export，将做好的颜色贴图输出。颜色贴图最后效果如图 1 – 95 所示。

图 1－94　制作侧面颜色贴图

图 1－95　颜色贴图

步骤 22：在 Photoshop 中绘制一个选区，使选区的右边线正好在 UV 的二分之一处，如图 1－96 所示。按 Ctrl＋C、Ctrl＋V 组合键复制选中的部分。按 Ctrl＋T 组合键将缩放的中心点移到对称中线上。按右键，选择水平翻转，按 Ctrl＋E 组合键合并，如图 1－97 所示。

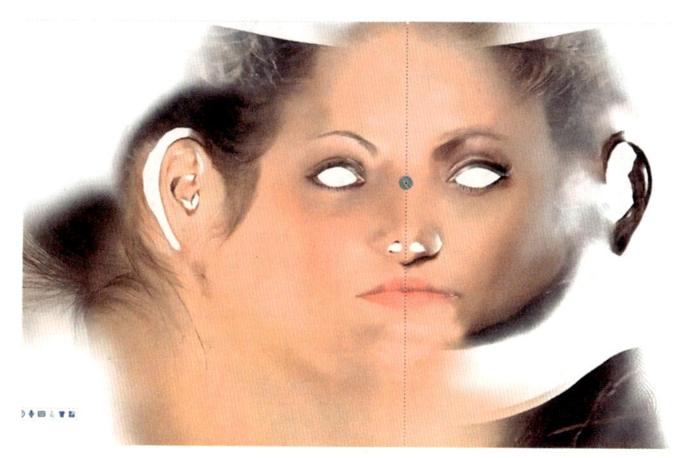

图 1－96　选择制作完成的二分之一颜色贴图

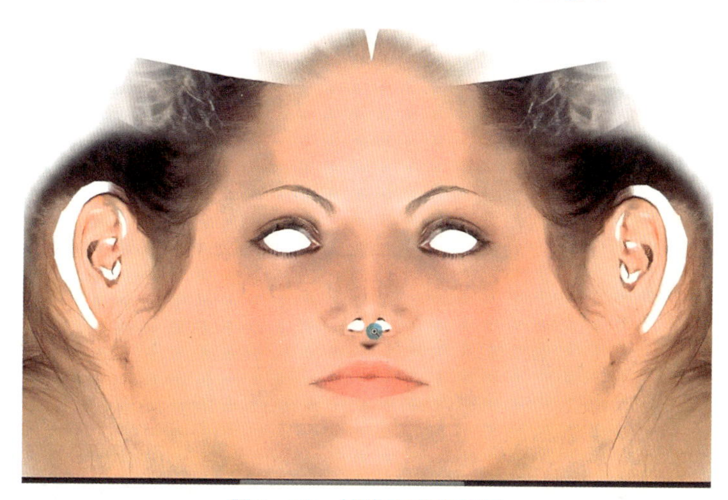

图 1－97　镜像完成的贴图

步骤 23：使用 Photoshop 处理贴图的瑕疵、高光以及毛发。效果如图 1－98 所示。

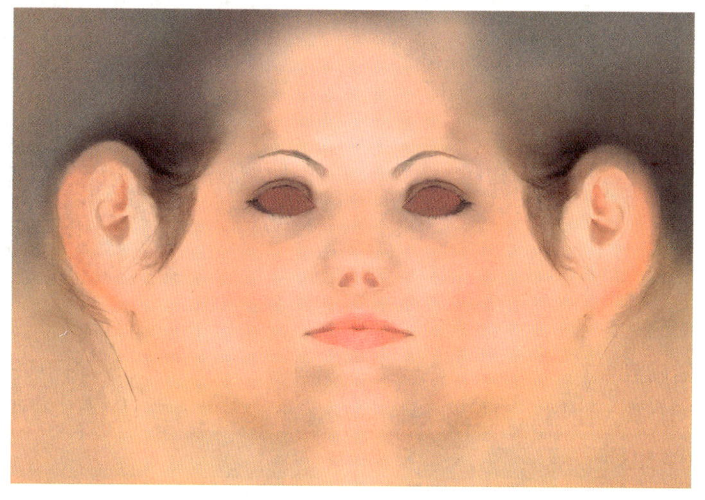

图 1－98　初步处理后的颜色贴图

步骤 24：在 Photoshop 中使用皮肤素材解决颜色贴图明暗不均匀、眼睛周围细节不正确、细节对称的问题，完成贴图制作，如图 1-99 所示。

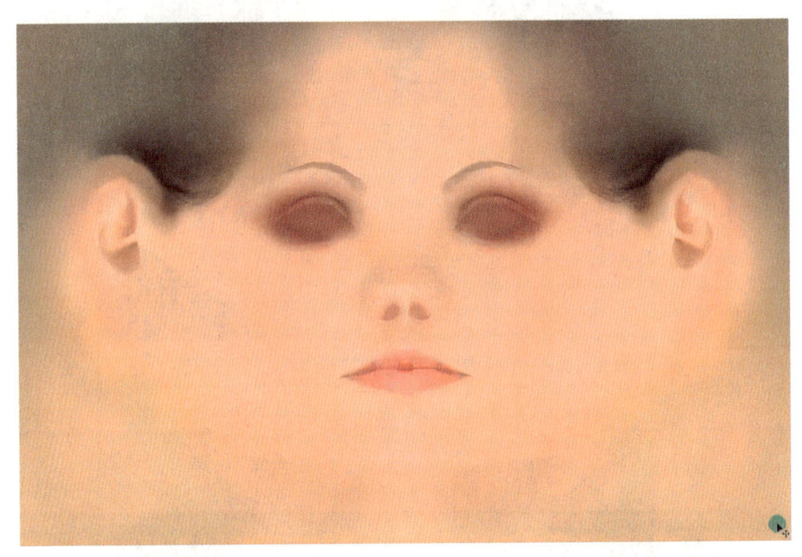

图 1-99　颜色贴图制作完成

步骤 25：复制颜色贴图作为高光贴图，去色，如图 1-100 所示。调整曲线与色阶使高光贴图颜色变暗，制作一张标准的灰度图，如图 1-101 所示。

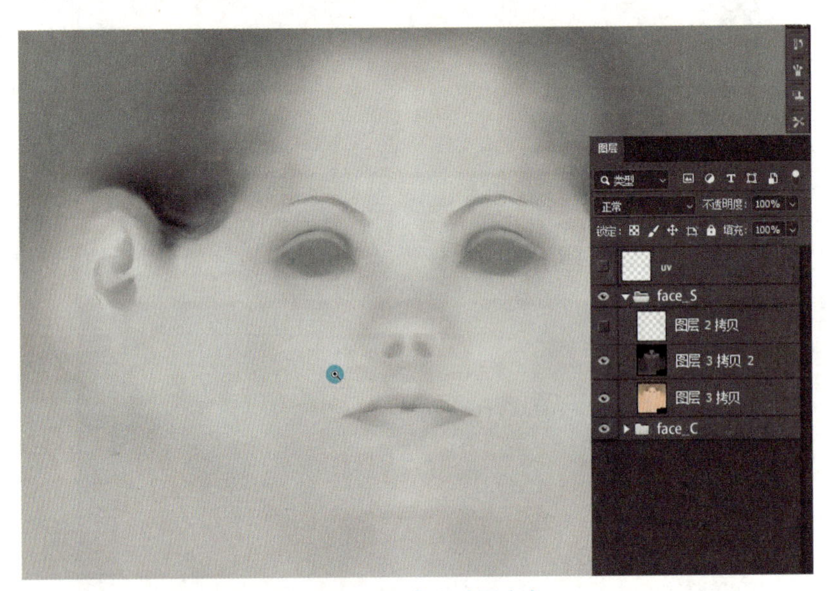

图 1-100　高光贴图去色

步骤 26：复制高光贴图，调整曲线使复制后的高光贴图更暗，如图 1-102 所示。给该贴图添加一个白色遮罩，使用黑色笔刷绘制额头、鼻尖、鼻梁、颧骨、颏肌这些容易产生高光的区域，如图 1-103 所示。

步骤 27：复制标准灰度图放置到最上层，使用提亮工具，提亮嘴唇、眼角、鼻尖，如图 1-104 所示。注意，提亮高光时，应按皮肤的纹理进行调节。

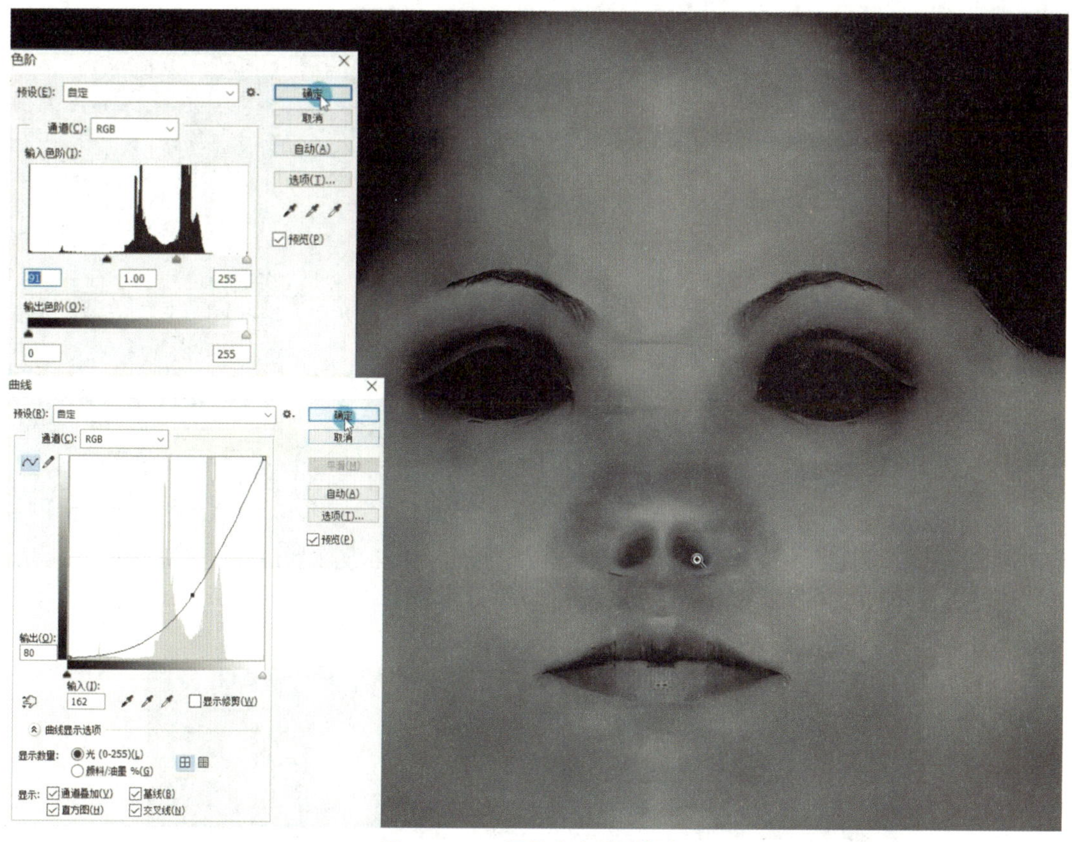

图 1-101　调整高光贴图颜色

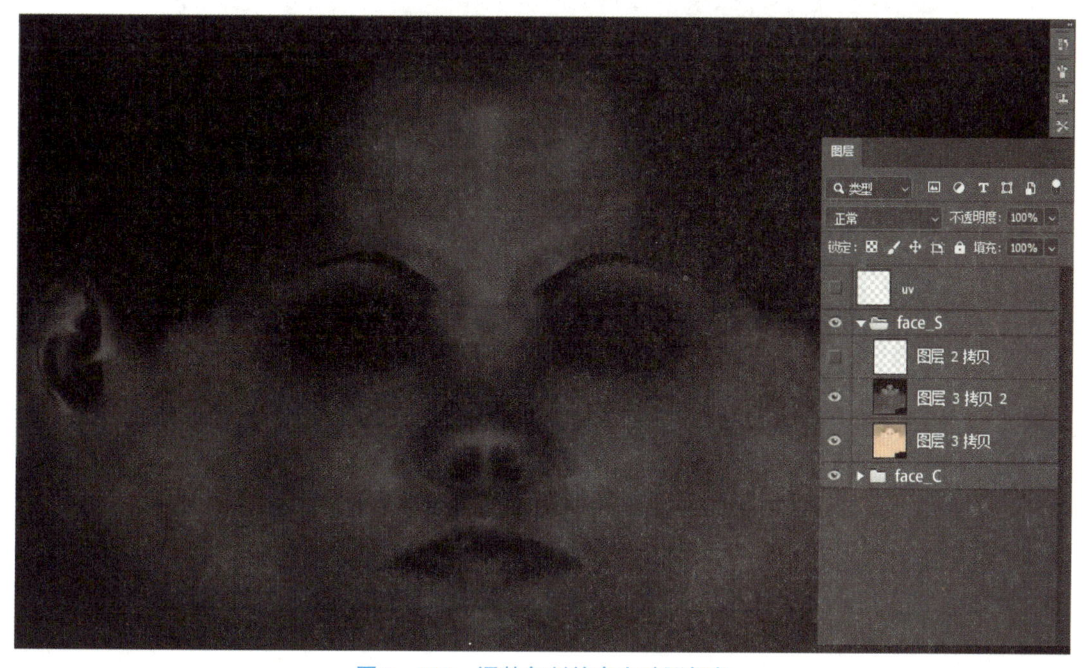

图 1-102　调整复制的高光贴图颜色

图 1－103　绘制产生容易高光的区域

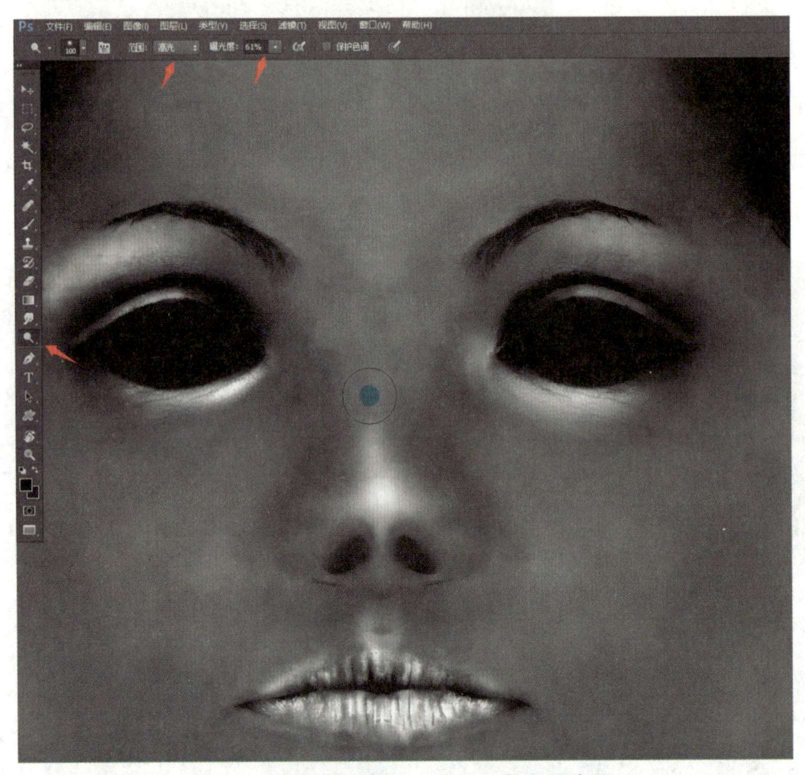

图 1－104　绘制嘴唇、眼角、鼻尖的高光

步骤 28：给该图层添加黑色蒙版，使用白色笔刷将嘴唇、眼角、鼻尖等部位高光显露出来，如图 1－105 所示。

步骤 29：细化高光贴图，将耳朵与面颊部分提亮，如图 1－106 所示。

图 1－105　完成基础高光贴图

图 1－106　细化高光贴图

步骤 30：复制颜色贴图，去色，调整对比度，选择菜单滤镜→其他→高反差保留，调整参数，如图 1－107 所示。调整色阶，制作颗粒感，如图 1－108 所示。

步骤 31：使用正片叠底，使高光图具备颗粒感，如图 1－109 所示。

步骤 32：打开 XNormal，选择右侧 Tools 菜单，选择 Tangent－space normal map to cavity map 命令，如图 1－110 所示。

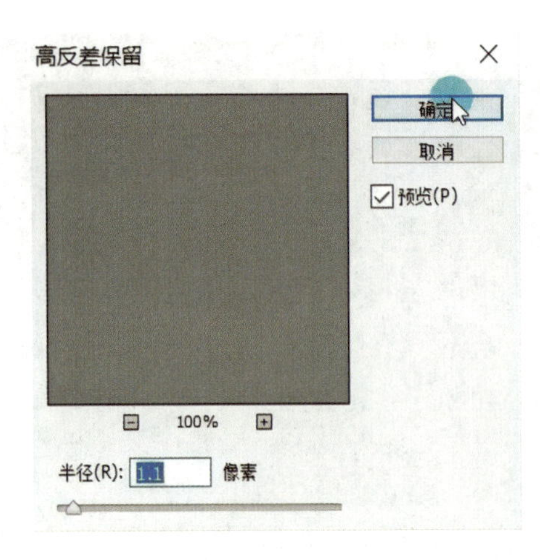

图 1－107　调整高反差保留参数

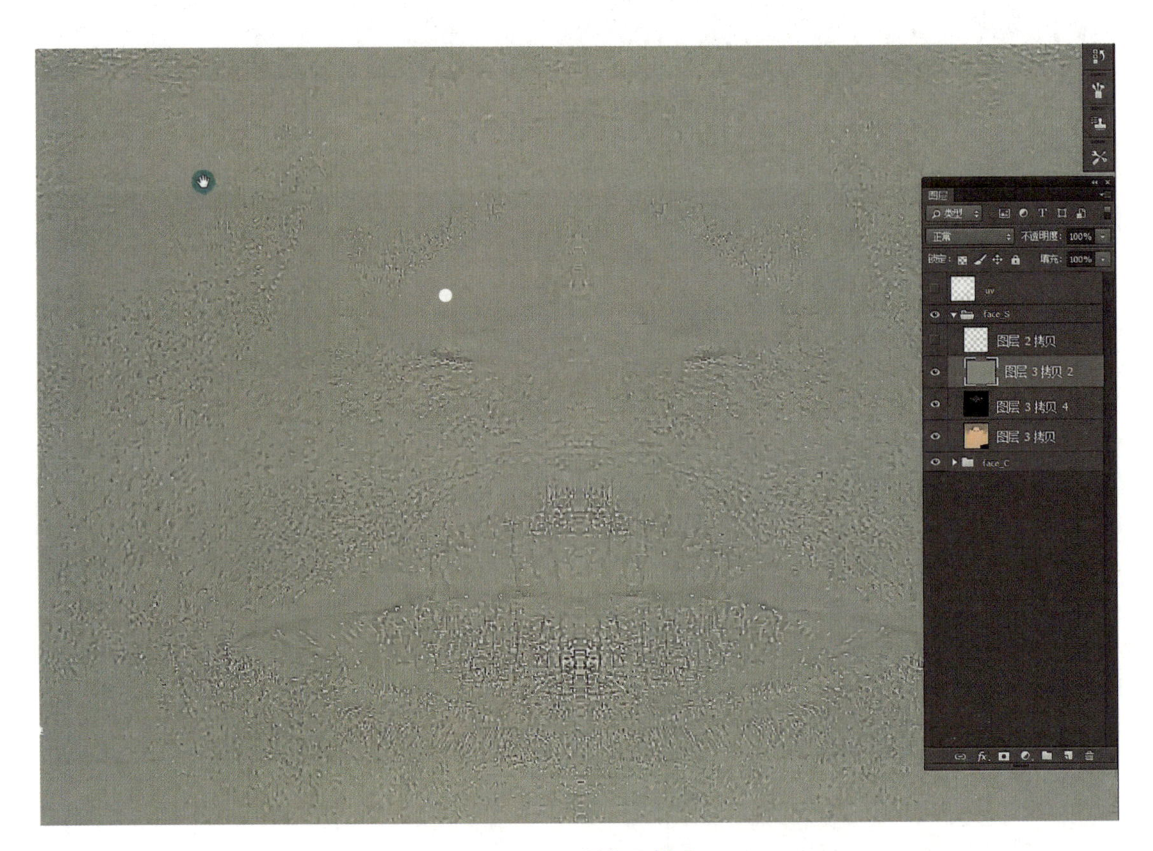

图 1－108　制作颗粒感

在左边 Normal map 窗口单击右键，导入 Normal 贴图，选择 EMB、SPD 模式，在右边 Cavity map 窗口单击右键，选择 Generate，生成 Cavity map，并保存为 head_emb. tga 和 head_spd. tga，如图 1－111 所示。

图 1－109　制作高光贴图颗粒感

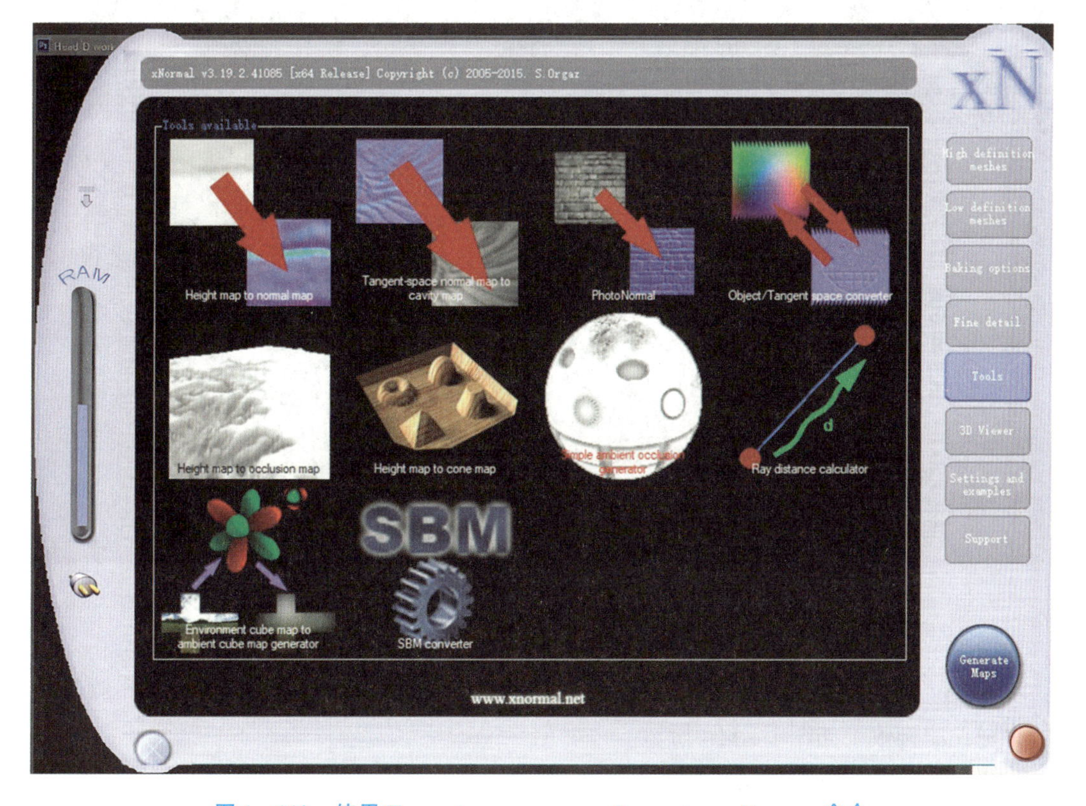

图 1－110　使用 Tangent－space normal map to cavity map 命令

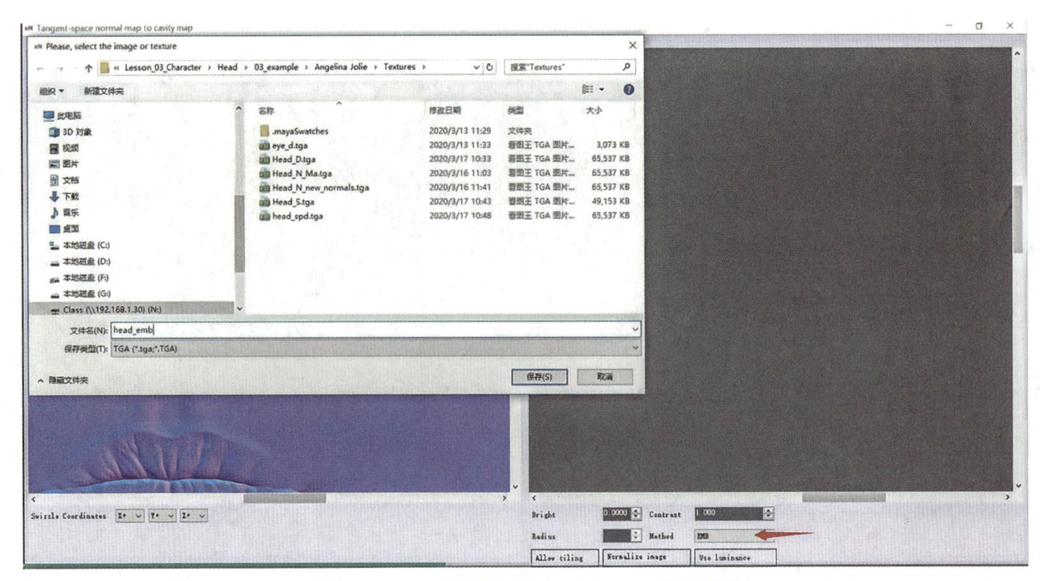

图 1－111　使用生成 Cavity map 并保存

步骤 33：将保存的两张 Cavity map 导入 Photoshop，放置于最上层，调整色阶，调整图层透明度，如图 1－112 所示。

图 1－112　添加细节后的高光贴图

步骤 34：打开皮肤贴图，为其叠加脸部细节，叠加前后对比如图 1－113 所示。

步骤 35：将低模、颜色贴图、粗糙度贴图、高光贴图导入 Marmoset Toolbag，放置在正确的位置，渲染效果如图 1－114 所示。

步骤 36：对眼球 UV 使用平面映射，移动、缩放 UV，使眼球贴图能正确显示，并旋转、移动眼球至正确的位置，如图 1－115 所示。

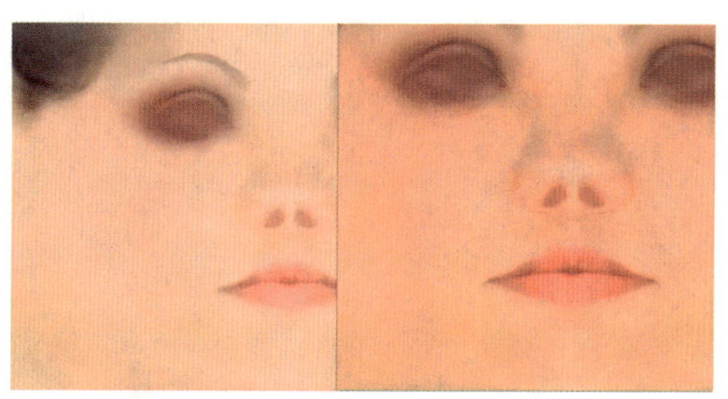

图 1 – 113　添加细节后的高光贴图

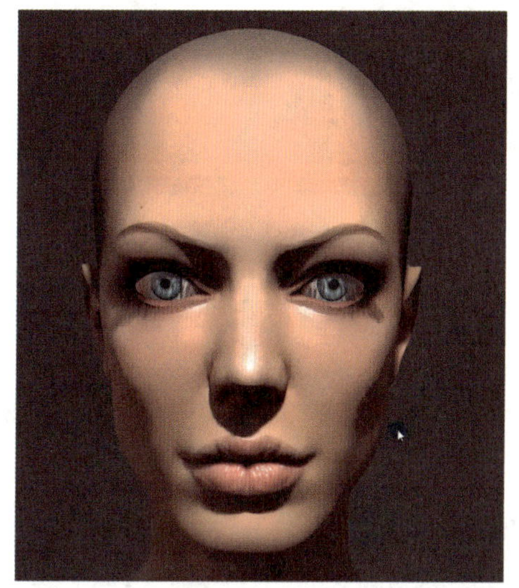

图 1 – 114　Marmoset Toolbag 渲染效果

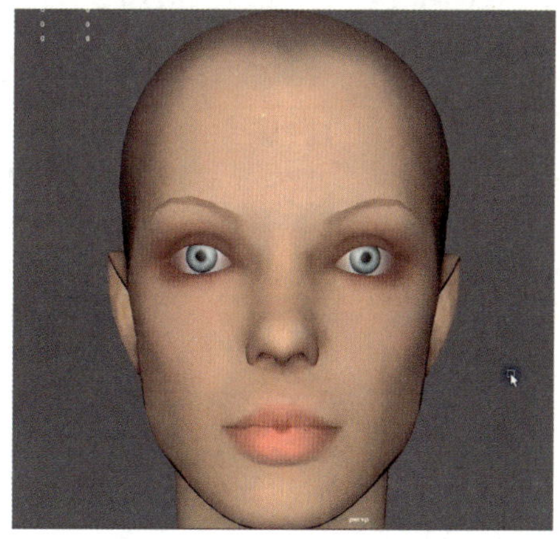

图 1 – 115　为眼球赋予贴图

步骤 37：在 Maya 中制作一个带凹面的球体作为高模，再创建一个普通球体作为低模，两者重合，选择 Rendering→Lighting/Shading→Transter Maps，烘焙一张 1 024 × 1 024 PNG 格式 Normal 贴图，如图 1 – 116 所示。参数设置如图 1 – 117 所示。烘焙出的 Normal 贴图如图 1 – 118 所示。

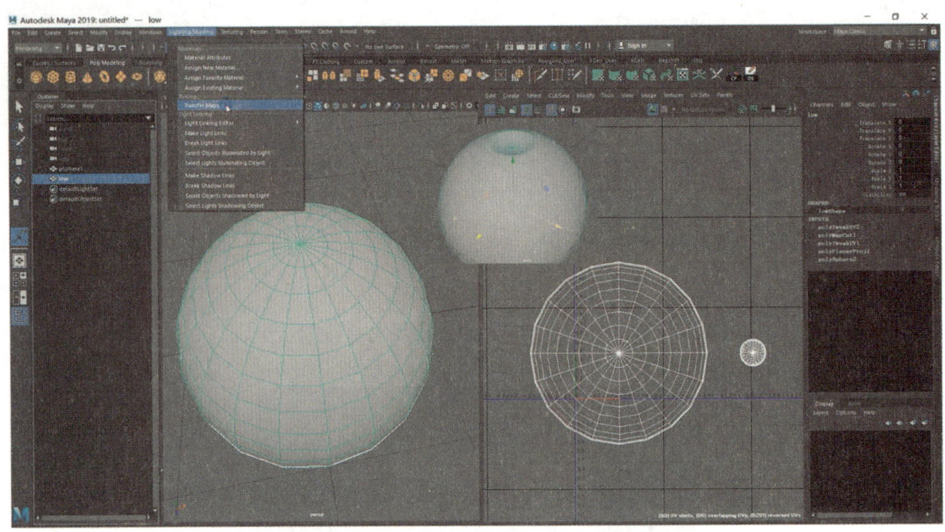

图 1－116 烘焙眼球 Normal 贴图

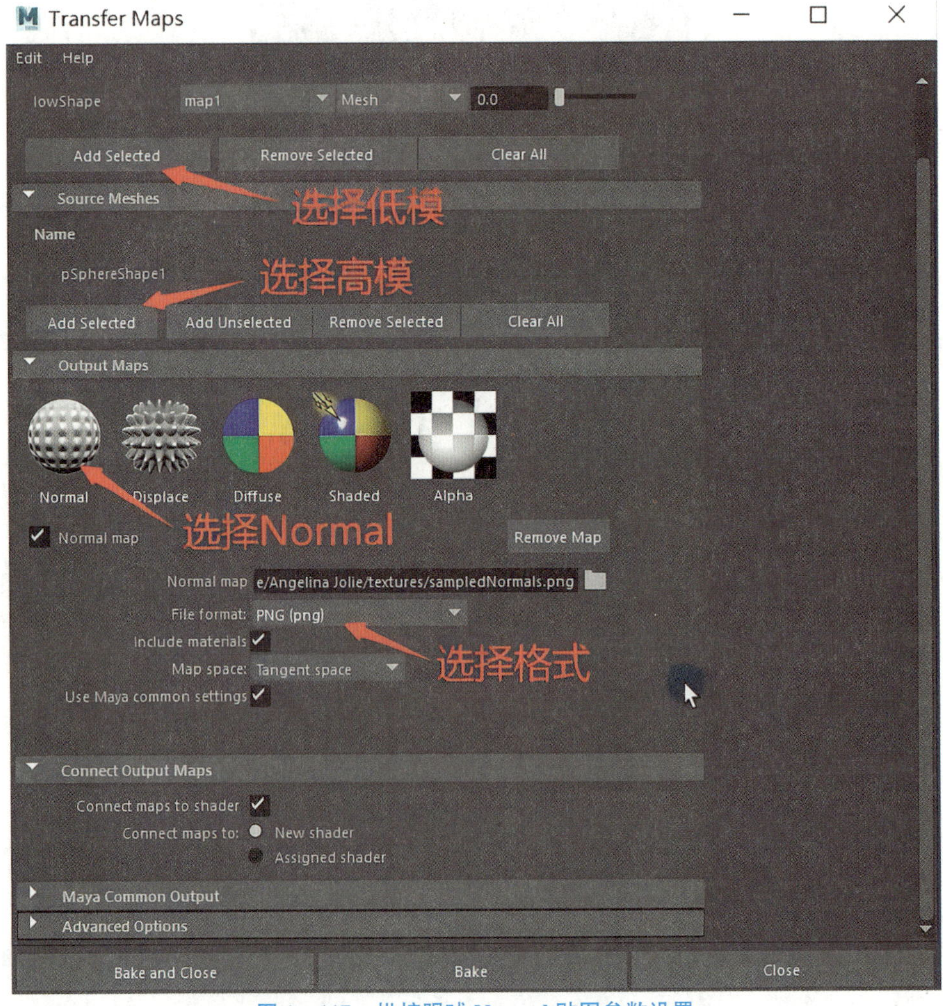

图 1－117 烘焙眼球 Normal 贴图参数设置

图 1 – 118　眼球 Normal 贴图

步骤 38：将眼球贴图去色，增加对比度，导入 XNormal，生成眼球细节 Normal 贴图，如图 1 – 119 所示。导入 Photoshop，放置在眼球 Normal 贴图上层，正片叠底，如图 1 – 120 所示。

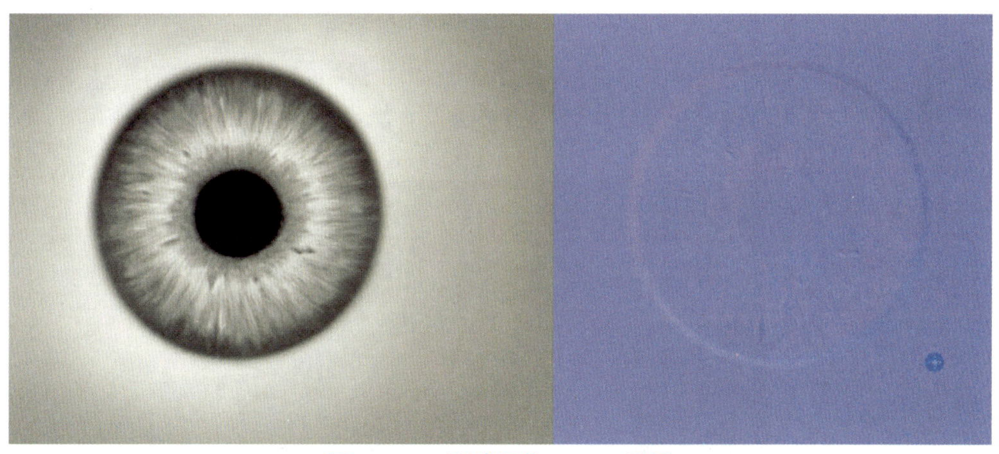
图 1 – 119　眼球细节 Normal 贴图

图 1 – 120　完成眼球 Normal 贴图

步骤 39：在 Photoshop 中制作一张 Displacement 贴图，如图 1－121 所示。注意，黑色表示内凹，白色表示外凸。

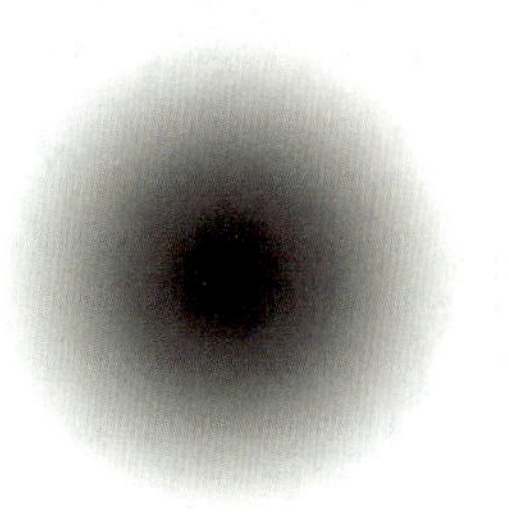

图 1－121　眼球 Displacement 贴图

步骤 40：在 Photoshop 中制作一张 Gloss 贴图，如图 1－122 所示。控制眼球上的高光，使眼球上的高光只出现在虹膜位置。注意，白色表示有高光，黑色表示无高光。

图 1－122　眼球 Gloss 贴图

步骤 41：将 Gloss 贴图、Displacement 贴图、Normal 贴图、眼球贴图导入 Marmoset Toolbag，放置在正确的位置，调节强度，初步渲染效果如图 1－123 所示。

步骤 42：制作泪腺，选择下眼睑上的面，复制，挤压，倒角，调整点，使该几何体与眼球和下眼睑贴合，如图 1－124 所示。

步骤 43：制作上眼睑在眼球上的投影，如图 1－125 所示。

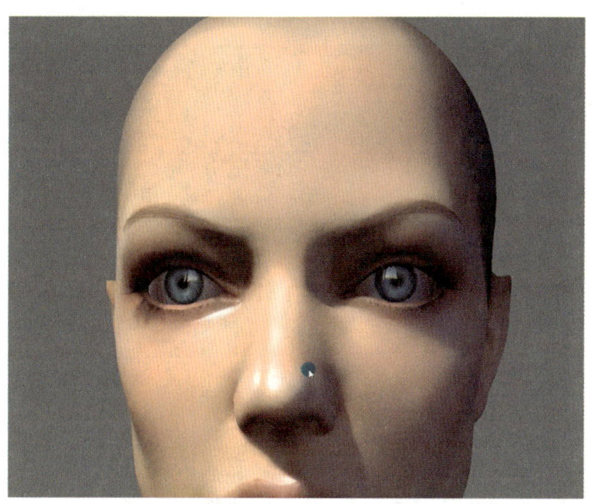

图 1－123　眼球初步渲染效果

图 1－124　制作泪腺

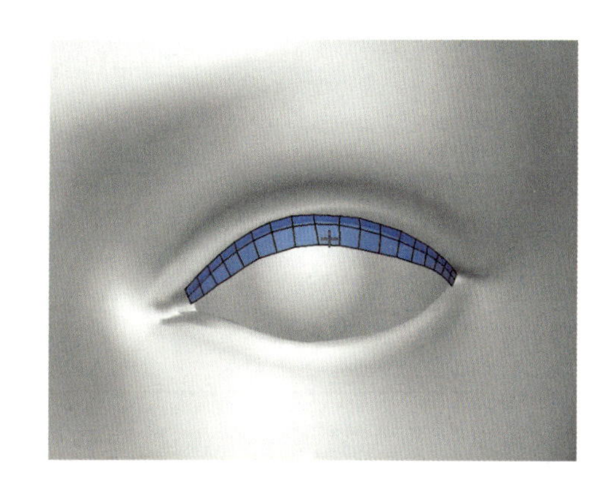

图 1－125　制作投影

步骤 44：将做好的模型添加入 Marmoset Toolbag 赋予材质，在 Marmoset Toolbag 中添加一盏暖色主光、两盏冷色辅助光、一盏轮廓光，调整 3S 材质参数，渲染效果如图 1－126 所示。

图 1－126　头部渲染效果

步骤 45：将头发导入 Marmoset Toolbag 赋予材质，渲染效果如图 1－127 所示。

图 1-127　最终渲染效果

【任务总结】 至此，女性角色头部贴图已经全部完成。此阶段主要使用 Substance Painter 制作女性头发贴图，XNormal 烘焙法线贴图。Photoshop 制作皮肤与眼球的颜色贴图、高光贴图、置换贴图，将其导入 Marmoset Toolbag 渲染。此处使用物理方式制作泪腺与上眼睑在眼球上的投影实现真实眼睛渲染效果。

【作业】

<table>
<tr><td colspan="2">女性人头部贴图制作</td></tr>
<tr><td>作业概况</td><td></td></tr>
<tr><td colspan="2">根据本任务讲解的内容完成女性人头部贴图制作。</td></tr>
<tr><td>项目要求</td><td></td></tr>
<tr><td colspan="2">型贴图无接缝，贴图无明显的拉伸或破损 30%，材质区分完整，符合设计 30%，质感清晰准确，五官有丰富细节 40%</td></tr>
<tr><td>作业提交要求</td><td></td></tr>
<tr><td colspan="2">如案例所示，提供角色三张渲染图，并拼合成一张。
</td></tr>
</table>

【项目小结】 本项目为次世代主机制作一款 AAA 级别的游戏，其中游戏风格为写实题材，制作一个写实的女性角色。通过本项目的学习，使学生了解和学习 PBR 次世代角色制作流程及规范要求、人类头部解剖及结构理论知识，使用 Maya、ZBrush 制作高精度女性角色模型的技法、模型拓扑以及分解 UV 技法，使用 XNormal 烘焙贴图、Photoshop 绘制贴图的方法，并使用 Marmoset Toolbag 利用制作完成的贴图渲染出图。

【综合实训】

<table>
<tr><td colspan="2">女性人头项目实训</td></tr>
<tr><td>项目概况</td><td></td></tr>
<tr><td colspan="2">根据本项目讲解的 PBR 角色人头制作流程完成下面女性人头的制作。
本综合实训制作《模拟人生》游戏中女性人头模型，要求制作的女性人头结构准确、材质真实。</td></tr>
<tr><td>项目要求</td><td></td></tr>
<tr><td colspan="2">要求与原画结构一致，比例相同，并按照 PBR 角色制作流程完成本项目，尽可能还原原画的细节和纹理。
低精度模型面数：15 000 tris
贴图大小：2 048 px</td></tr>
<tr><td>项目原画</td><td></td></tr>
<tr><td colspan="2">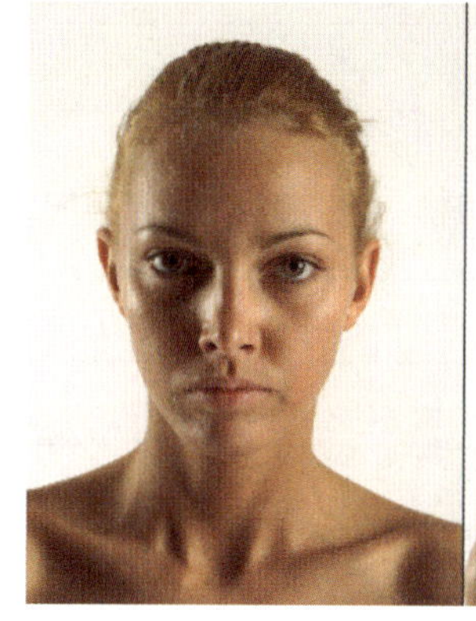  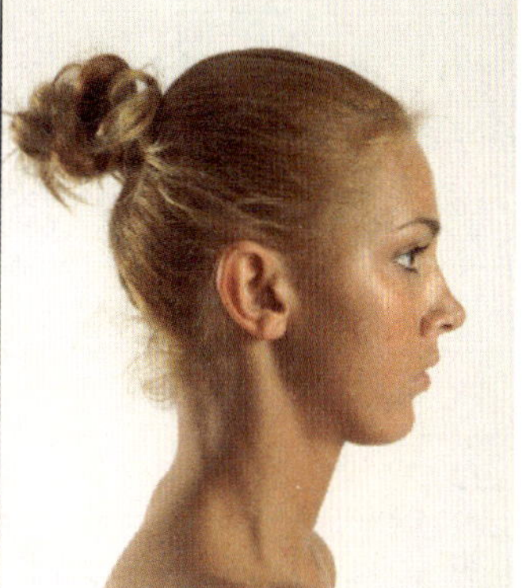</td></tr>
<tr><td colspan="2">★网上查找更多类似图片作为参考</td></tr>
<tr><td>完成时间</td><td></td></tr>
<tr><td colspan="2">参考完成时间：32 课时</td></tr>
</table>

【项目评价标准】

检查列表

	序号	评分项目	要求	特征描述	分值	得分
客观检查	1	软件版本	Maya 2019	软件版本必须与要求的一致	3	
	2	Maya 工程目录		是否设置 Maya 工程目录	3	
	3	模型命名规则	Grenade_ * . ma	模型文件名应按照正确项命名	3	
	4	模型面数	2 000 tris	控制模型面数在 2 000 tris	3	
	5	模型法线	法线软硬边设置正确	软硬边设置是否正确	3	
	6	模型中心	坐标（0，0，0）	模型在场景坐标原点	3	
	7	历史记录	历史记录清空	是否清空模型历史记录	3	
	8	模型拓扑	clean up 无报错	大于四边面或者面有低级错误	3	
	9	模型比例	高度 20 cm	比例是否准确	3	
	10	文件单位	cm	模型场景文件单位设置为 cm	3	
	11	贴图大小	2 048 px	贴图大小应该是 2 048 px	3	
	12	贴图数量	4	颜色、粗糙度、法线、金属	3	
	13	贴图命名	Grenade_ * . tga	贴图命名正确	3	
	14	引擎文件命名	Grenade_ * . uproject	项目工程命名正确	3	
	15	引擎节点	节点连接正确	正确的材质节点连接	3	
	16	引擎工程目录	设置工程目录	工程目录设置正确，可打开	3	
	客观项目得分				48	
评分项目			特征描述		分值	得分
主观检查	17	高精度模型还原度	高模高度还原原画结构		20	
	18		高模还原原画结构一般		10	
	19		高模与原画相差较多		5	
	20	低精度模型拓扑	拓扑结构合理		20	
	21		拓扑结构一般		10	
	22		拓扑结构不合理		5	
	23	UV 布局	UV 布局空间使用充分且布局合理		20	
	24		UV 布局空间使用或布局合理性一般		10	
	25		UV 布局空间使用或布局合理性较差		5	

续表

评分项目			特征描述	分值	得分
主观检查	25	贴图	材质和贴图真实且体现表面使用痕迹	20	
	26		材质和贴图还原原画细节不够，缺少真实材质细节	10	
	27		材质和贴图还原程度较差，不能体现材质质感	5	
	28	引擎	文件引擎展示效果理想，能够体现文件材质细节	20	
	29		文件引擎展示一般，不能够体现文件材质细节	10	
	30		文件引擎展示效果较差，完全不能体现材质效果	5	
总得分				100	

项目二

男性剑士制作

【项目描述】

本项目为次世代主机制作一款AAA级别的游戏，其中游戏风格为奇幻风格，需要制作一个男性剑士的角色（图2－1），项目要求该角色以原画原型为参考，按照PBR次世代的游戏美术流程完成该角色制作。本项目实训先从男性人体制作开始，直到完成装备、武器的制作。人体是角色建模的最重要内容，包含了艺用人体解剖等知识。

图2－1　次世代角色

【项目要求】

1. 使用软件：Maya 2020、ZBrush 2020
2. 场景单位：Meters
3. 模型面数：3 000 tris
4. 贴图大小：2 048 px
5. 贴图数量：4 张
6. 贴图精度：每米256 px
7. 高精度模型命名：Character_swordman. ztl
8. 低精度模型命名：Character_swordman_lowploy. ma

9. 贴图命名：（xxxx 代表不同的部分，对应不同的文件名，例如脸部贴图可以是 Diffuse:Character_face_D. tga）

①Diffuse:Character_xxxx_D. tga

②Normal:Character_ xxxx _N. tga

③Metalness:Character xxxx _M. tga

④Raphness:Character_ xxxx _R. tga

10. 场景文件中心点归零

11. 删除历史记录

【教学目标】

- 掌握 PBR 次世代游戏美术角色及装备制作技巧。
- 掌握人体骨骼、肌肉结构及外在表现。
- 掌握男性角色高模制作流程及技法。
- 掌握写实男性角色与装备的拓扑结构。
- 掌握角色、装备 UV 分解技巧。
- 了解角色、装备贴图制作技巧和要求。
- 掌握 Substance Painter PBR 贴图制作流程。

【项目分析】

根据 PBR 次世代角色制作流程，本项目首先使用 ZBrush 中的 Z 球制作男性人体大型，正确表现躯干、上肢、下肢的肌肉与骨骼，完成角色人体模型制作。接着使用 Maya、ZBrush 制作男性剑士的装备，搭建装备大型，摆放到相对应的位置，通过剪影与比例把控角色穿上装备后的效果。再使用 Maya CV 曲线与 Bonus Tool 插件制作男性剑士头发，正确表现头发的层次。在以上步骤都完成后，使用 Maya 整理男性剑士角色模型。将装备模型导入 ZBrush 对其进行破损、皱褶的细节刻画，最后使用 Substance Painter、ZBrush 绘制贴图。

【知识传送】艺用人体解剖

艺用人体解剖学是一门研究人体形态结构，培养人体造型能力，是在人体解剖学的基础上，以人体骨骼和肌肉作为对象，研究人体外部形态和结构以及人体运动和姿态的基本规律和特点的学科。因为人体中蕴含了均衡美、对称美、曲线美、协调美等美的表现形态，所以研究和塑造人体美对各个时代美术家创作都非常重要。

任务一　男性人体制作

【任务目标】 完成男性人体制作。

【任务分析】 使用 ZBrush 中的 Z 球制作男性人体大型，在雕刻过程中正确表现躯干、上肢、下肢的肌肉与骨骼。

【知识准备】

知识 1：ZBrush 截取画布中的图像

将画布中的图像缩放、旋转到合适的位置。单击 ZBrush 上侧菜单栏中的 Texture→GrabDoc 抓取图像，再单击 Texture – Export 将图像导出，如图 2 – 2 所示。

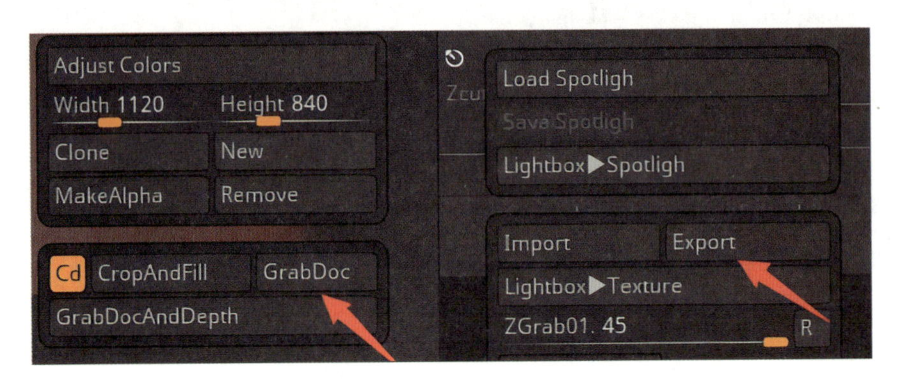

图 2 – 2　ZBrush 截取画布图像

知识 2：人体主要骨骼与肌肉

人体主要骨骼、肌肉如图 2 – 3 和图 2 – 4 所示，其中脊柱是最为重要的骨骼，它从头骨中心连接到尾骨，分为颈椎、胸柱、腰椎三部分，决定了人站立时的姿态。

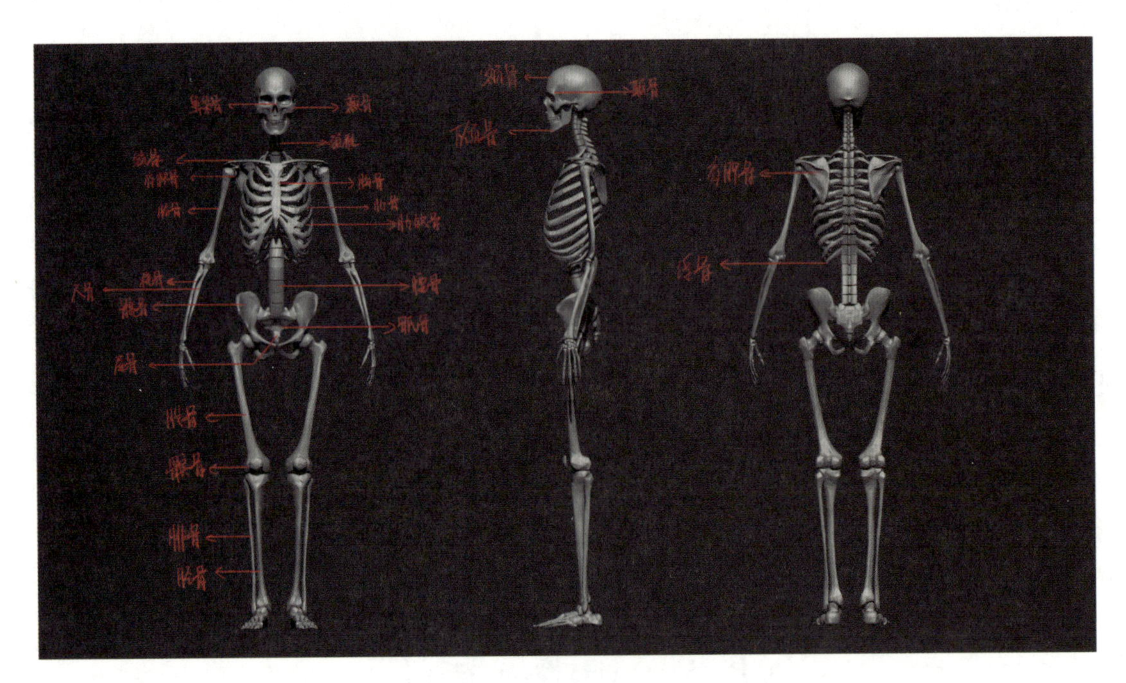

图 2 – 3　人体骨骼

【任务实施】

步骤 1：在 ZBrush 右侧 Tool 工具栏中选择 Zsphere 即 Z 球，在画布中按住鼠标左键拖曳，生成一个 Z 球。可使用 Q 键在 Z 球上再添加一个 Z 球，用 W 键移动 Z 球，用 E 键缩放

Z 球，用 Alt + 鼠标左键删除 Z 球。按 X 键打开镜像绘制，依据角色站姿搭建人体大型。注意，在人体关节处设置 Z 球。在制作过程中调整姿态、比例，如图 2－5 所示。

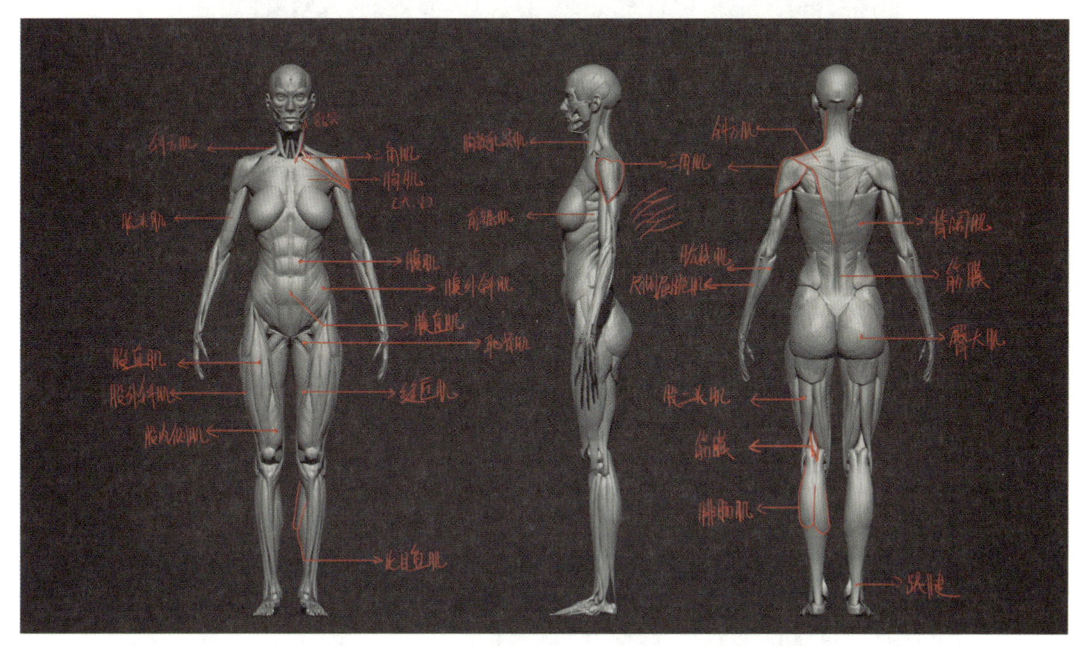

图 2－4　人体肌肉

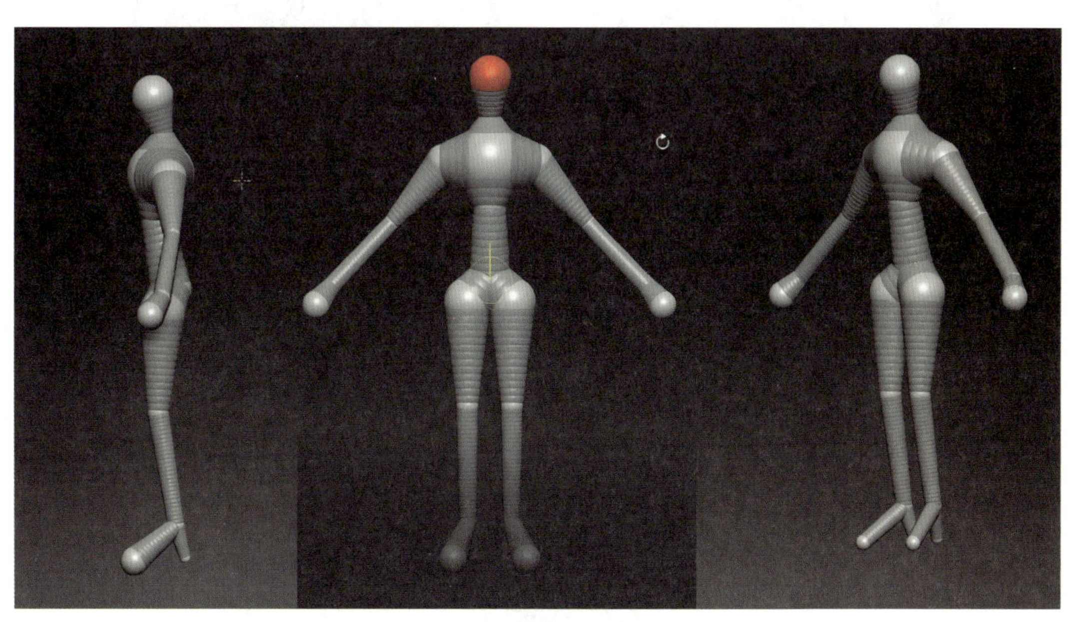

图 2－5　Z 球搭建人体大型

步骤 2：打开右侧菜单 Adaptive Skin，将 Dynamesh Resolution 的值调整为 0，使蒙皮后的模型面数比较低。按 A 键预览蒙皮后的姿态，再次按 A 键回到 Z 球状态，在肩部添加 Z 球。单击 Tool－MakePolyMesh3D 按钮生成多边形，如图 2－6 所示。

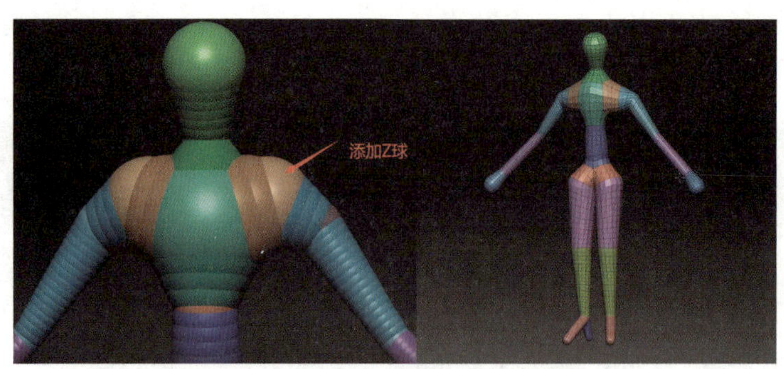

图 2-6 蒙皮

步骤 3：雕刻胸部肌肉，重点雕刻锁骨、胸廓、胸肌。锁骨从上往下看是弓形，如图 2-7 所示。胸骨、肋骨构成胸廓的基本形态（绿色标记），其轮廓像一个下大上小的鸡蛋。肋弓边缘的形态是一个尖拱形（红色标记），从上往下看，胸廓的前方是饱满的弧形，背部是一个 W 形（蓝色标记），如图 2-8 和图 2-9 所示。胸肌的上沿附着在锁骨的前二分之一处，下沿附着在第五、六对肋骨上，如图 2-10 所示。

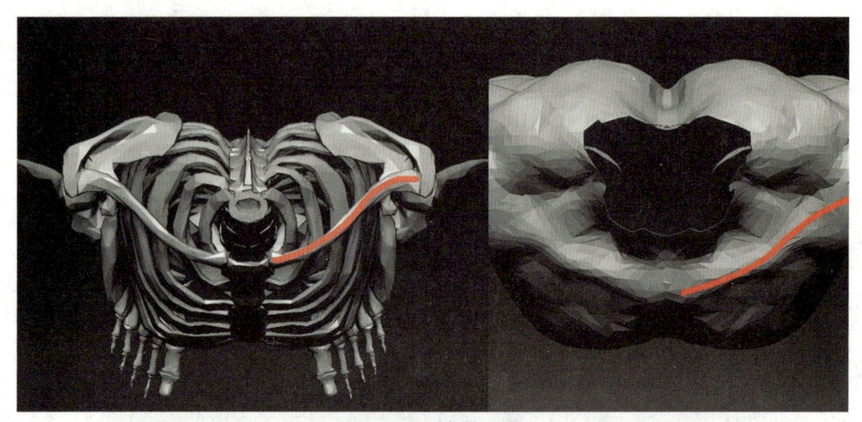

图 2-7 锁骨形态

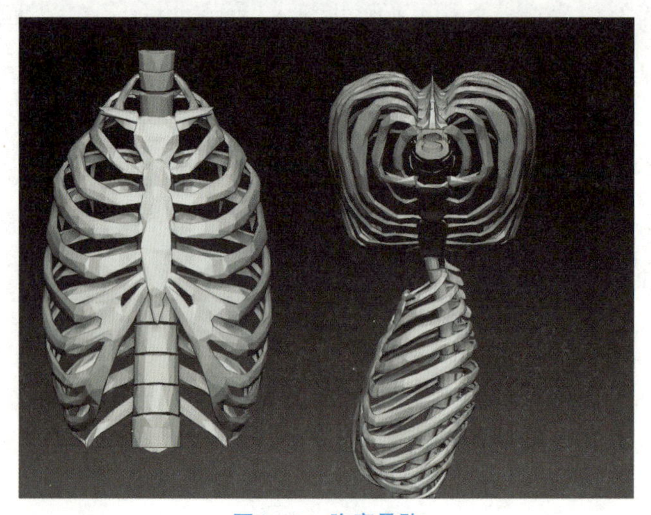

图 2-8 胸廓骨骼

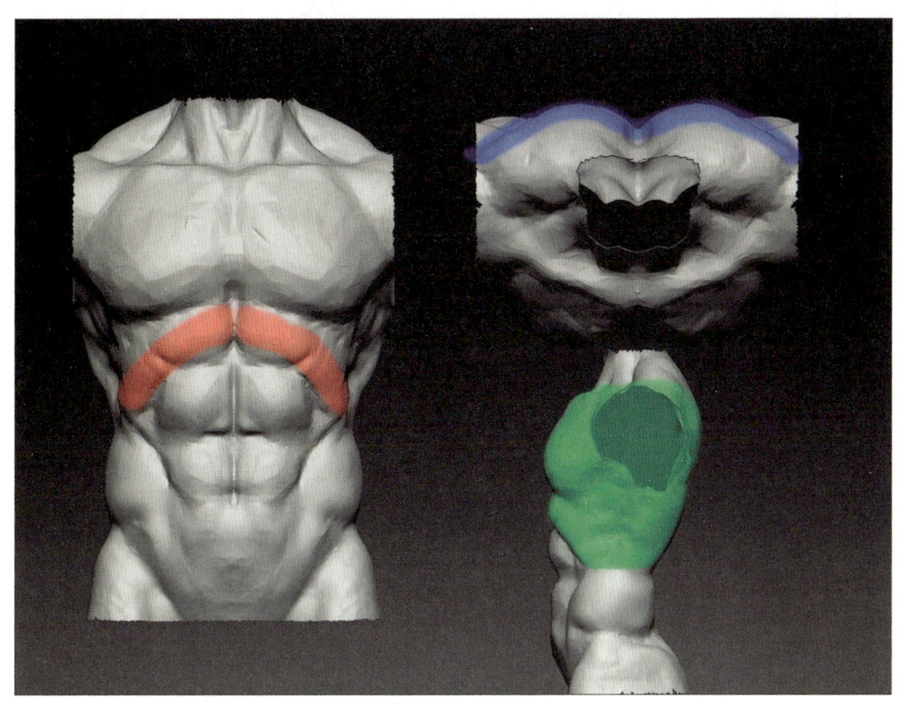

图 2－9　胸廓

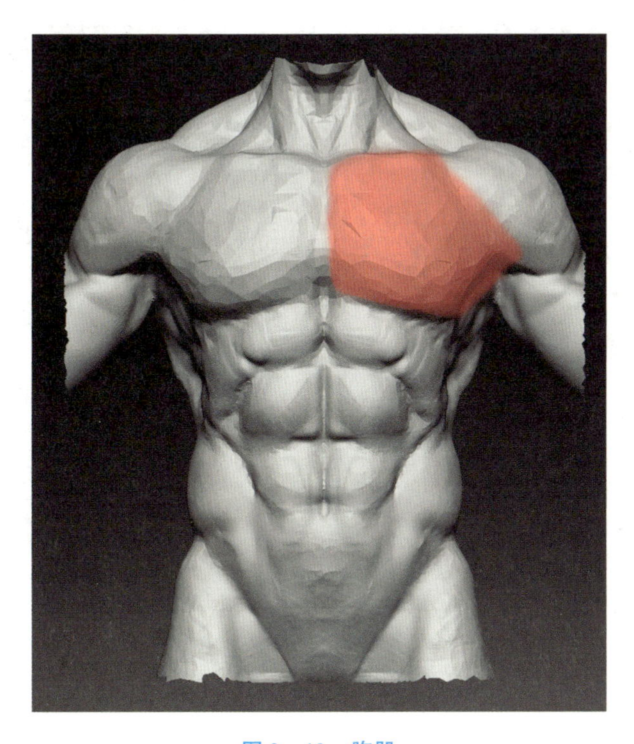

图 2－10　胸肌

步骤 4：雕刻腹部肌肉，如图 2－11 所示，腹部肌肉由腹直肌与腹外斜肌两部分组成，腹直肌起源于肋弓，终止于盆骨（红色）。腹外斜肌分为两大块，一块在肋部，附着在肋骨上（蓝色），另一部分在腰部，起源于肋骨下沿，终止于盆骨上沿（绿色）。

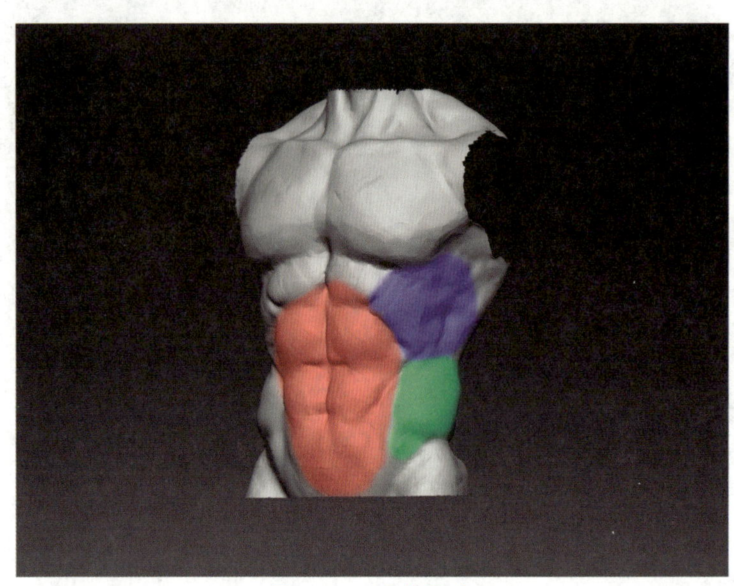

图 2－11　腹部肌肉

步骤 5：雕刻前锯肌，如图 2－12 所示，前锯肌（红色）在身体的侧面，与腹外斜肌（蓝色）互相咬合。

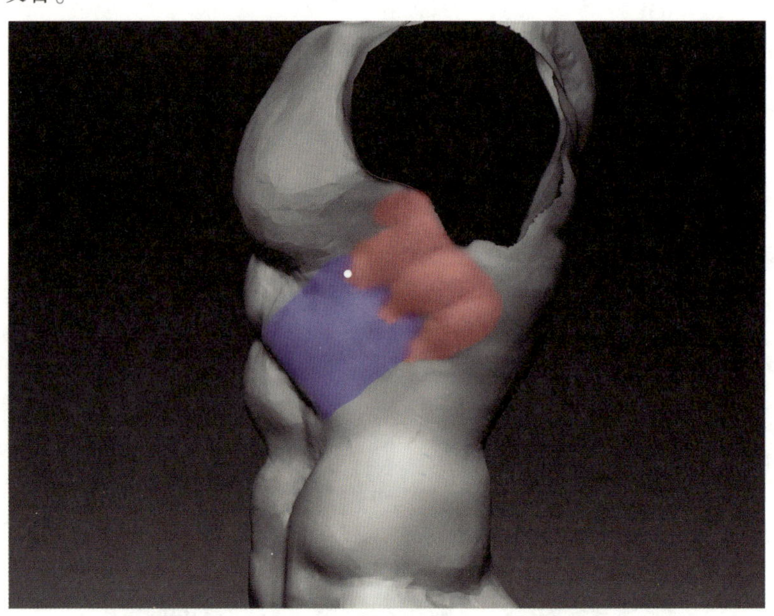

图 2－12　前锯肌

步骤 6：雕刻背部肌肉，背部肌肉由斜方肌、背阔肌、冈下肌、大圆肌、小圆肌和竖脊肌组成，如图 2－13 所示。斜方肌起源于枕骨中部，附着于肩胛冈，下部附着于脊椎骨，整体像一个长矛（红色）。背阔肌是背部很大的两块肌肉（蓝色）。冈下肌、大圆肌、小圆肌附着于肩胛骨，处于由斜方肌和背阔肌所围成的一个区域（黄色、紫色、橙色）。竖脊肌是两条圆柱形的肌肉，位于脊椎骨两侧（绿色）。后背肌肉形态比较扁、薄，没有胸肌和腹肌厚。

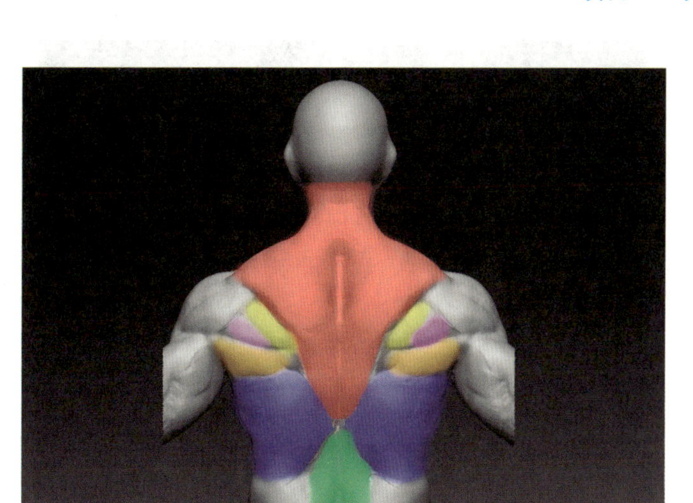

图 2－13　背部肌肉

步骤 7：雕刻肩部肌肉，肩部主要肌肉是三角肌，如图 2－14 所示，它是一块三角形的肌肉。在雕刻时，要注意三角肌的高点的位置。

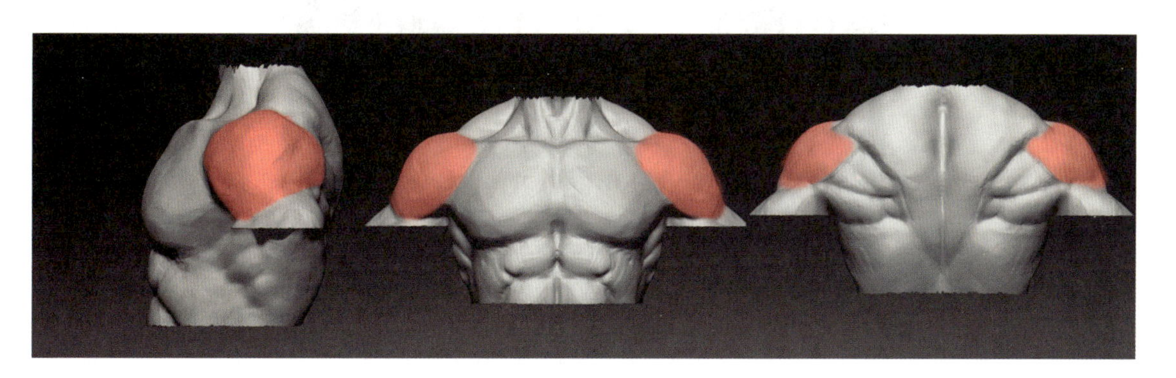

图 2－14　三角肌

步骤 8：雕刻臀部肌肉，臀部是躯干与下肢的连接区域，如图 2－15 所示，主要分为臀大肌、臀中肌和阔筋膜张肌三部分。如图 2－16 所示，臀部肌肉一端附着于盆骨，另一端附着于大转子，在大转子附近呈现下凹形态，从整体看起来像一只蝴蝶。

步骤 9：雕刻上肢肌肉，上肢肌肉分为大臂肌肉与小臂肌肉两大部分。如图 2－17 所示，大臂主要由三角肌（红色）、肱二头肌（蓝色）、肱三头肌（绿色）、肱肌（黄色）四大部分组成（三角肌既是肩部肌肉，也是大臂肌肉的重要组成部分）。大臂肌肉形态较为饱满厚实。小臂肌肉多呈现带状，薄而多，不方便记忆，本书按体块关系将小臂肌肉分为外侧部分和内侧部分进行雕刻。如图 2－18 所示，在雕刻小臂时，要注意塑造从肱二头肌下开始至尺骨前的一组有前绕趋势的肌肉（红色），以及小臂上下高点的位置关系（绿色连线）。

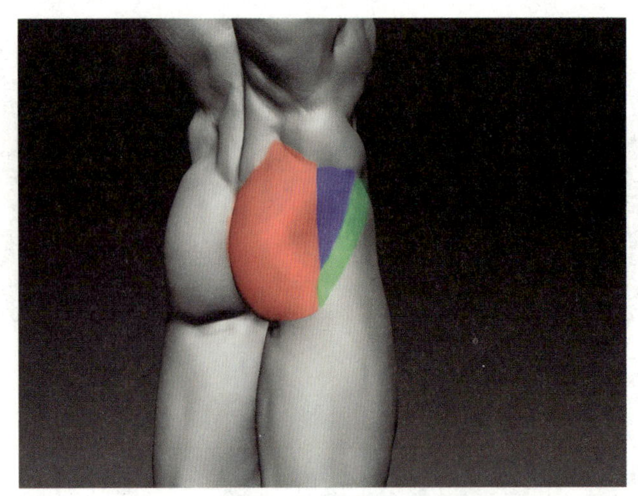

图 2－15　臀部肌肉

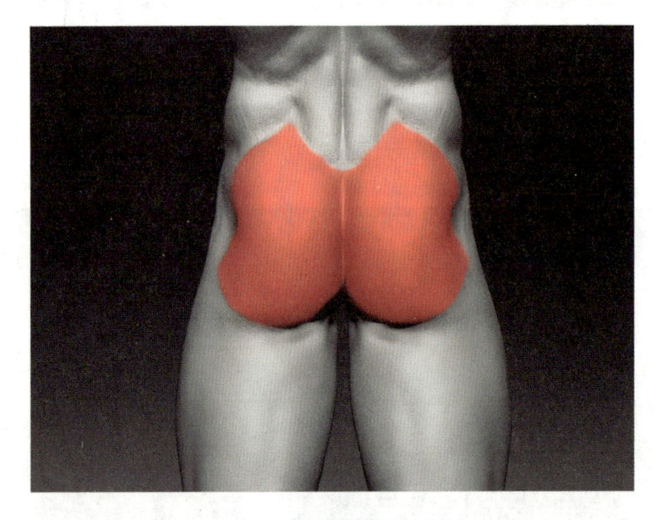

图 2－16　臀部肌肉形态

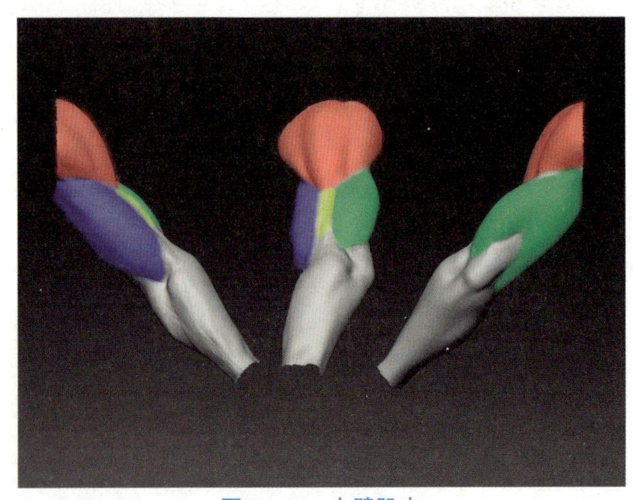

图 2－17　大臂肌肉

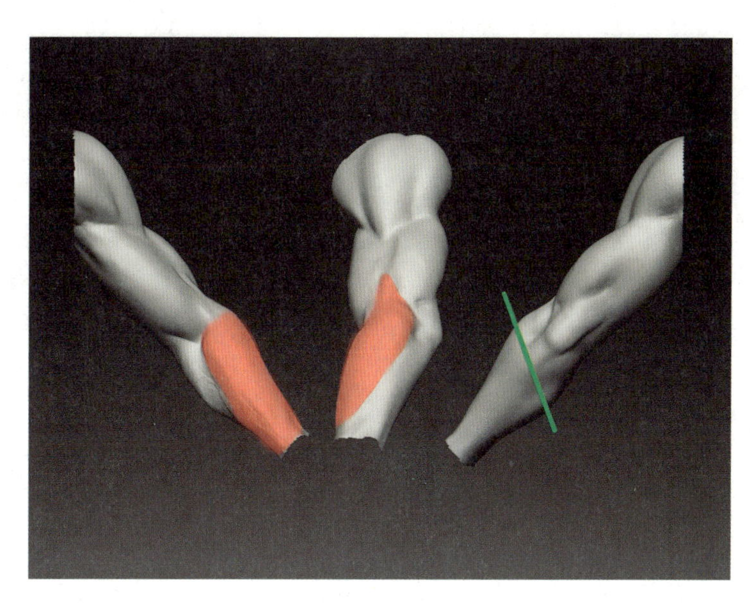

图 2-18　小臂肌肉

步骤 10：雕刻下肢肌肉，下肢肌肉由大腿肌肉和小腿肌肉两部分组成。大腿肌肉主要分为前部与后部两体块。如图 2-19 所示，大腿前部肌肉以缝匠肌（红色）为界分为上、下两部分，上部肌群可看作一个整体（蓝色），下部肌肉由股内肌（绿色）、股直肌（黄色）和股外肌（紫色）组成。如图 2-20 所示，大腿后部肌肉由股二头肌（蓝色）、半膜肌和半腱肌（红色）组成。半膜肌和半腱肌一般表现为一个整体。

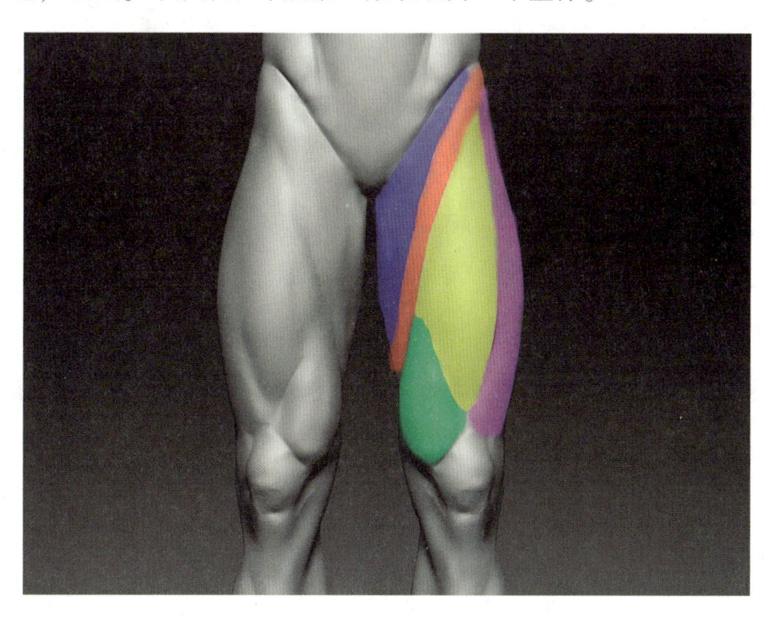

图 2-19　大腿前部肌肉

相比大腿肌肉，小腿肌肉数目多，形状以长条为主。如图 2-21 所示，从正面看，小腿肌肉外侧为一长弧线，内侧也有明显的转折关系。外侧高点比内侧高点要高。从侧面看，小腿肌肉前侧为一长弧线，后侧转折关系更加明显。

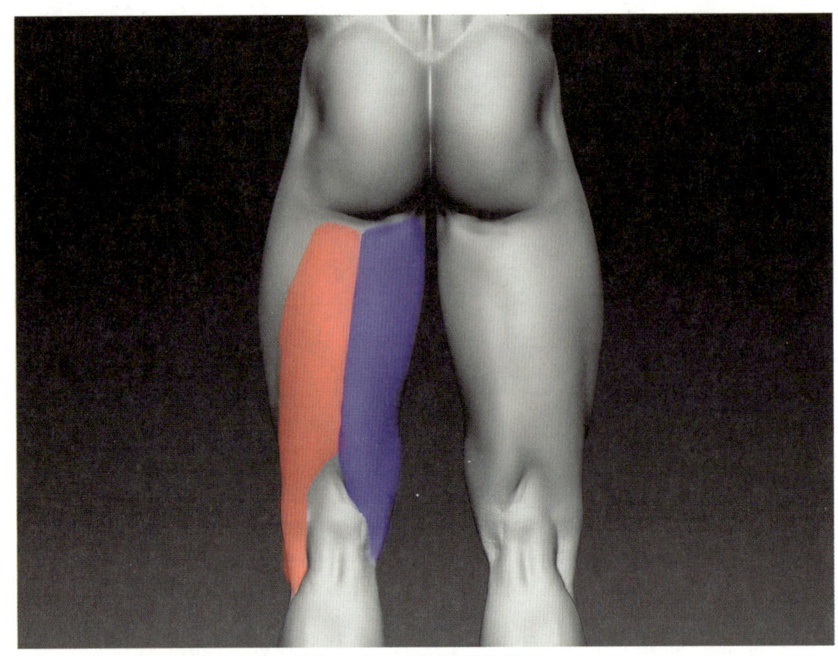

图 2－20　大腿后部肌肉

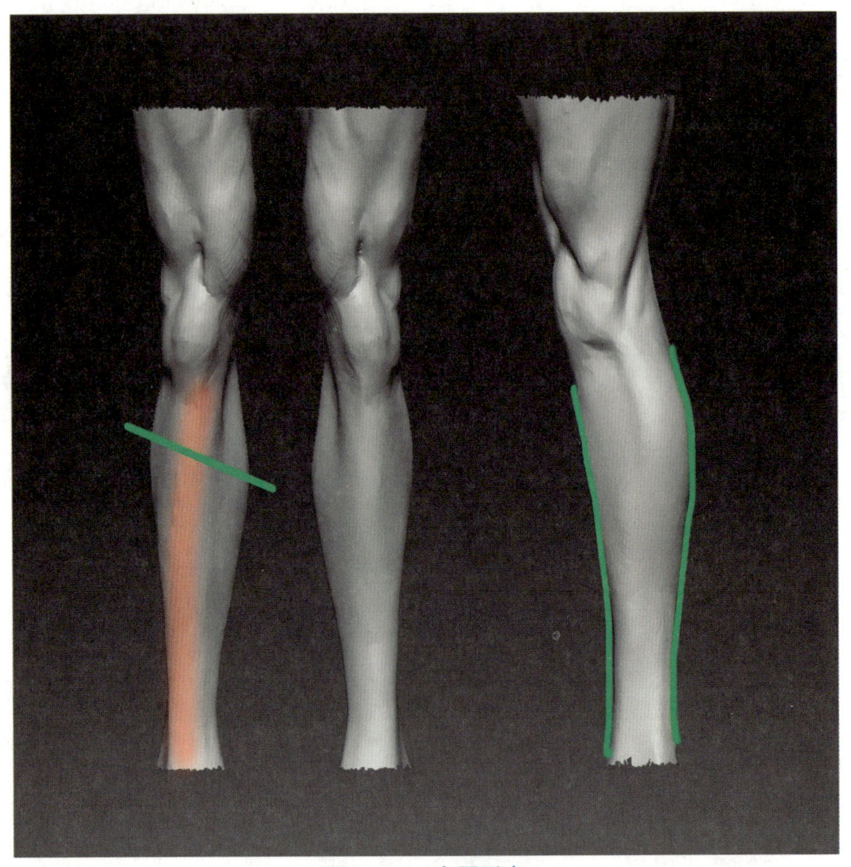

图 2－21　小腿形态

步骤 11：依据参考图完成头部雕刻，如图 2－22 所示。

图 2－22　完成头部雕刻

【任务总结】 至此，男性人体雕刻已经全部完成。掌握人体骨骼、肌肉结构知识是此阶段的重点及难点。只有了解骨骼、肌肉结构，才能正确制作写实角色人体。在制作过程中，需要不断检视骨骼、肌肉结构。

【作业】

男性人体雕刻	
作业概况	
根据本任务讲解的内容完成男性人体雕刻。	
项目要求	
躯干整体大结构准确，比例适度，肌肉结构明显，40%；手臂结构比例正确，肌肉结构明显，位置准确，30%；腿部整体比例，曲线准确，大腿肌群体块明显，穿插覆盖关系正确，30%。	
作业提交要求	
如案例所示，提供男性人体的五张图，并拼合成一张。 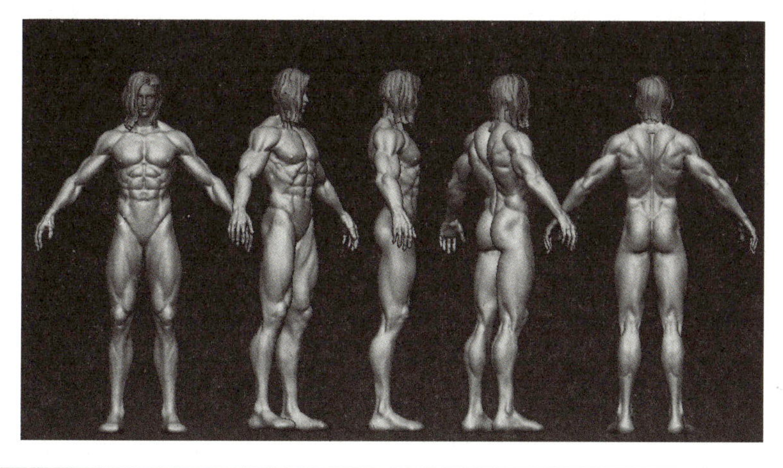	

任务二　男性剑士装备制作

【任务目标】男性剑士装备制作。

【任务分析】使用 Maya、ZBrush 制作男性剑士装备大型，并摆放到相对应的位置，通过剪影与比例把控角色穿上装备后的效果。在制作过程中，需正确表现原画服装比例与剪影。

【知识准备】

知识 1：硬表面建模

硬表面建模是指盔甲类、机甲类、枪械类、战车类的 3D 建模。这种模型主要是在 3D Max、Maya 里面用卡线建模卡出来，精确布线、倒角，从而制作出的精致模型。

知识 2：卡线和倒角

1. 概念解释

卡线是制作高精度模型的一种方式，通常配合平滑修改器，或者多边形的曲面细分来使用。有时候也叫倒角线。卡线就是为了保护倒角的半径大小，纵观自然界的硬表面的物体，比如机械零件或者我们使用的电脑等平面材质的设备，观察物体边缘转角的时候都会发现，其实转角部分不是百分之百的直角，而是有一个圆弧的倒角，这主要是由于工业的精度限制和功能需求。首先，工业的精度限制，就是人类目前的工艺没法将转角部分做到百分之百的 90°或者任何一个角度的转折，即使是锋利无比的刀刃，用百倍放大镜看，它仍然有弧度或平面。如图 2－23 所示，一个物体结构的转角倒角在 100% 的情况下看不到倒角，但是用放大镜放大到 300% 就会看到倒角，再放大到 1 000% 倍去看，倒角非常大。

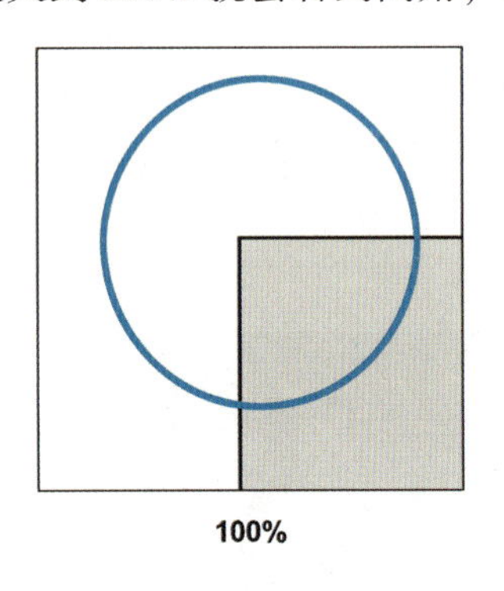

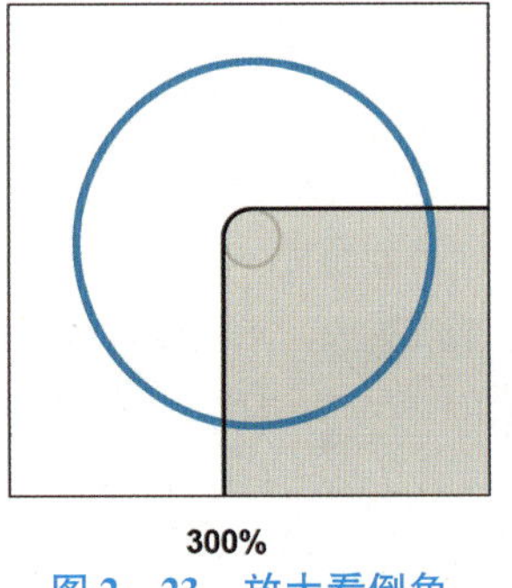

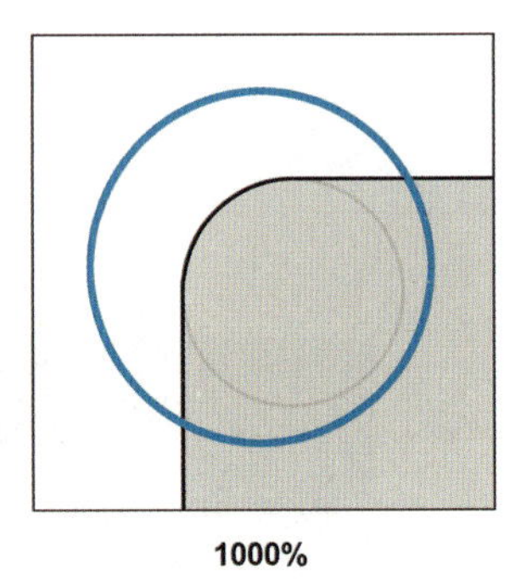

图 2－23　放大看倒角

所有物体的倒角的弧长都是两边直线与一定半径的圆形相切的一段，在机械工业制造中，如图 2－24 所示，红色圈里的部分就是标注出来边缘倒角的圆形，直径为 10 mm。倒角的大小就是通过倒角圆形的半径来确定的，所以倒角大小能够反映物体的制作工艺和精良程度。此外，我们生产的大众产品或某种机械，只要是和人类接触的部分，我们都希望转角的部分能够有倒角，这将最大限度地保护人类的安全，所以，倒角在我们看到的所有硬表面物体上都会存在。在电脑制作中，为了模拟这种真实的情况，我们需要制作倒角。

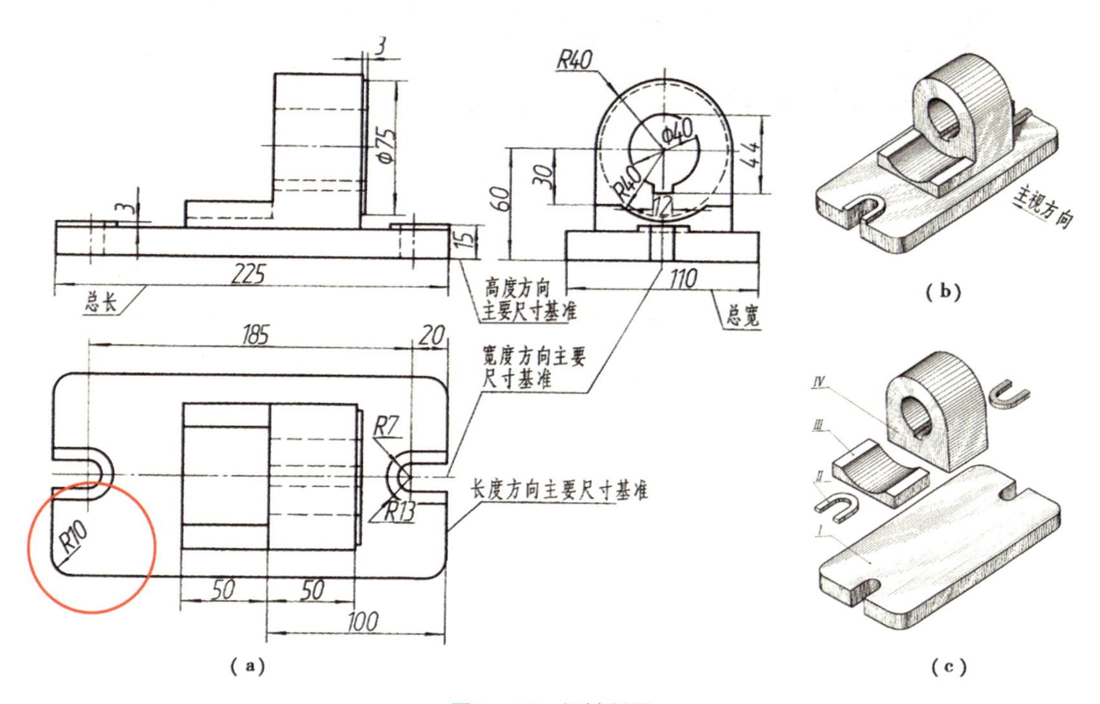

图 2－24　机械制图

(a) 视图与尺寸标注；(b) 底座；(c) 形体分析

2. 如何在 Max 或者 Maya 里卡线或倒角

在 Max 里做以下实验：新建场景，创建一个长、宽、高都为 10 cm 的盒子，设置长、宽、高的段数都为 1。按住 Shift 键复制出另外一个，给这个模型增加一个涡轮平滑（Tuber Smooth）的修改器，观察显示，这个盒子变成了一个圆形，如图 2－25 所示。它的作用原理就是按照两边相切的圆形弧度进行计算，盒子的边长为 10 cm，那么圆形的半径为 5 cm，当然，由于是一次光滑，由原来的一个面增加为 4 个面，从而增加了 4 倍的面数。由于 8 个面是同样的倒角，所以构成了接近圆形且半径为 5 cm 的多边形，如图 2－26 所示。

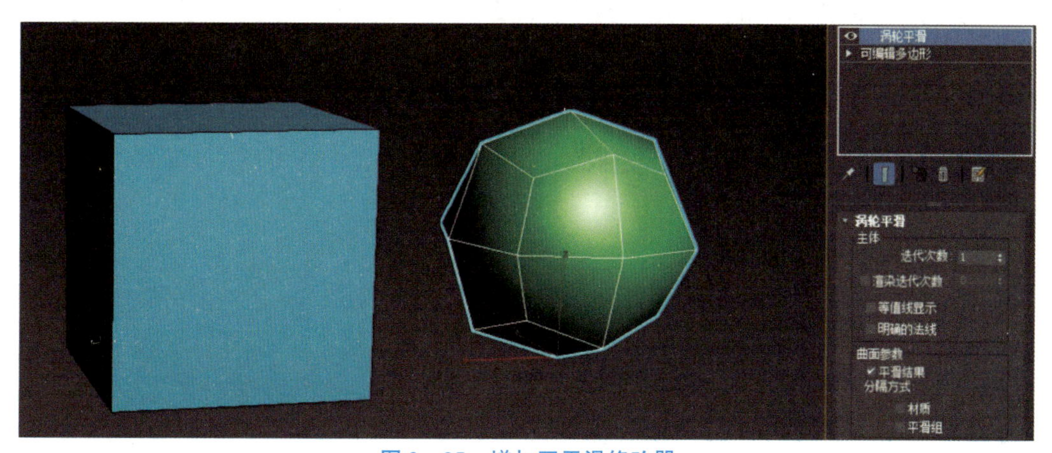

图 2－25　增加了平滑修改器

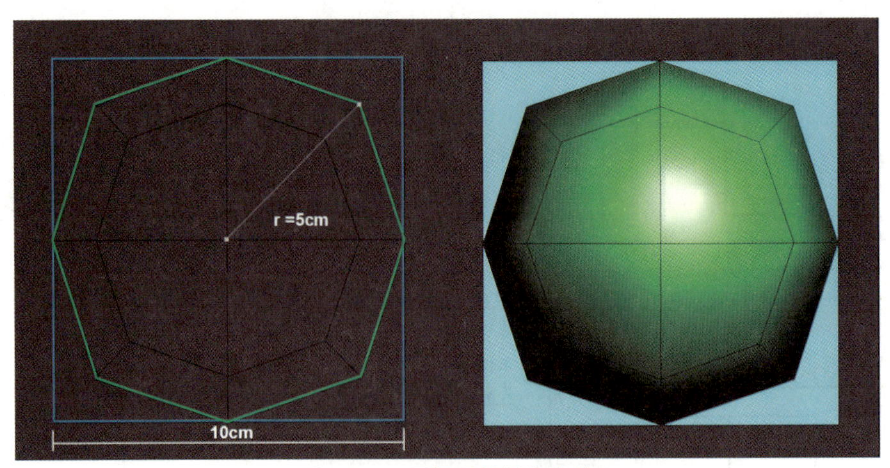

图 2－26　平滑后的倒角变化

同理，将模型进行加线，沿着面的中心加线，这样每个面中间卡了一条线，然后再增加平滑修改器，这样可以使效果更明显，如图 2－27 所示。将光滑的级别设为 2，可以看到模型变成了一个圆润的面包形态，如图 2－28 所示。

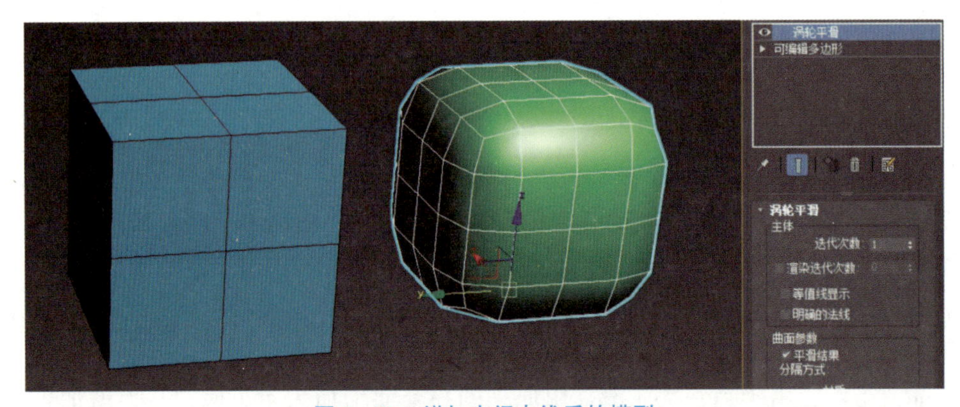

图 2－27　增加中间卡线后的模型

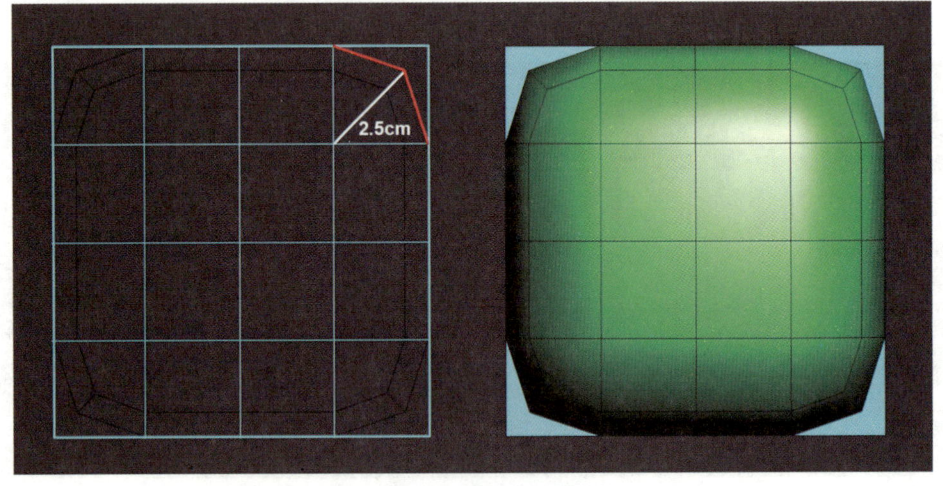

图 2－28　平滑后的倒角变化

这次靠近模型边缘，在距离为 1 cm 的地方卡线，如图 2－29 所示。当每个面都卡完以后，再增加平滑修改器，可以看到边缘的弧度变小了，这样就变成了物体的倒角，不再是一个圆润的面包形态。通过侧视图看到，圆角的半径变成了 1 cm，如图 2－30 所示，最终显示效果就更像是一个物体的倒角了。当物体由圆形倒角后，它的高光将集中出现在倒角上，从而使倒角在某种程度上可以反映出一个物体的质感，如图 2－31 所示。

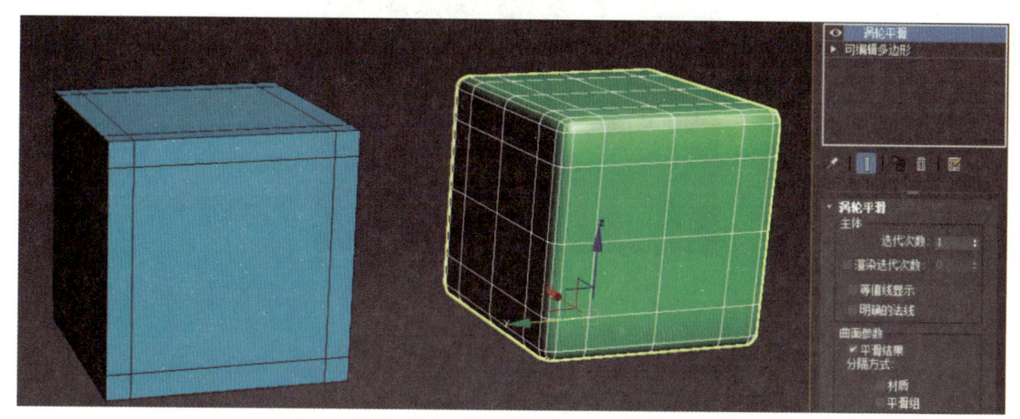

图 2－29　距离边缘 1 cm 卡线

图 2－30　侧面倒角半径

图 2－31　倒角后的效果

【任务实施】

步骤 1：在 ZBrush 中将人体模型重新拓扑，映射细节后，降到最低级导出 obj 模型，命名为 body. obj，如图 2－32 所示。

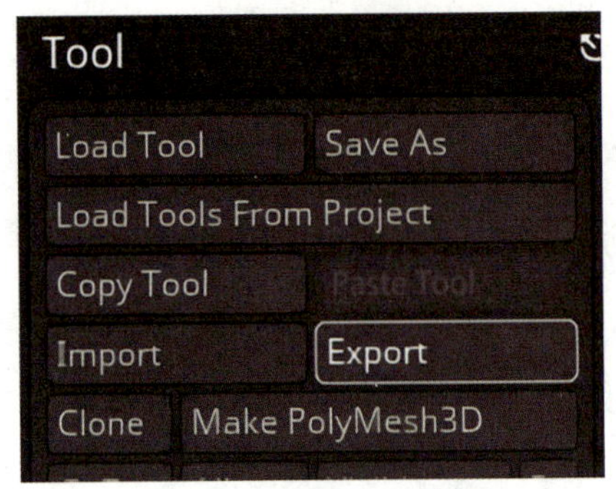

图 2－32　导出 obj 模型

步骤 2：将 body. obj 导入 Maya，Maya 中栅格一格默认长度是 1 cm，导入模型后发现模型高度只有 2 cm 左右，如图 2－33 所示，不符合实际情况。需要调整模型高度，这里使用 Create－Measure tools－Distance Tool 创建距离测量工具，在前视图中，创建一个 180 cm 高的标尺，根据这标尺调整模型的身高至 180 cm，如图 2－34 所示。

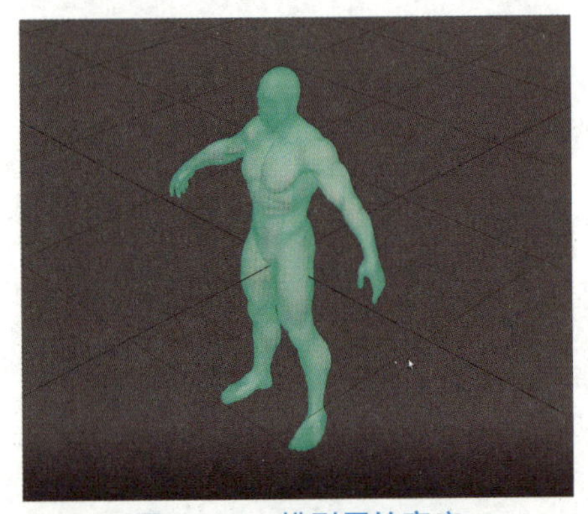

图 2－33　模型原始高度

步骤 3：在 Maya 中记下模型缩放比例 89. 603，在 ZBrush 导出设置中将比例也设置成 89. 603，如图 2－34 所示。这样不需要改变 ZBrush 中模型的大小，就能导出 180 cm 高的任务模型。

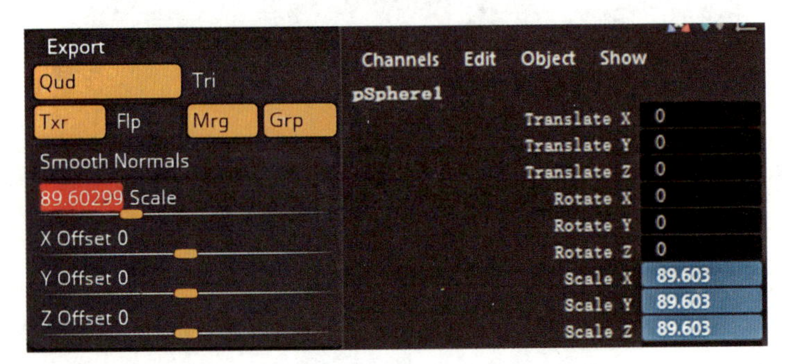

图 2－34　ZBrush、Maya 中的缩放比例

步骤4：创建一个圆柱体，将圆柱体移动到肩部，删除上、下底面和圆柱的部分面，如图2－35所示。根据参考图，调整肩甲片面的大型与基本材质，如图2－36所示。

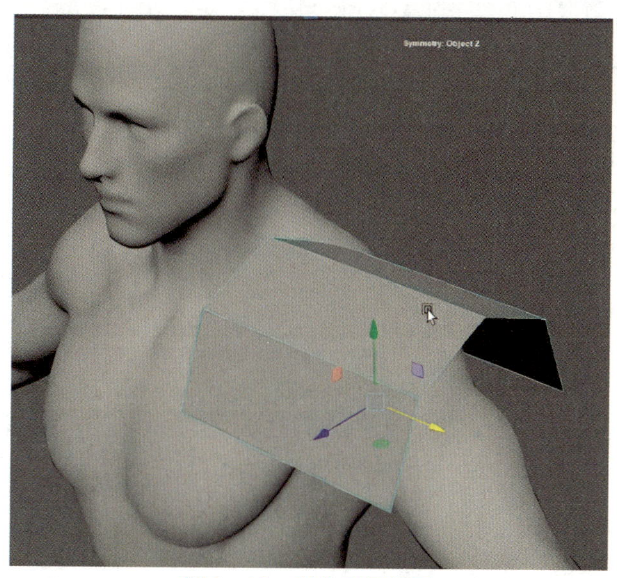

图2－35　制作肩甲片面

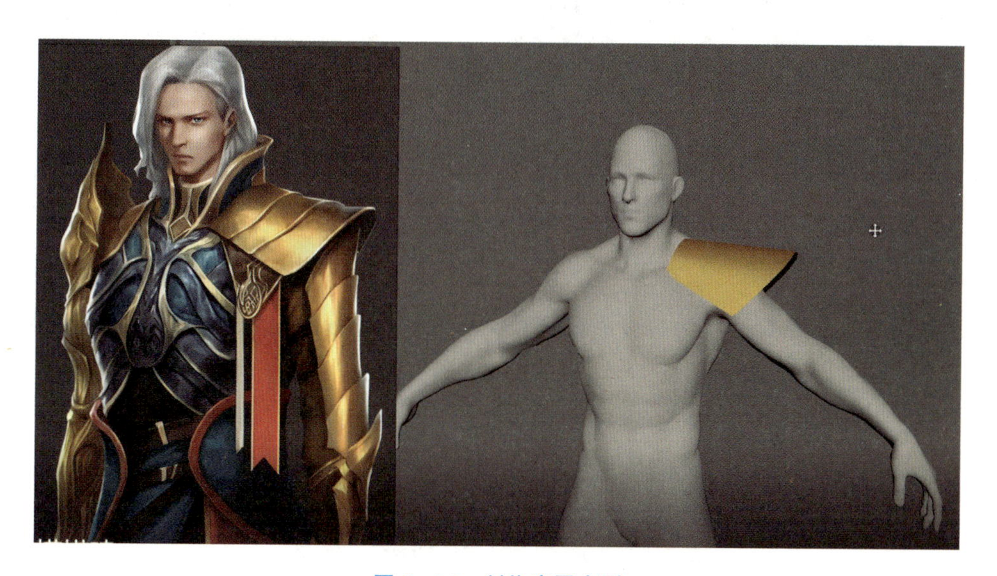

图2－36　制作肩甲大型

步骤5：删除不需要的面，根据参考图制作护脖和另一边的肩甲的大型和基本材质，如图2－37所示。

步骤6：如图2－38所示，使用Maya中的多边形建模模块，选中人体模型开启吸附模式，根据参考图层级关系，分层级制作胸甲大型。

步骤7：创建一个正方体，删除正面和上、下底面，选择边线挤出，制作循环边，如图2－39所示，方便以后制作裙摆红色边缘。开启X轴对称，使用雕刻工具中的Move笔刷调节裙摆大型。

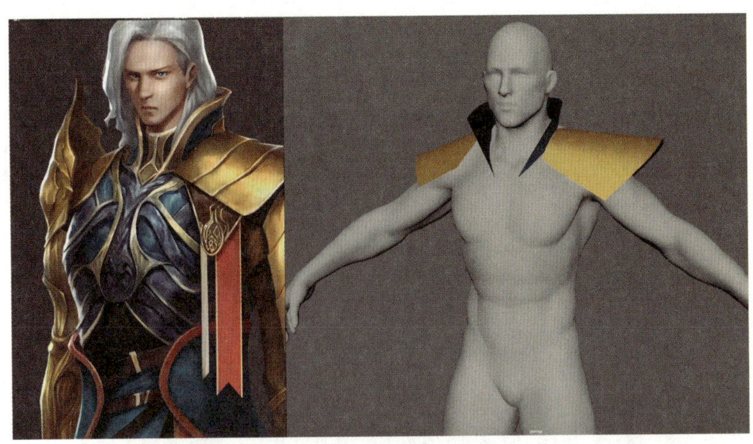

图 2 – 37　制作护脖与另一侧肩甲大型

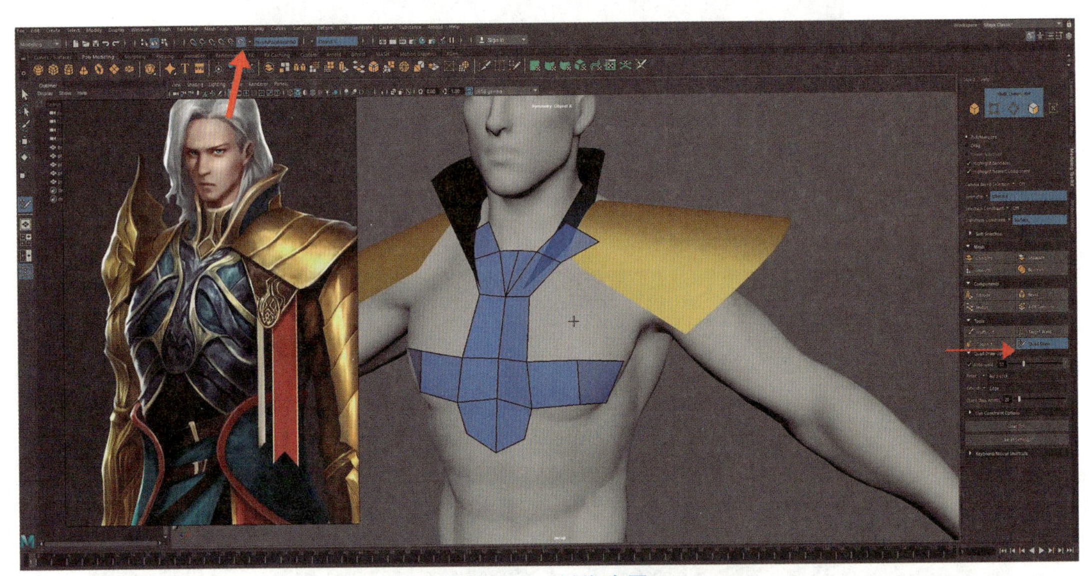

图 2 – 38　制作胸甲

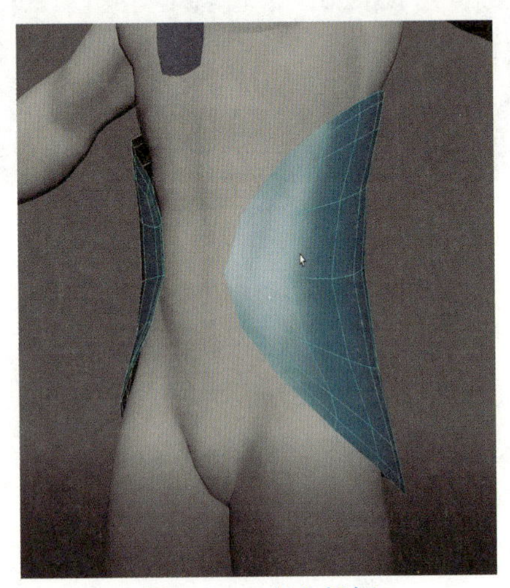

图 2 – 39　制作裙摆

步骤 8：在 Maya 中继续使用多边形建模模块，使用四边形绘制功能，选中人体开启吸附模式，继续制作剩余部分胸甲。根据原画胸甲的层级关系，使用雕刻工具中的 Move 笔刷进行关系的调节，如图 2－40 所示。

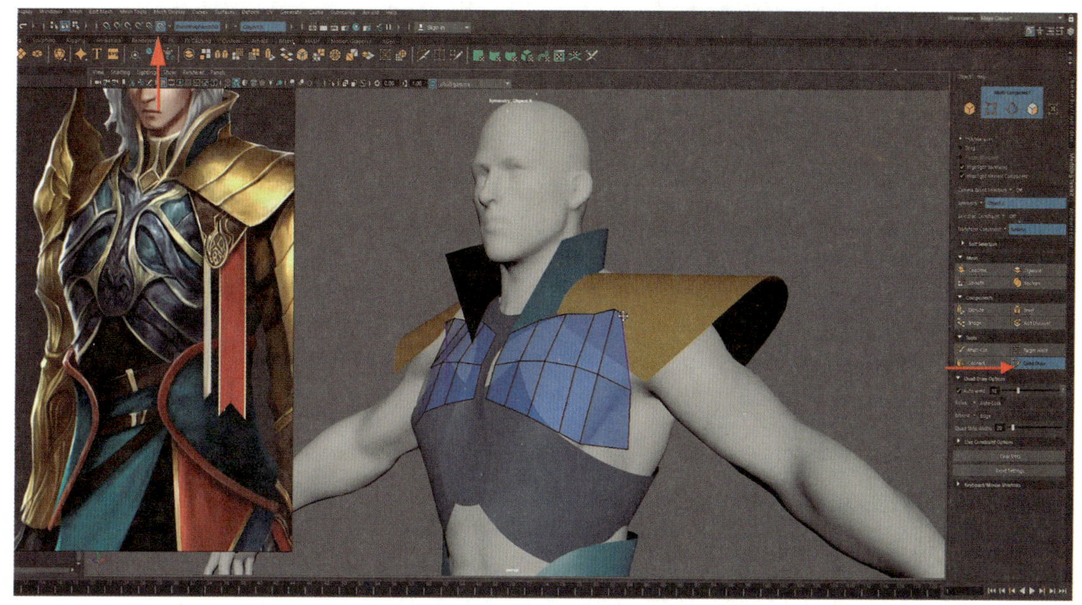

图 2－40　制作剩余部分胸甲

步骤 9：创建一个圆柱体，删除上、下底面，根据原画所示，使用旋转工具配合雕刻工具的 Move 笔刷调整皮带形状，按住 Shift + 鼠标右键唤醒通道盒，使用编辑边流的方式使布线更加均匀。完成一条皮带的制作后，使用复制工具复制剩余的皮带，并且使用雕刻工具的 Move 笔刷进行形状的调整，如图 2－41 所示。

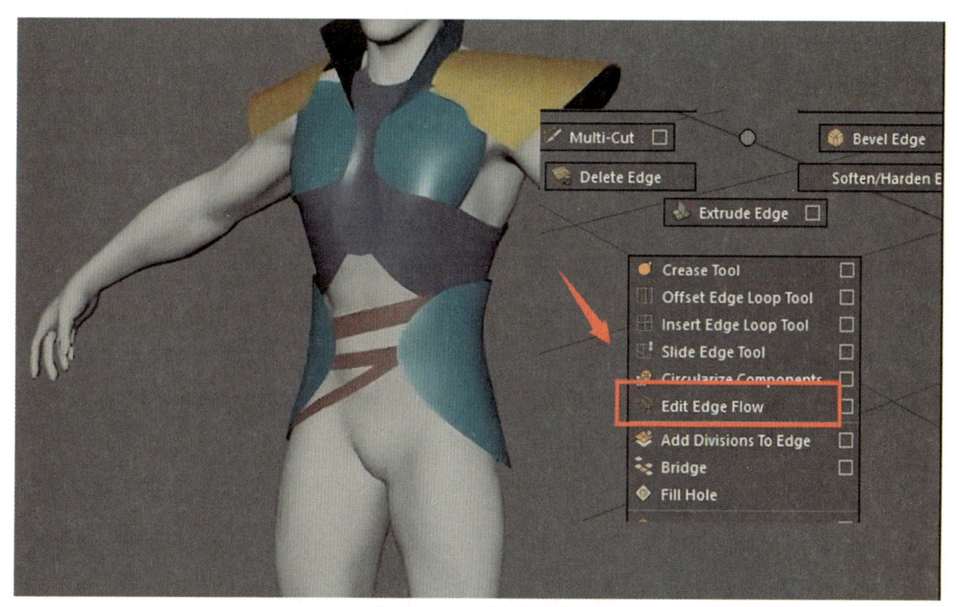

图 2－41　制作皮带

步骤 10：创建一个圆柱体，删除上、下底面和部分侧面，制作剩余部分裙摆，使用平滑工具增加多边形面数，以便之后衣褶的制作。使用雕刻工具的 Move 笔刷根据原画以及肌肉起伏进行大型的调整，如图 2－42 所示。

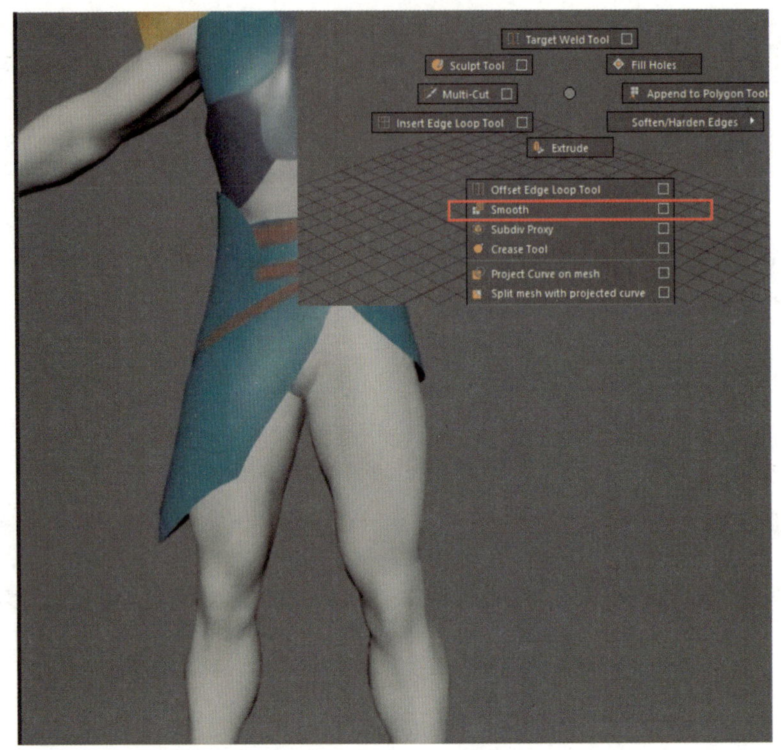

图 2－42　制作剩余部分裙摆

步骤 11：如图 2－43 所示，在 Maya 中继续使用多边形建模模块，使用四边形绘制功能，选中人体开启吸附模式，制作胸甲带状物。根据原画胸甲的层级关系，使用雕刻工具中的 Move 笔刷进行关系的调节。

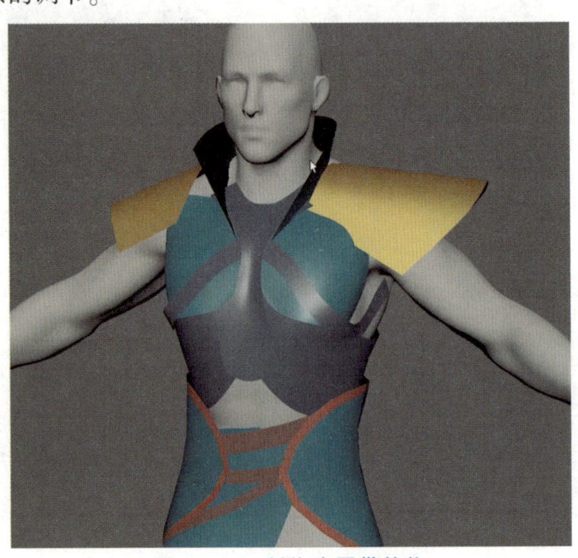

图 2－43　制作胸甲带状物

步骤 12：如图 2－44 所示，复制左侧裙摆，在通道盒中将 X 轴缩放调整成－1，根据原画右侧裙摆的形状，使用软选择配合雕刻工具的 Move 笔刷进行形状的调整与制作。

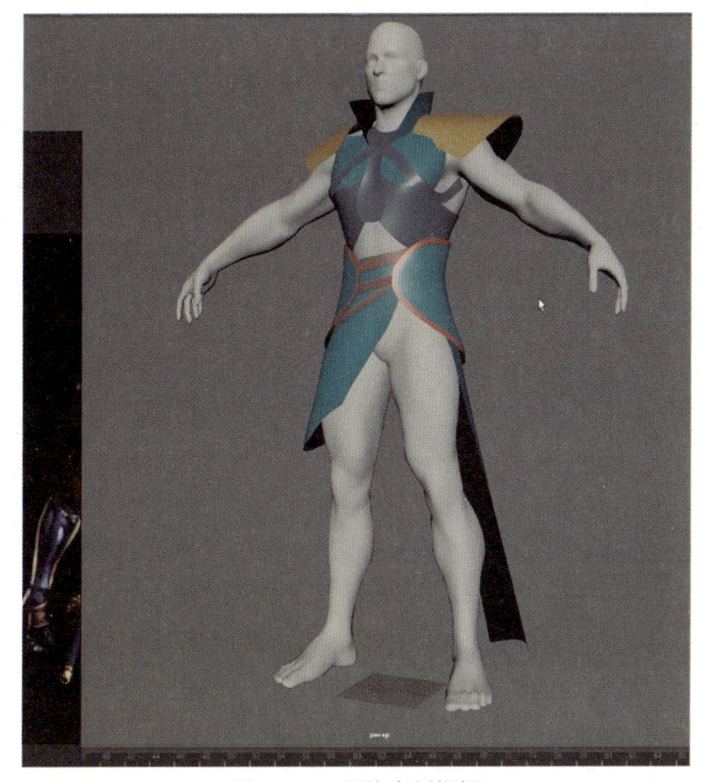

图 2－44　制作右侧裙摆

步骤 13：如图 2－45 所示，在 ZBrush 中使用遮罩蒙版画出衣服相对应的区域，使用子工具菜单中的提取命令提取出基本模型。

图 2－45　制作衣服

步骤 14：如图 2－46 所示，使用 ZBrush 子工具菜单中的提取命令提取出裤子的基本模型，使用变形菜单里的膨胀工具使之贴合于身体表面，再使用 Standard 笔刷进行简单的衣褶绘制。

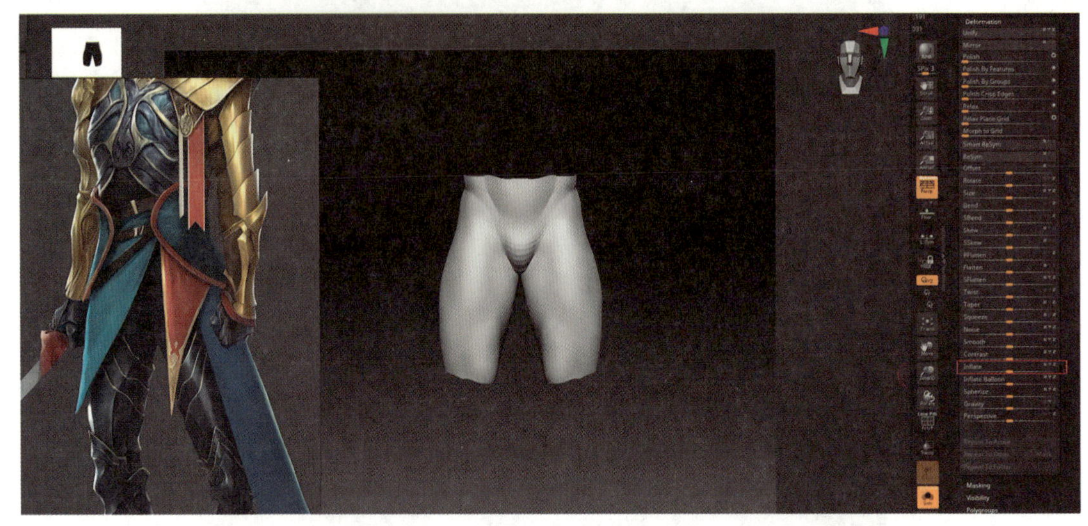

图 2－46　制作裤子

步骤 15：选择胸甲上所需要的面，进行 Extact faces 的操作来进行模型的分离。根据原画，调整胸甲的形状，如图 2－47 所示。

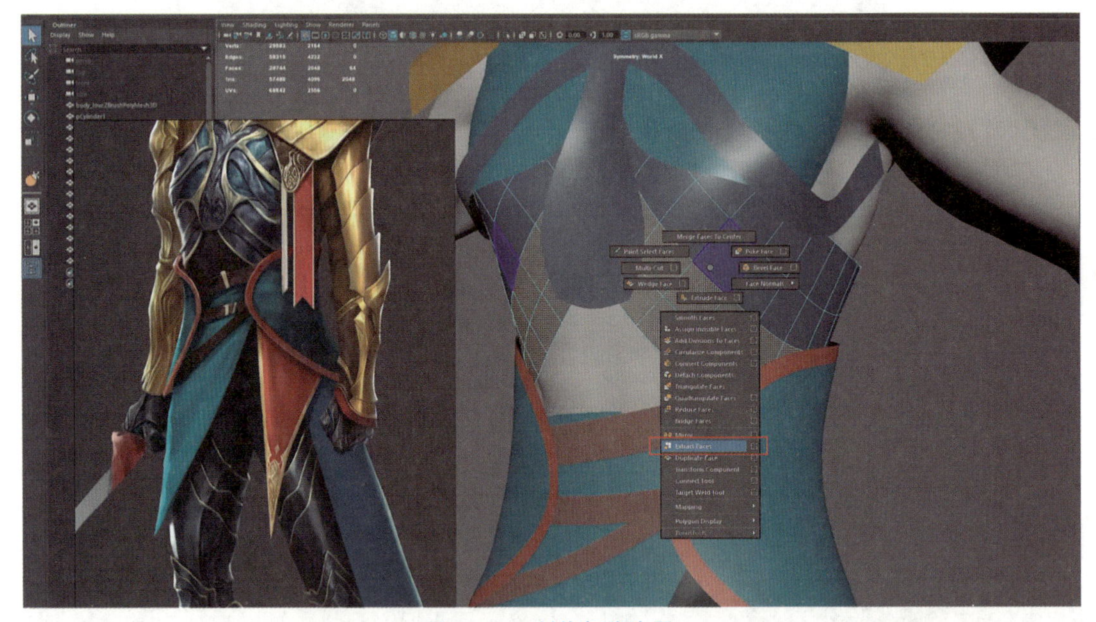

图 2－47　制作部分胸甲

步骤 16：如图 2－48 所示，使用复制工具复制一个肩甲至臂甲开始的位置，使用雕刻笔刷中的 Move 笔刷进行形状的调整。调整完毕后，使用复制工具复制剩余的臂甲，并且使用雕刻笔刷中的 Move 笔刷进行剩余臂甲形状的调整。

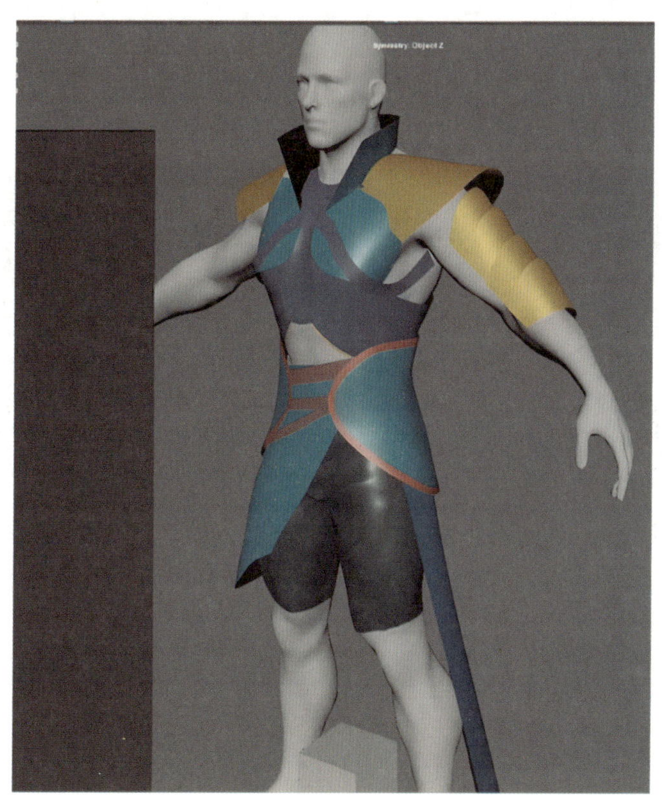

图 2－48　制作臂甲

步骤 17：如图 2－49 所示，在 ZBrush 中使用遮罩工具画出相对应的袖子区域，在子工具菜单中选择提取面命令，提取出相对应的服装。使用 Standard 笔刷进行简单的褶皱绘制。

图 2－49　制作袖子

步骤 18：使用遮罩画出相对应的铠甲区域，在子工具菜单中选择提取面命令，提取出相对应的铠甲。根据原画，使用 ClayBuildup 笔刷与 Damstandard 笔刷制作左侧臂甲花纹和分块区域的大型，使用几何体编辑菜单中 ClayPolish 命令将边缘硬化，如图 2－50 所示。

图 2－50　制作左侧臂甲

步骤 19：如图 2－51 所示，在 Maya 中选择肩甲上所需要的面，使用 Extact faces 命令来进行模型的分离。根据原画，调整肩甲的形状，选择挤出命令挤压出模型边缘的包边效果。调整好单个模型之后，使用复制工具复制剩余的肩甲模型，根据原画效果，使用雕刻工具的 Move 笔刷进行外形的调整。

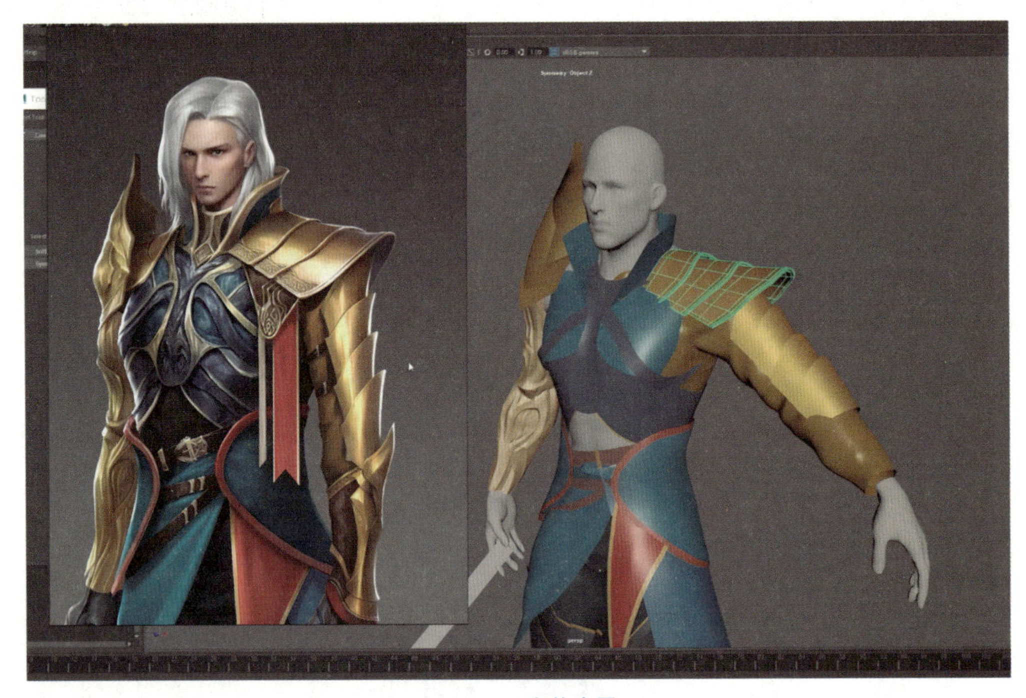

图 2－51　完善肩甲

步骤20：如图2－52所示，选择胸甲上所需要的面，使用Duplicate face命令来进行模型单面的复制。根据原画，使用挤出命令增加模型的面数，并且使用雕刻笔刷的Move工具进行皮甲的外形调整。

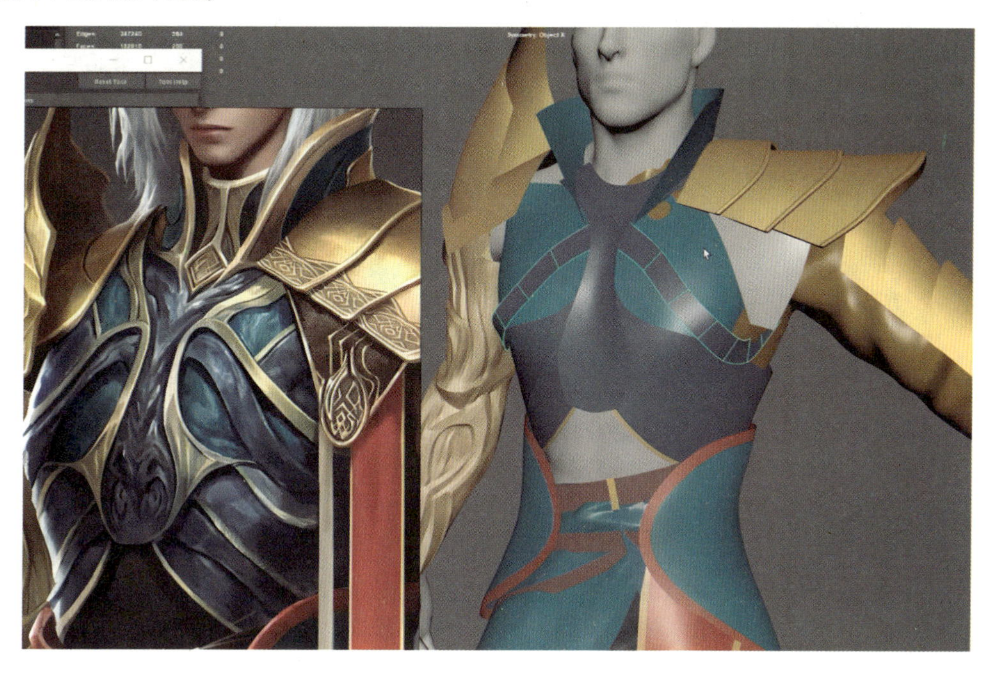

图2－52　制作皮甲

步骤21：根据原画，使用挤出命令挤出包围身体所需的面，使用焊接点工具将前后模型连接，根据制作规范将不合格的布线进行修改。使用焊接点工具将部分胸甲与衣领进行焊接。使用雕刻工具的Move笔刷配合点的调整进行大型的调整。使用平滑面命令增加模型精度，根据原画金属包边区域进行边缘的挤压与收缩，如图2－53所示。

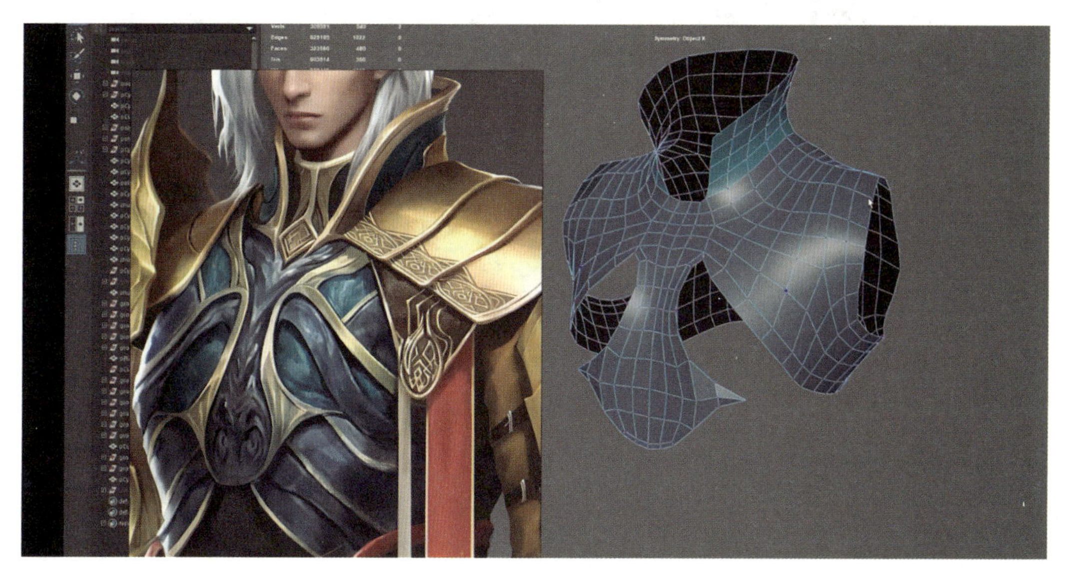

图2－53　完善胸甲

步骤 22：如图 2－54 所示，选择胸甲上所需要的面，使用 Duplicate face 命令来进行模型单面的复制。使用挤压工具挤压出金属包边的形状，开启胸甲的吸附模式，使用雕刻工具的 Move 笔刷进行大型的调整。

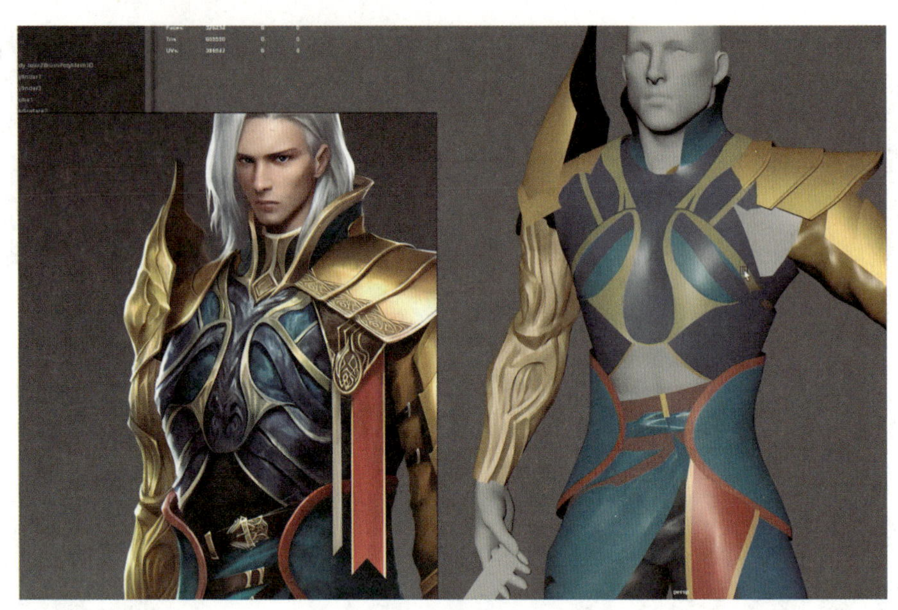

图 2－54　制作胸甲金属包边

步骤 23：选择所有的面，使用挤出命令挤压出外围的一圈边缘，使用挤出工具挤压出厚度，选择边缘的循环面，使用挤出工具制作包边，如图 2－55 所示。

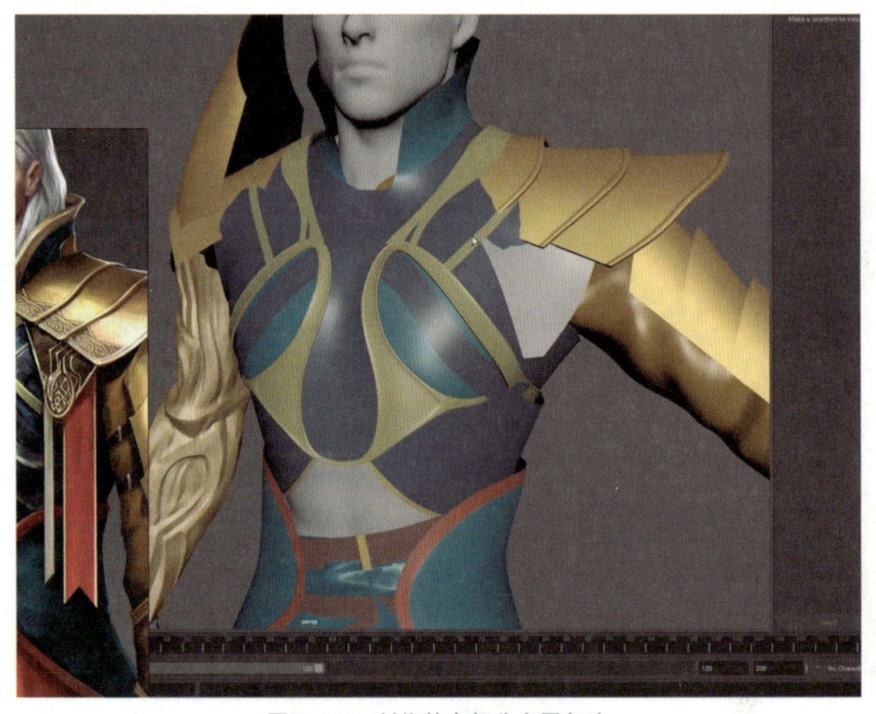

图 2－55　制作其余部分金属包边

步骤24：如图2－56所示，选择剩余需要完善的模型的所有面，使用挤压工具进行厚度的挤出与包边的制作。根据需要的硬边效果不同，对模型进行布线的修正与卡边的制作。

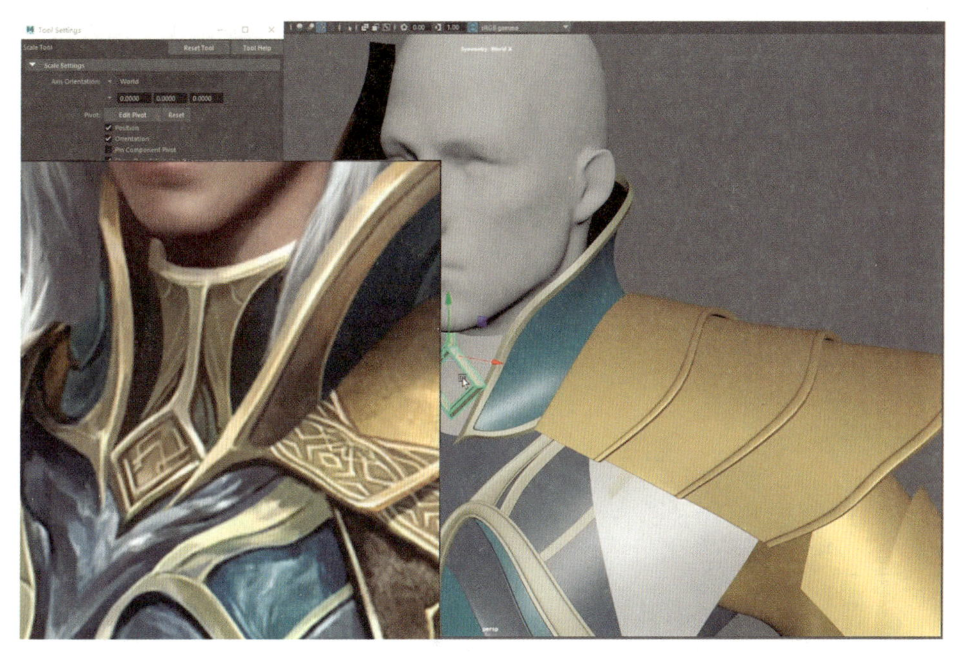

图2－56　完善上半身装备模型

步骤25：如图2－57所示，使用正方体等搭建出一小块腿甲的基本形状，使用挤压工具挤压出该部分的边缘，使用调整点的命令卡出原画中结构凹凸的点，根据原画的硬边要求进行卡线。

图2－57　制作膝盖部分腿甲

步骤 26：如图 2－58 所示，创建出一个圆柱体，删除上、下底面与后半部分侧面，使用移动工具将模型移动至膝盖甲片的后方。根据原画，使用调整点的命令与雕刻工具的 Move 笔刷进行形状的调整。根据原画硬边要求，使用倒角边的命令卡线。

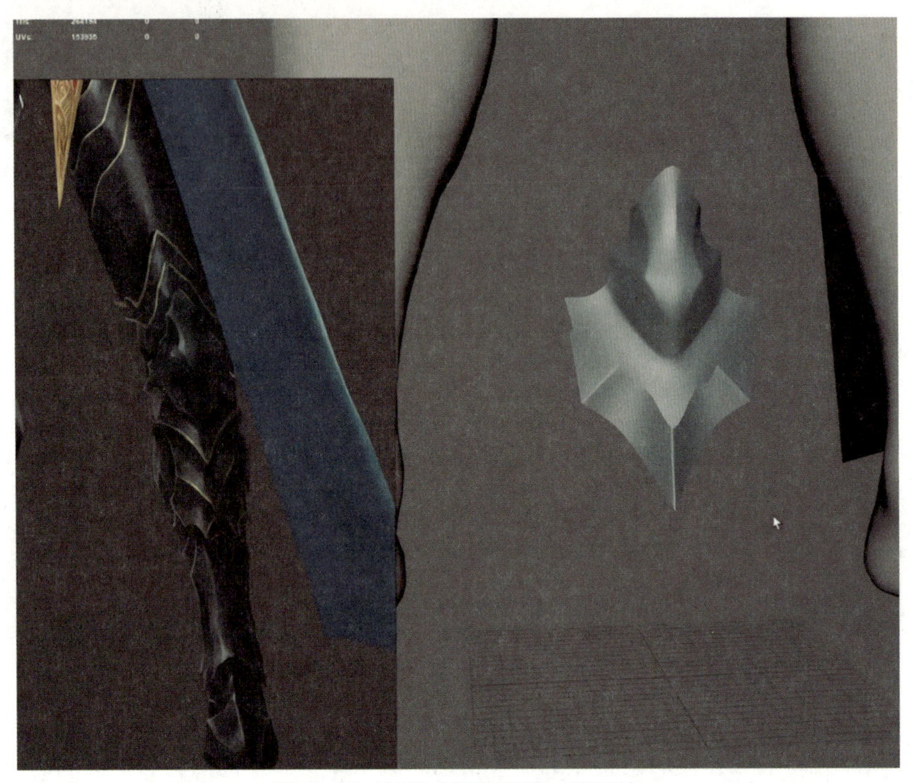

图 2－58　制作小腿部分第一片甲片

步骤 27：复制小腿部分第一片甲片，删除不需要的卡边线段。根据原画，使用调整点命令与雕刻工具的 Move 笔刷进行形状的调整。选择边缘的两条线段，使用挤出工具挤出两侧突出的结构，使用 Extact faces 命令提取出第三片甲片。根据原画的硬边要求卡线，如图 2－59 所示。

步骤 28：如图 2－60 所示，复制小腿部分第二片甲片，使用移动工具将模型移动至膝盖甲片上方。根据原画，使用雕刻工具的 Move 笔刷配合调整点的命令对模型进行形状上的修正。根据原画的硬边需求，对模型进行卡线。将完成的甲片使用复制工具进行复制，使用移动工具移动至该甲片上方。

步骤 29：将制作完成的甲片使用 Ctrl + G 组合键打组。根据原画，选择该组，使用移动工具将模型移动至合适位置。使用雕刻工具的 Move 笔刷进行形状的调整。选择该组，使用复制工具进行复制，在通道盒中缩放 X 轴，输入 －1，如图 2－61 所示。

步骤 30：在 Maya 中选择裙摆模型，使用导出命令导出 obj 格式的模型文件至 ZBrush。根据原画与对衣褶的理解初步雕刻衣褶，使用 Z 插件中的抽取（减面）大师命令减少面数。使用导出命令导出 obj 格式的模型至 Maya。使用雕刻工具的 Move 笔刷对穿插部分进行调整，如图 2－62 所示。

图 2－59　制作小腿部分剩余甲片

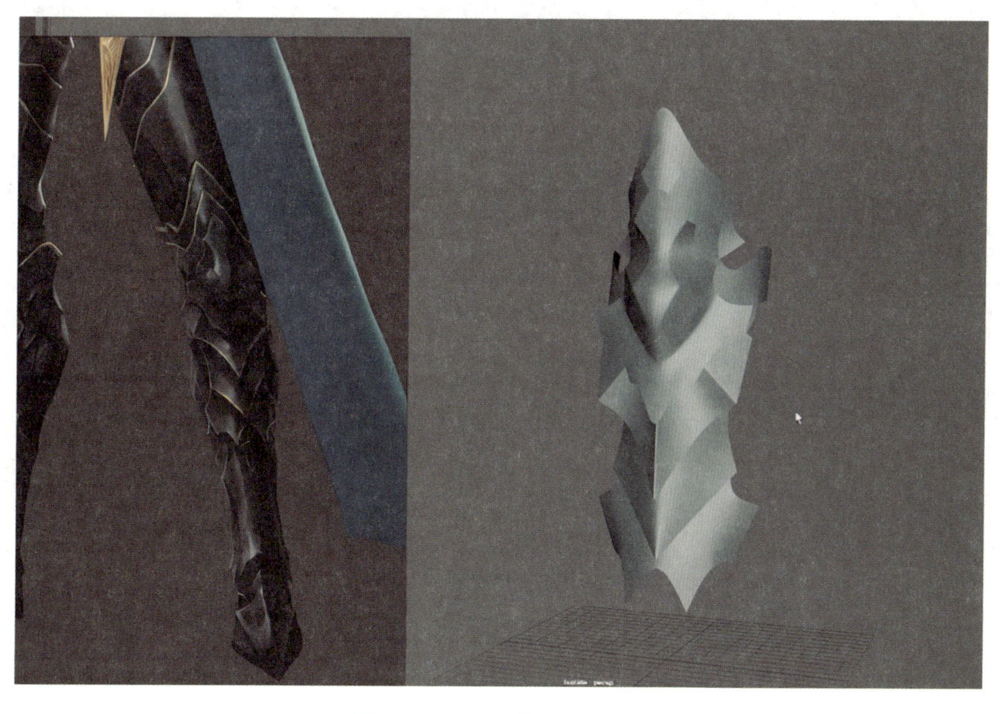

图 2－60　制作膝盖上部甲片

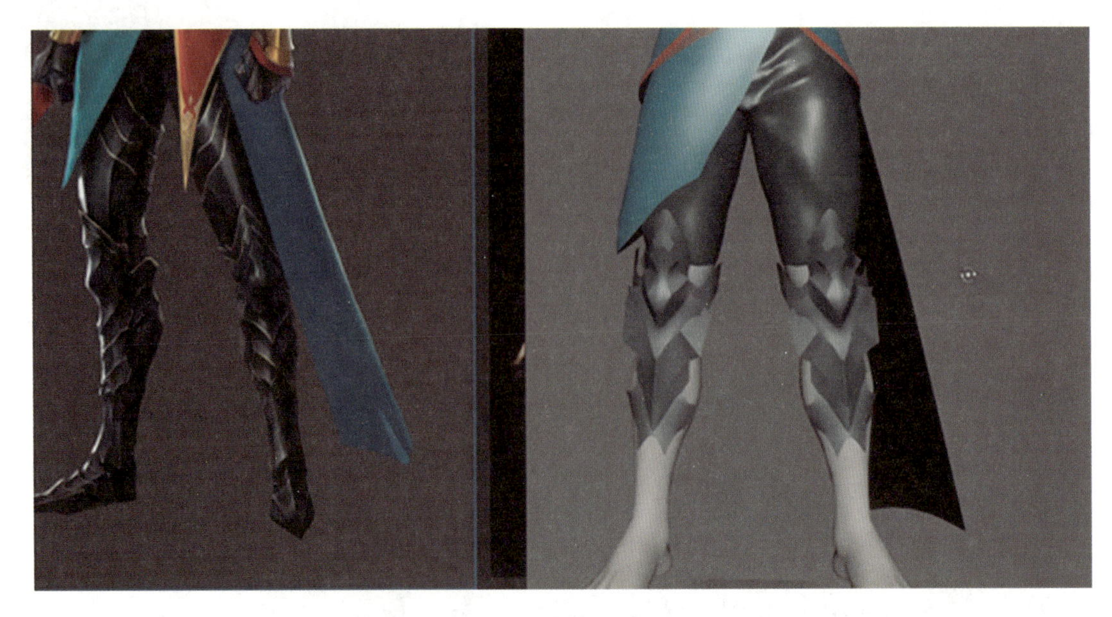

图 2－61　完善小腿部分剩余甲片

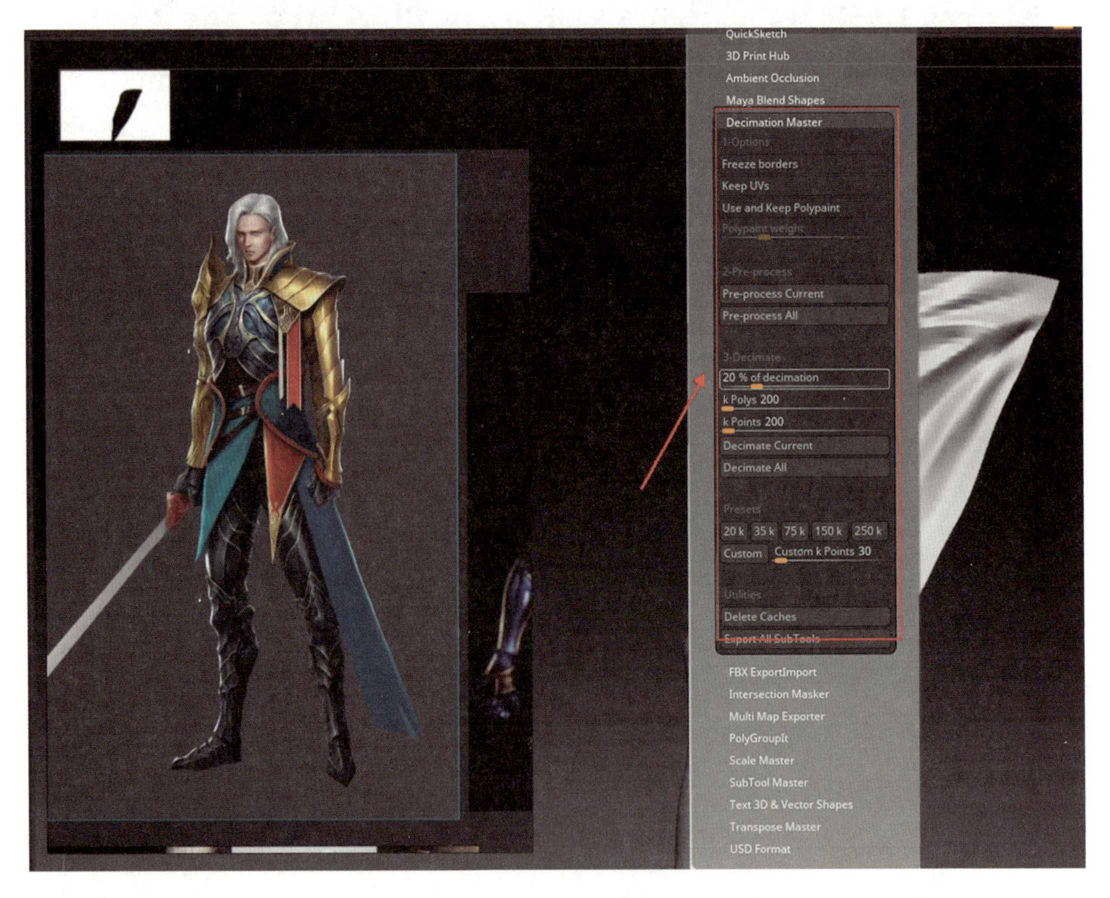

图 2－62　制作裙摆衣褶

步骤31：如图2－63所示，创建一个正方体制作鞋尖，在模型中间使用到环形边并分割命令增加线段。选择前端定点，使用移动工具向下调整，使用缩放工具缩鞋尖。根据原画，使用雕刻笔刷配合调整点命令对鞋尖进行调整。根据原画的硬边需求，在需要硬化的边缘进行卡边操作。

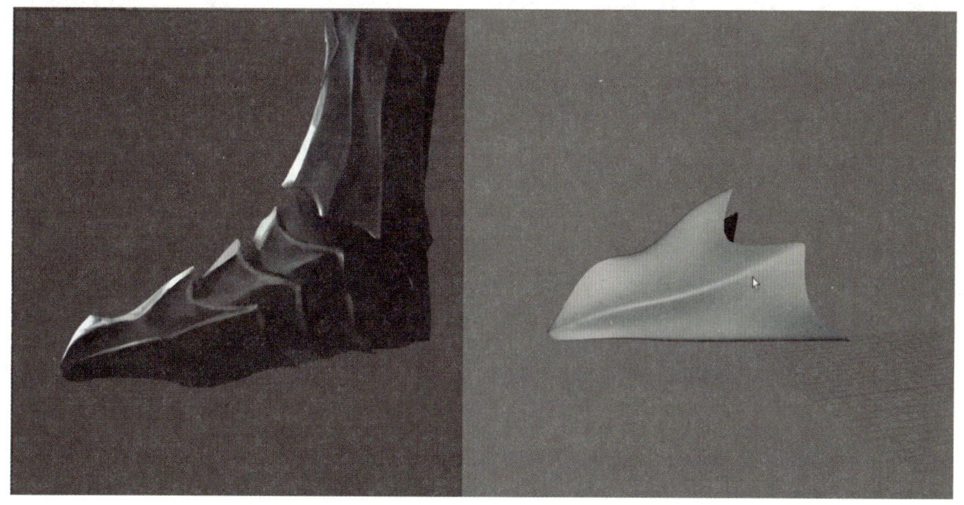

图2－63　制作鞋尖

步骤32：如图2－64所示，将一个制作好的战靴部分使用复制工具进行复制，从而得到剩余的两部分。使用雕刻工具的Move笔刷调整鞋子的大型。使用Ctrl＋G组合键将一组鞋尖打组。使用移动工具将鞋尖匹配上人物的脚。

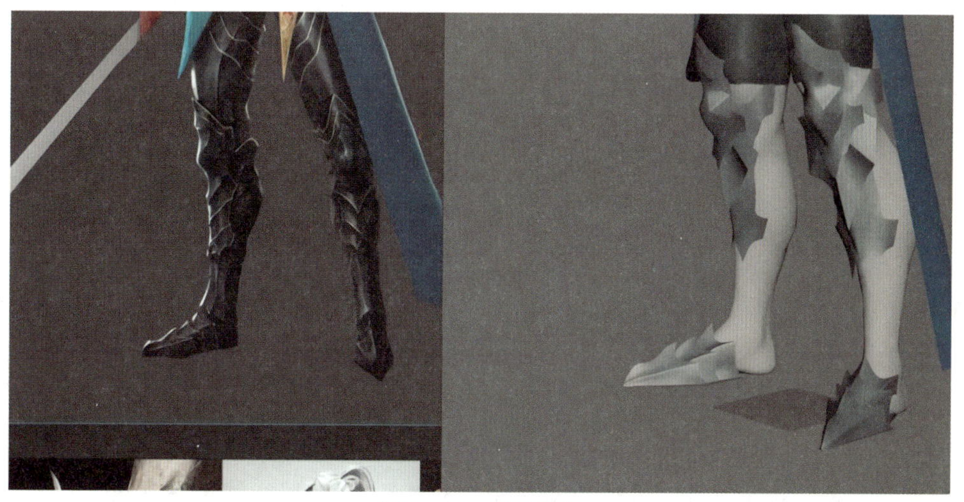

图2－64　制作鞋尖

步骤33：创建一个圆柱体，将段数调整为8，删除上、下底面以及后半部分侧面。使用雕刻工具的Move笔刷进行形状的调整。使用移动工具移动至相应的位置，使用增加循环边工具进行线段的增加，使用移动工具对模型进行调整，使之贴合人体脚腕。根据原画的硬边需求，对模型进行卡边，如图2－65所示。

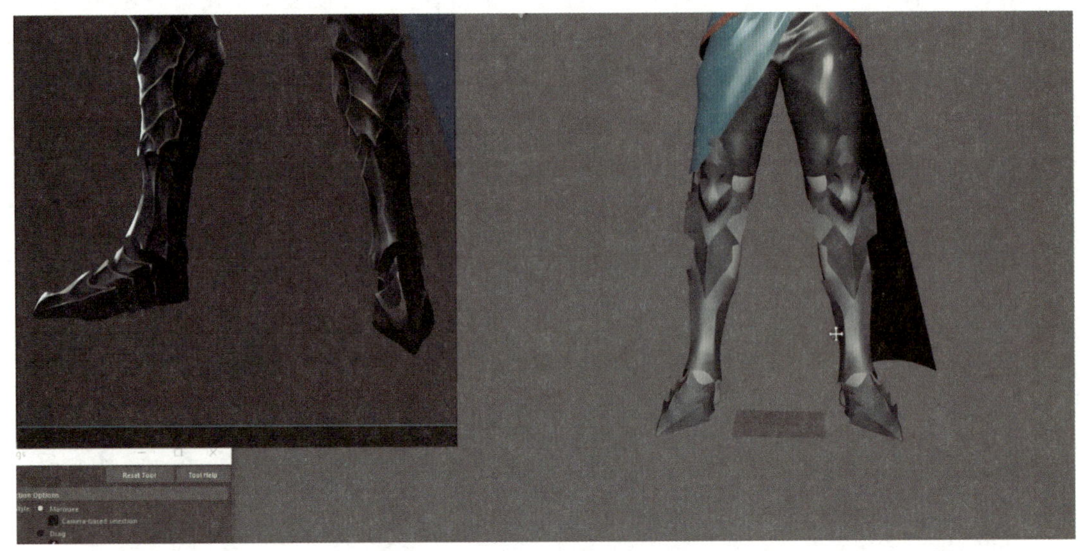

图 2－65　前半部分腿甲制作

步骤 34：创建一个圆柱体，根据原画，使用调整点与挤出工具挤压的方式进行重复部分的一块腿甲的制作，使用雕刻工具的 Move 笔刷进行形状的调整。使用复制工具复制出其余的腿甲，并且使用雕刻工具的 Move 笔刷进行调整与匹配。选择不同材质的面，赋予不同的材质，使用挤出工具进行厚度的挤压。根据原画的硬边需求进行卡边，如图 2－66 所示。

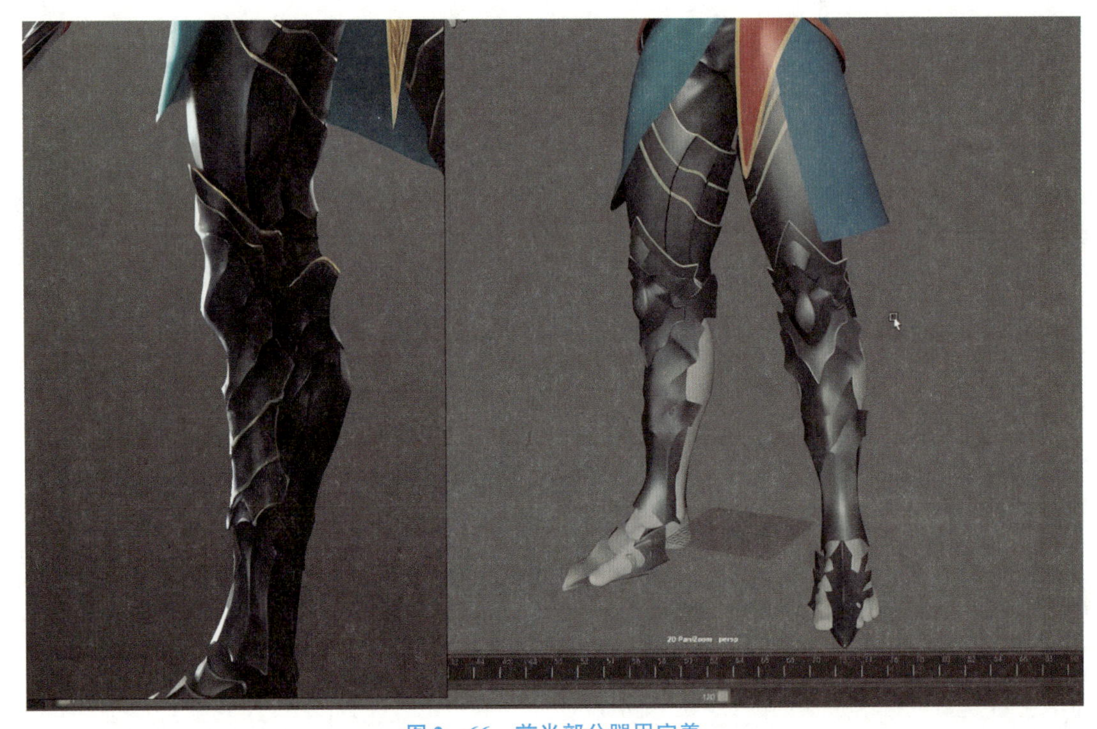

图 2－66　前半部分腿甲完善

步骤35：如图2－67所示，创建一个正方体，删除上、下底面与内侧侧面。根据原画，使用挤出工具挤压的方式进行下半臂甲部分的挤压，使用附加到多边形工具缝合该部分臂甲上侧侧面。使用调整点和雕刻工具里的Move笔刷进行形状的贴合和调整。在需要硬化的边缘进行卡边的操作。

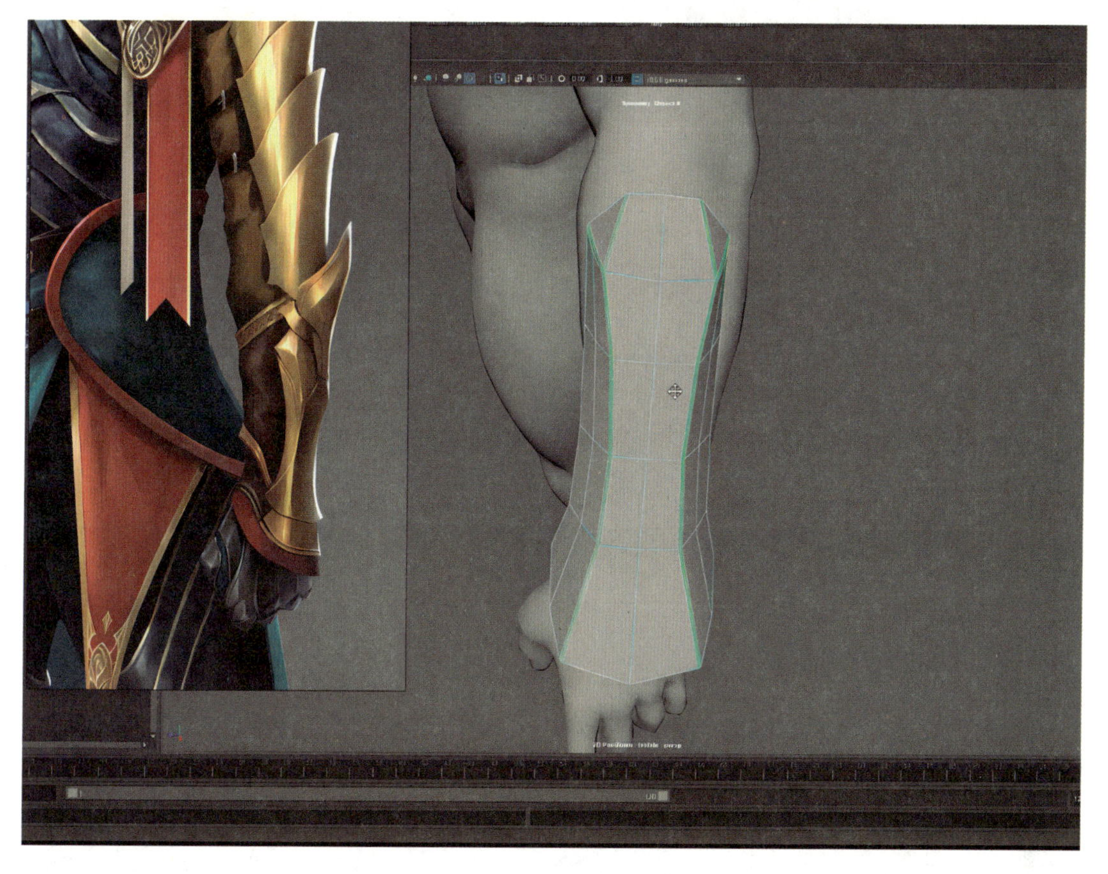

图2－67　制作小臂部分臂甲

步骤36：选择需要的面，使用Duplicate face命令进行模型面的复制。根据原画，使用雕刻工具的Move笔刷配合调整点的命令进行形状的调整。选择底部的循环边，使用挤出工具进行挤压，从而制作包边。选择包边中间的循环面，使用挤出工具进行凹槽的挤压。根据原画的硬边要求卡线，如图2－68所示。

步骤37：如图2－69所示，创建一个正方体，删除上、下底面与三个侧面。使用平滑面命令增加模型精度。根据原画，使用挤出工具挤压的方式进行多余部分的挤压，使用调整点和雕刻工具里的Move笔刷进行形状的贴合和调整。在需要硬化的边缘进行卡边的操作。

步骤38：如图2－70所示，选中人体，开启吸附模式，使用Maya多边形建模模块中的四边形绘制功能，创建出手甲的基本形状。根据原画所需要的硬边需求，选中相应的线段进行卡边效果。使用雕刻工具中的Move笔刷进行大型的调整。

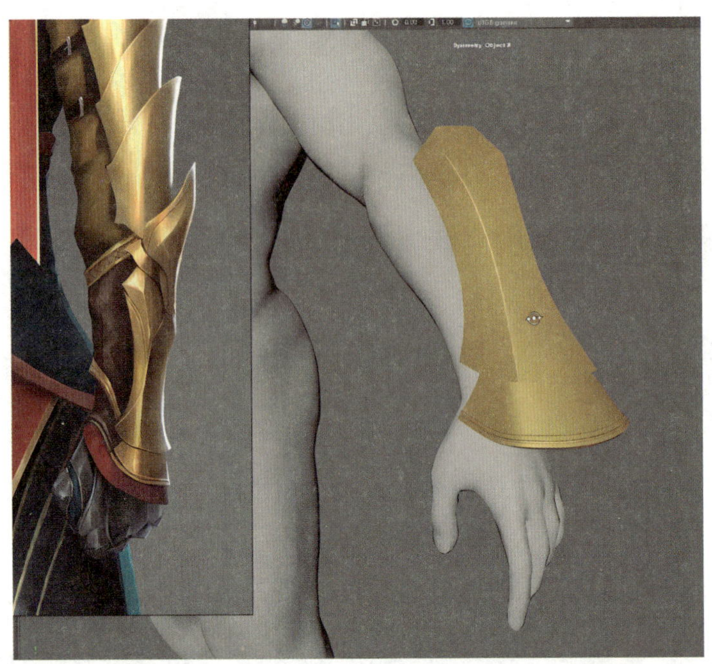

图 2－68　制作小臂部分最底部臂甲

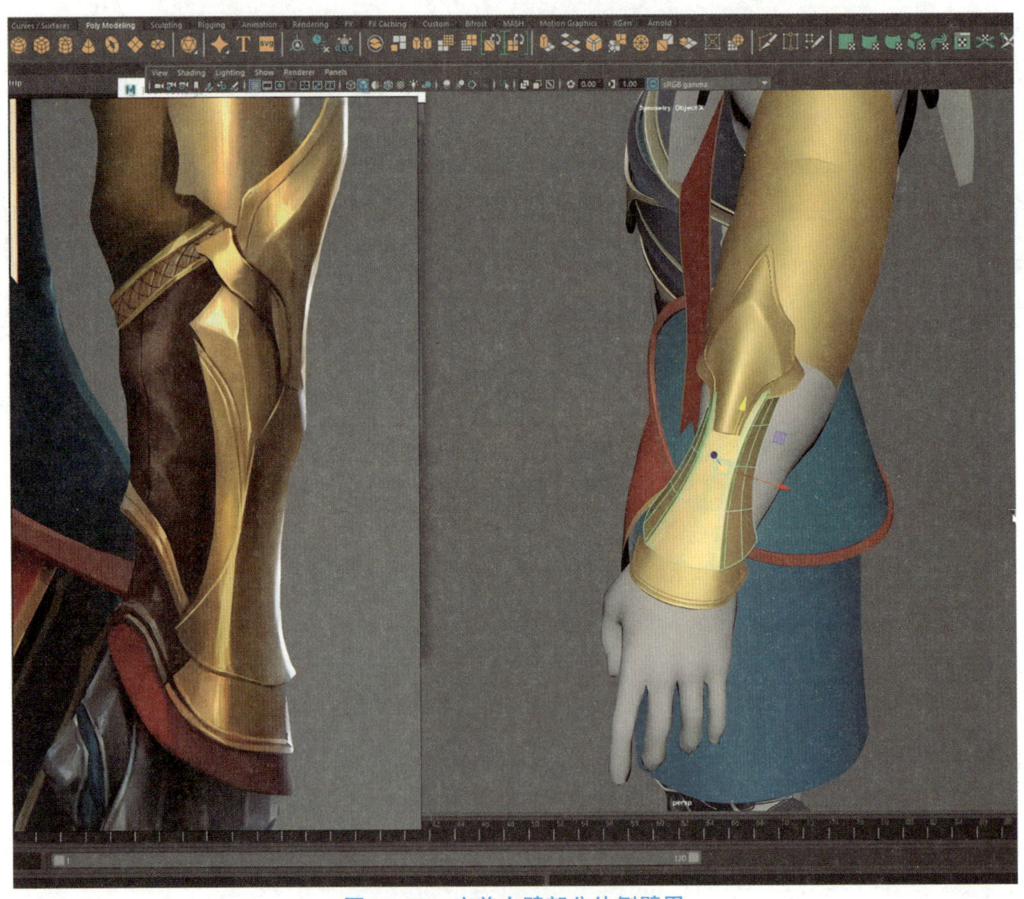

图 2－69　完善小臂部分外侧臂甲

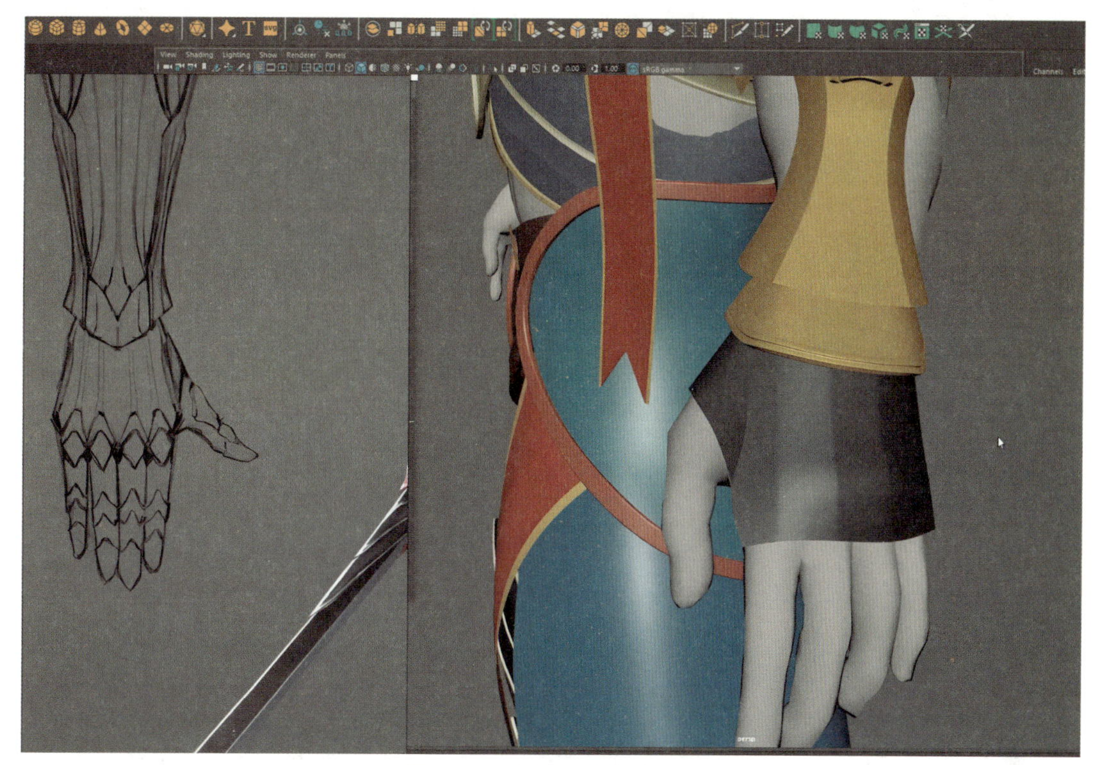

图 2 – 70　制作上半部分手甲

步骤 39：如图 2 – 71 所示，创建出一个正方体，删除上、下底面与三个侧面。根据原画使用雕刻工具的 Move 笔刷配合调整点进行大型的调整。使用挤出工具进行厚度的挤压与边缘的制作。使用复制工具复制出下一部分的指套，并用调整点的方式进行形状的调整。调整完成之后，使用复制工具根据手指形状对剩余指关节指套进行复制，根据该部分指套与原画对上半部分手甲进一步进行形状调整。

图 2 – 71　制作部分指套

步骤 40：如图 2 – 72 所示，根据原画，选择人体所需要的面，使用 Duplicate face 命令进行模型面的复制，根据需求更改布线，使用雕刻笔刷的 Move 笔刷进行大型的调整。

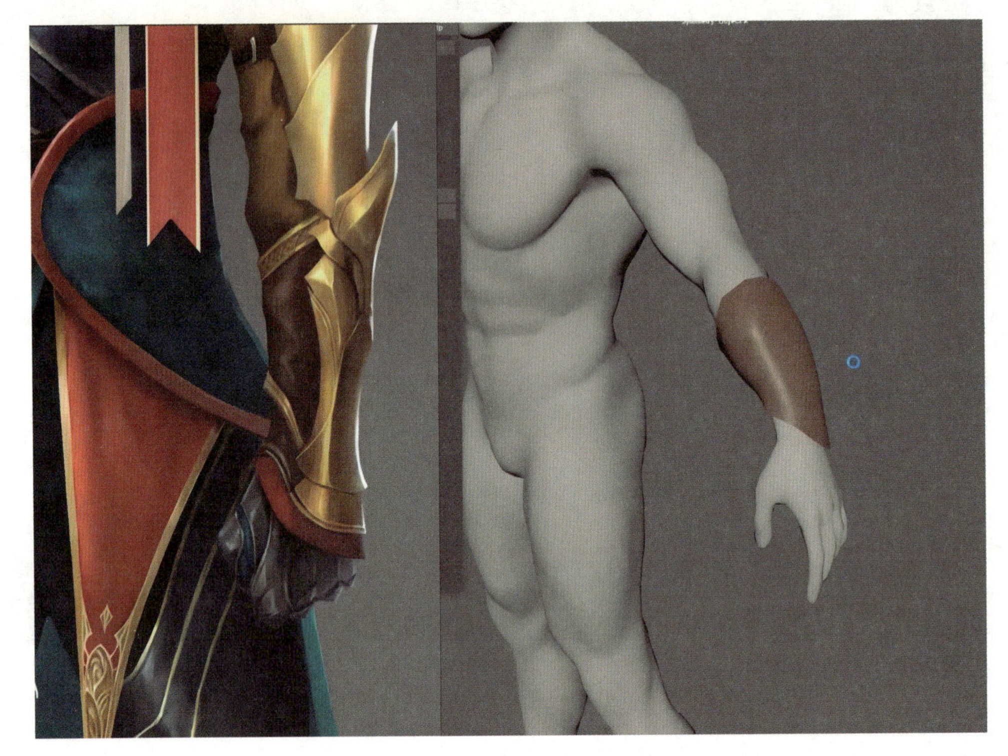

图 2 – 72　制作下半部分内侧臂甲

步骤 41：如图 2 – 73 所示，根据原画，选择臂甲上所需要的面，使用 Duplicate face 的命令进行金属包边的创造。使用雕刻工具的 Move 笔刷配合调整点命令进行形状的调整。使用挤压工具进行厚度的挤压。根据原画所需的硬边需求，进行硬边的卡线。根据原画所需要的缝线需求，选择该部分的面，使用挤压工具进行缝线的挤压。

步骤 42：如图 2 – 74 所示，根据原画，选择边缘线，使用挤出工具挤出包边。选择所有的面，使用挤出工具挤压出手甲所需厚度。根据原画所需的凸起要求，选择该部分的面，使用挤出工具进行挤压。根据原画所需的硬边要求，对模型进行卡边操作。

步骤 43：根据原画，选择手指的面，使用 Duplicate face 命令进行复制面的操作。根据指套上铠甲的位置对该部分的面使用 Duplicate face 命令进行复制。根据原画，使用雕刻工具的 Move 笔刷配合调整点的命令进行大型的调整，使用挤出工具进行边缘以及厚度的挤压。大型调整完毕后，使用复制工具进行下一部分指套的复制。最后一部分指套使用合并点的命令使之完善成为一个完整的指套，如图 2 – 75 所示。

步骤 44：选中人体，开启吸附模式，使用多边形建模模块中的四边形绘制功能进行后半部分手甲的完善。选择边缘，使用挤出工具进行挤压，从而制作包边，如图 2 – 76 所示。

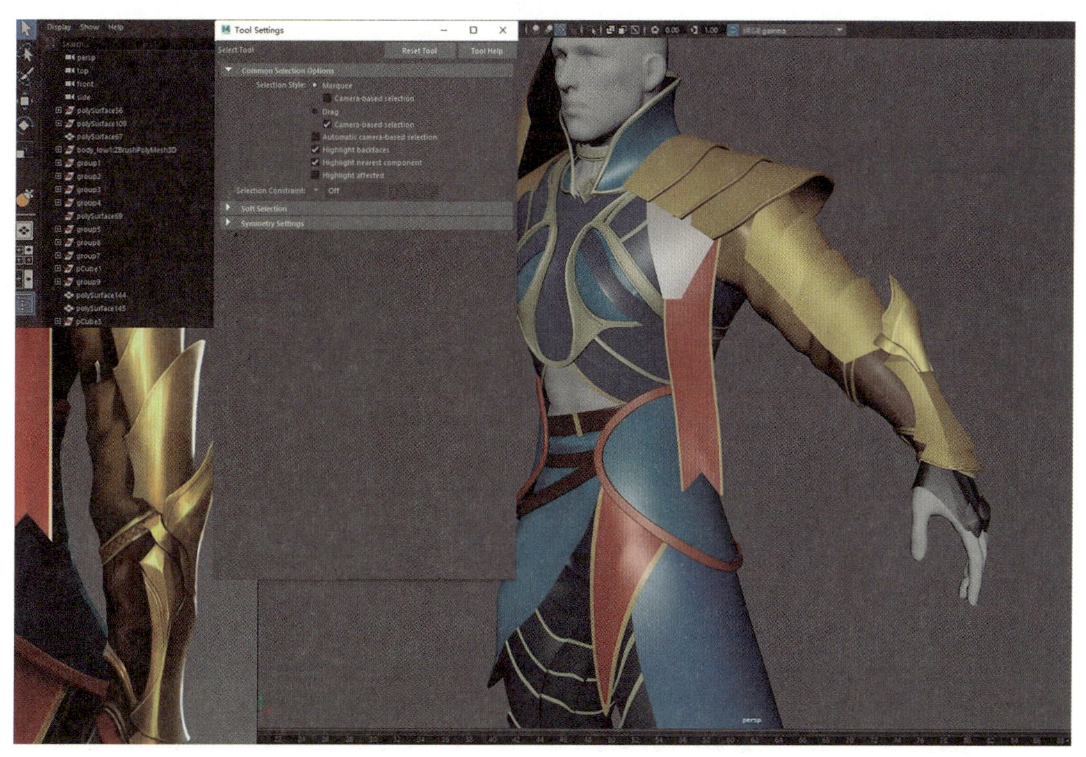

图 2-73　制作金属包边

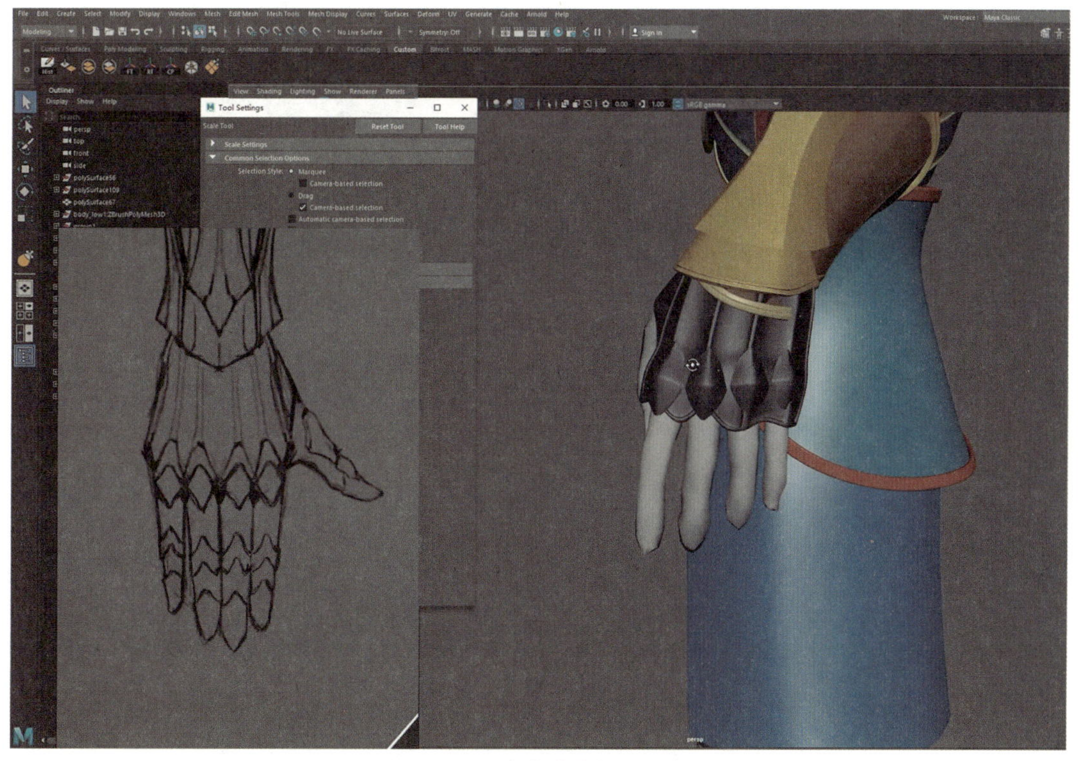

图 2-74　完善前半部分手甲

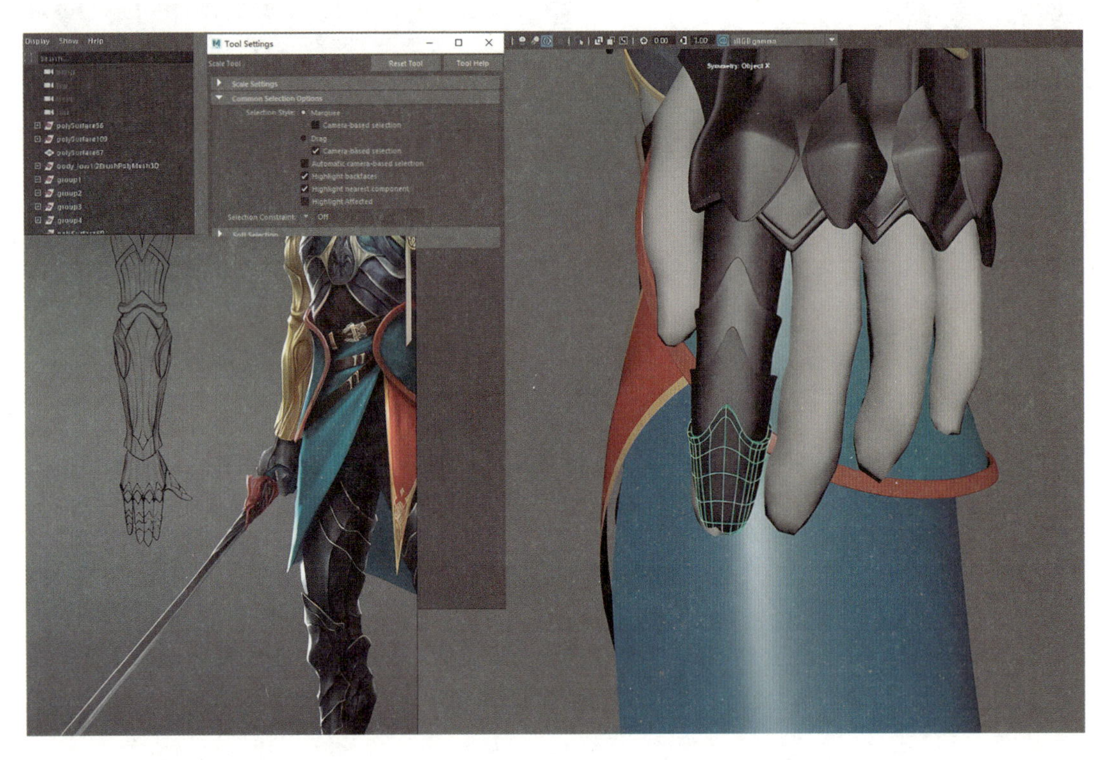

图 2－75　完善指套

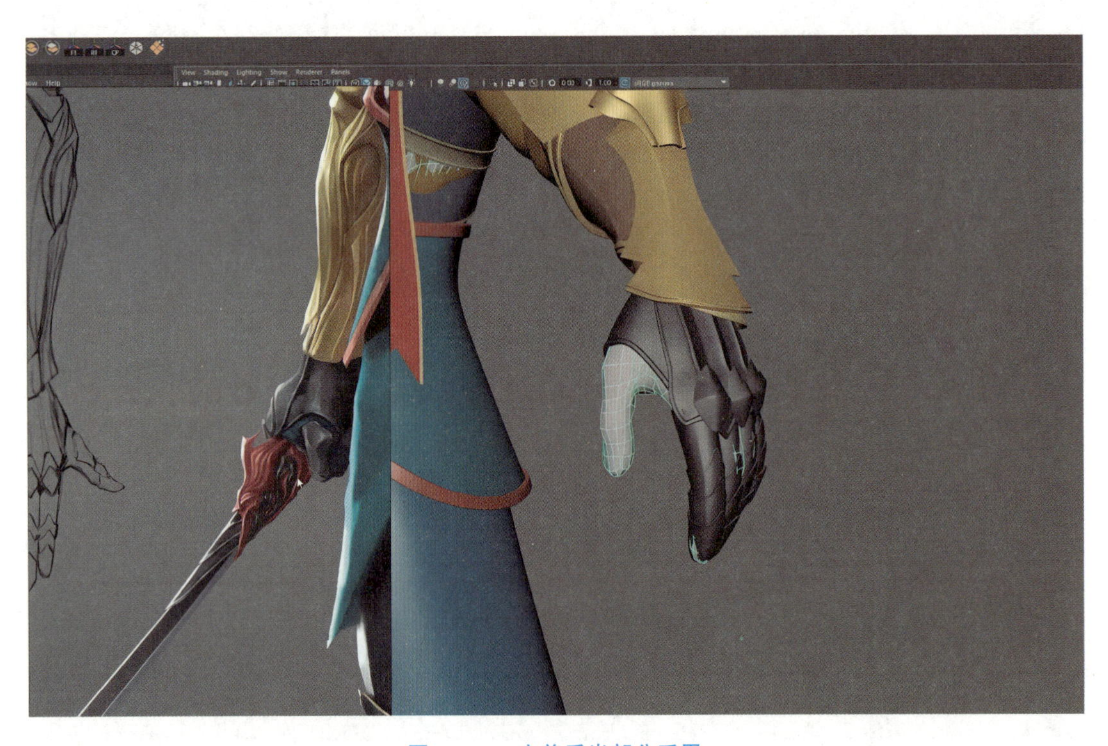

图 2－76　完善后半部分手甲

步骤45：如图2－77所示，创建一个正方体，根据原画使用雕刻工具的Move笔刷配合调整点命令进行形状的调整。根据原画硬边要求，选择相应部分的边进行卡线操作。复制食指相同部分的指套至大拇指进行匹配，使用雕刻工具的Move笔刷进行大型的调整。

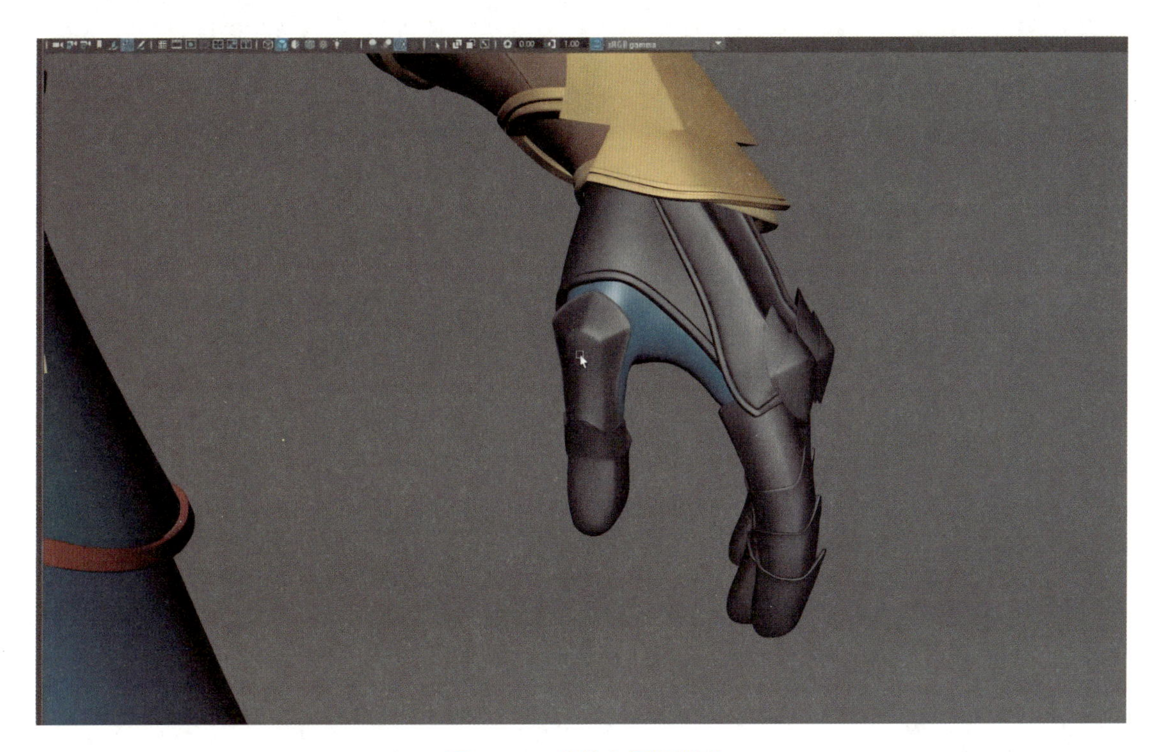

图2－77　完善大拇指铠甲

步骤46：创建一个平面并开启吸附模式，使用多边形建模模块中的四边形绘制功能勾勒出花纹形状，使用挤出工具挤压出厚度，根据原画硬边要求进行边缘的卡线。使用雕刻笔刷中的Move工具对大型进行调整，如图2－78所示。

步骤47：如图2－79所示，在ZBrush中使用遮罩选择腿部铠甲需要的区域进行提取面的操作，使用几何体编辑中的ZRemesher命令进行重新布线。根据原画，使用move笔刷进行大型的调整。

步骤48：如图2－80所示，在ZBrush中选择导出命令导出obj格式的模型，并导入Maya。根据原画腿甲的分布，选择腿部铠甲大型进行吸附，使用多边形建模模块中的四边形绘制功能进行腿部铠甲分区域的形状制作。选择所有的面，使用挤出工具进行挤压，从而得到一部分铠甲的厚度。选择边缘，使用挤出工具进行挤压，得到包边。使用雕刻工具的Move笔刷配合调整点的命令进行大型的调整。

步骤49：如图2－81所示，根据原画，选择人体所需要的面进行提取。选择底部的所有点，使用缩放工具进行打平操作。根据原画所需硬边进行卡边，使用雕刻工具的Move笔刷进行大型的调整。

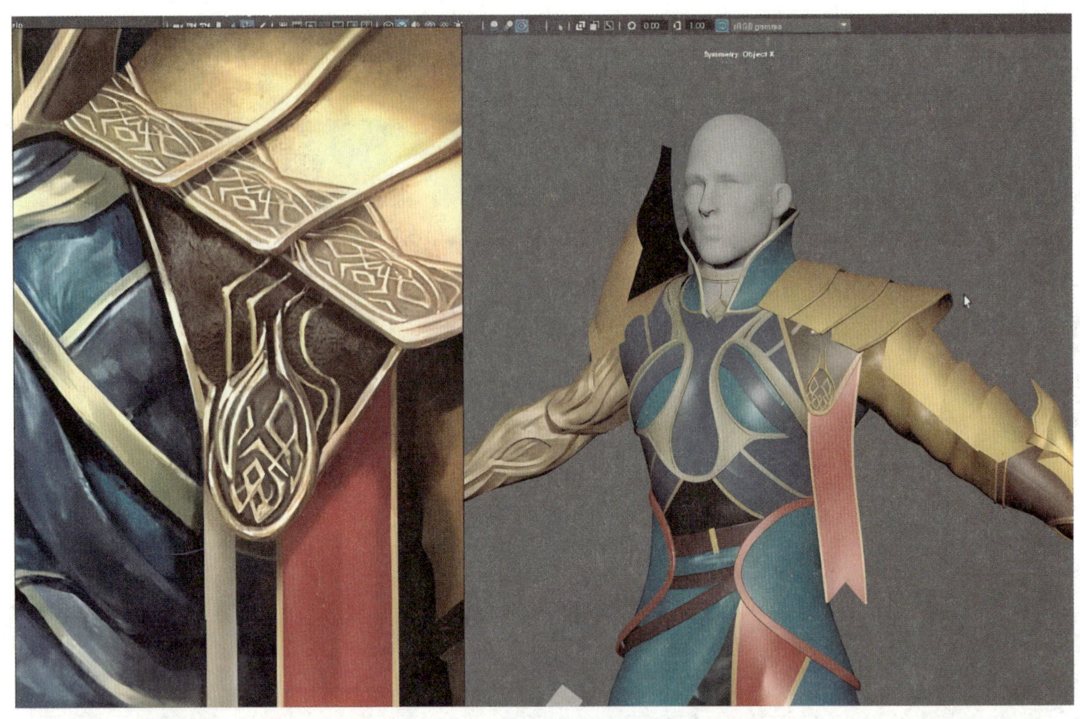

图 2－78　制作肩部皮甲花纹

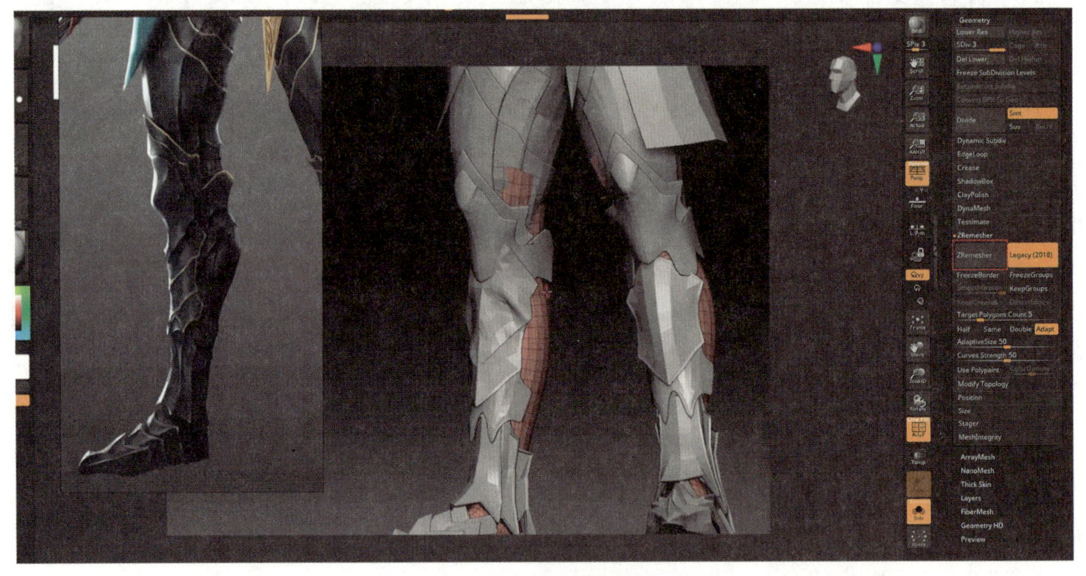

图 2－79　后半部分腿部铠甲大型

步骤 50：如图 2－82 所示，创建出一个圆柱体，选择上部的顶面使用挤出工具进行挤压与缩放，从而制作出一个圆滑的顶面。使用倒角工具在圆柱体区域进行加线。选择中间的面，使用挤出工具进行向内挤压，得到一个凹槽。根据原画扣子的位置，使用移动工具与缩放工具进行匹配。

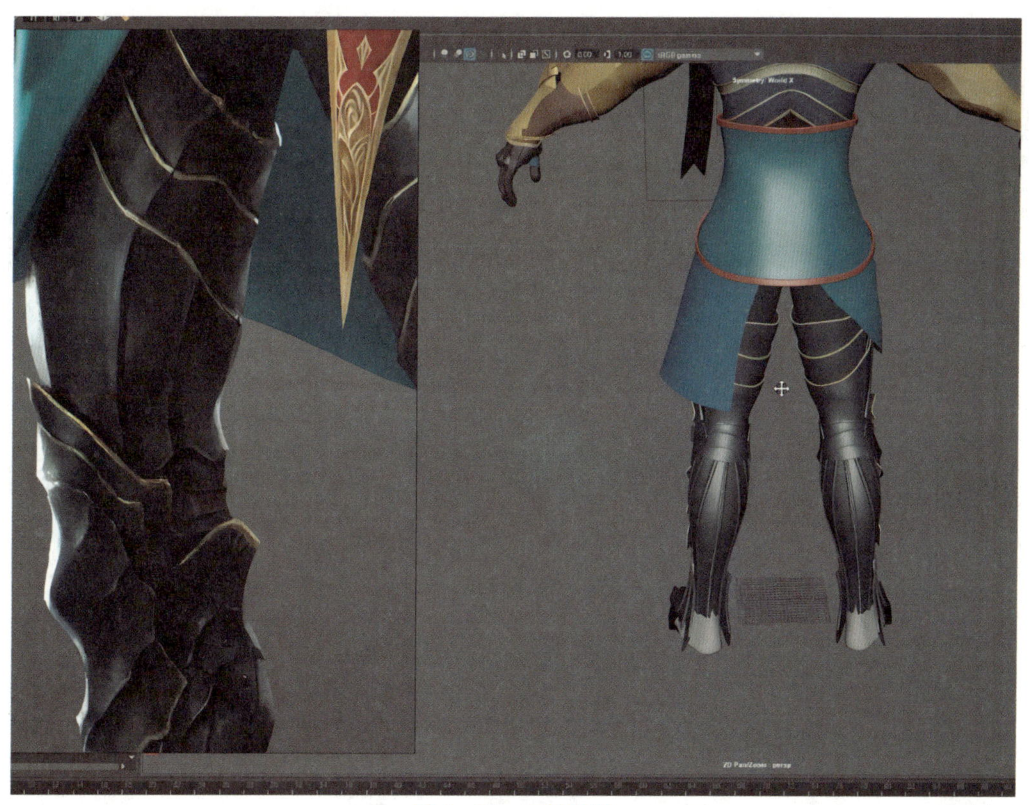

图 2-80　完善腿甲

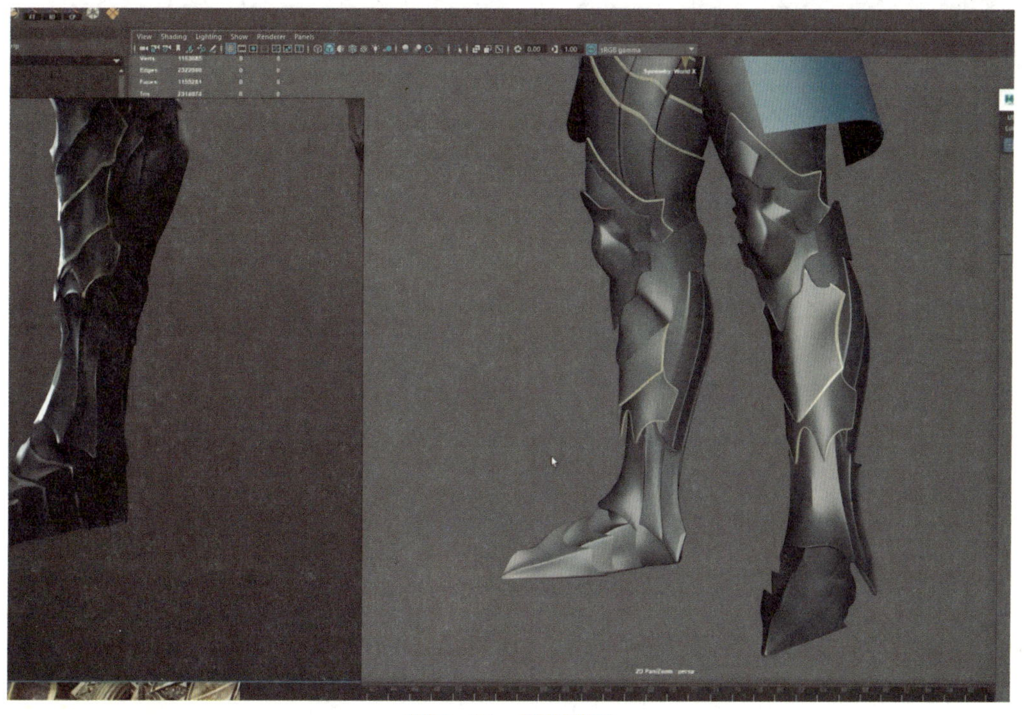

图 2-81　完善鞋子

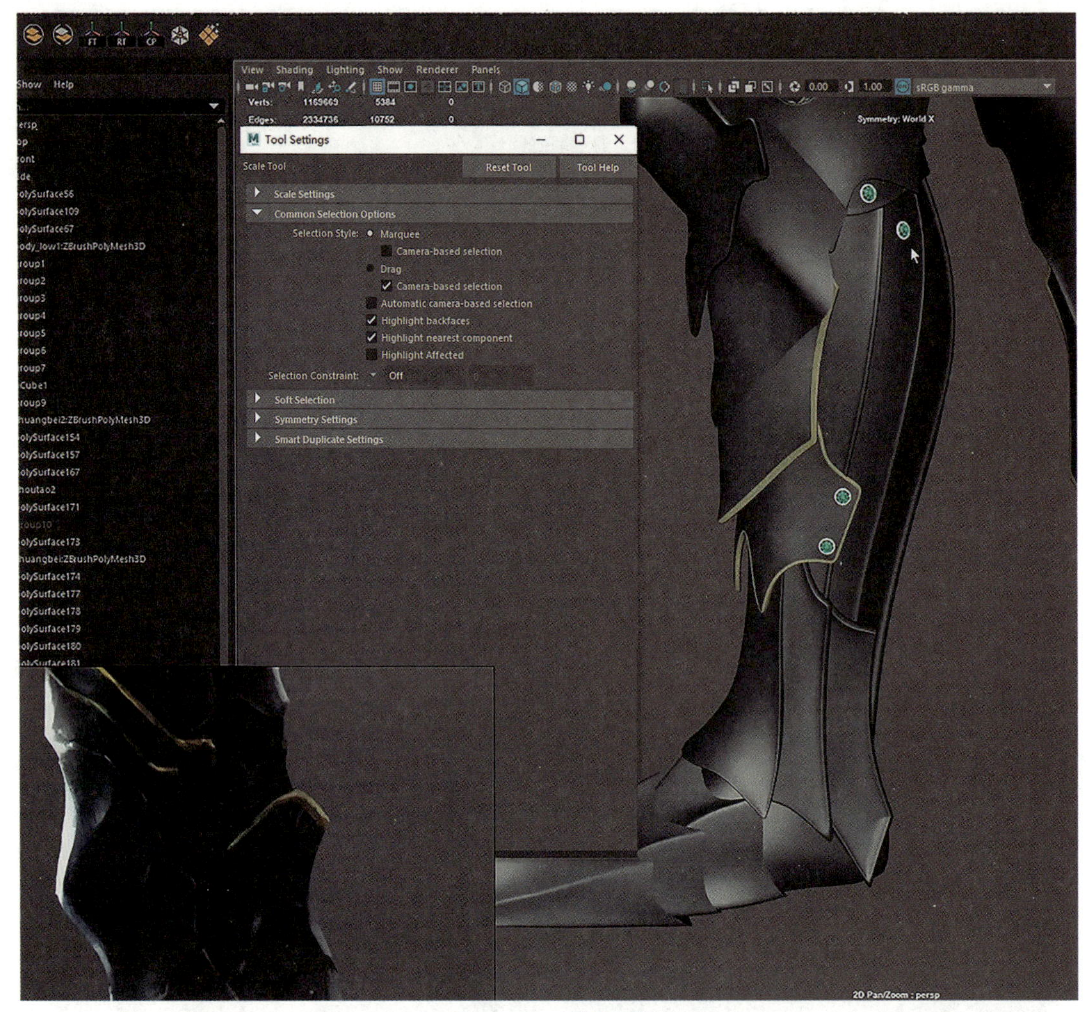

图 2-82　制作扣子

步骤 51：根据原画，使用雕刻工具的 Move 笔刷进行模型穿插的调整与比例的匹配，如图 2-83 所示。

步骤 52：如图 2-84 所示，根据原画，使用雕刻工具里的 Move 笔刷进行大型的调整，选择边缘的线段，使用挤出工具进行挤压，从而制作包边效果。根据原画不同的硬度需求进行卡边与改线的操作。使用复制工具复制第二片肩甲，使用雕刻工具的 Move 笔刷配合调整点命令进行形状的调整。根据原画，选择凸出部分的面，使用挤出工具挤压出厚度，根据不同的硬边要求进行卡线。

步骤 53：由于原画的更改，需要对模型裙摆做更改。选择原来的模型，在 ZBrush 中的几何体编辑菜单里面使用 ZRemesher 命令进行重新布线。使用导出命令导出 obj 格式的模型进入 Maya。选择两个模型侧边的边缘线进行焊接，如图 2-85 所示。

步骤 54：将焊接完成的模型使用 obj 格式导入 ZBrush，使用几何体编辑中的 ZRemesher 命令进行重新布线。根据原画，使用 Move 笔刷进行大型的调整，如图 2-86 所示。

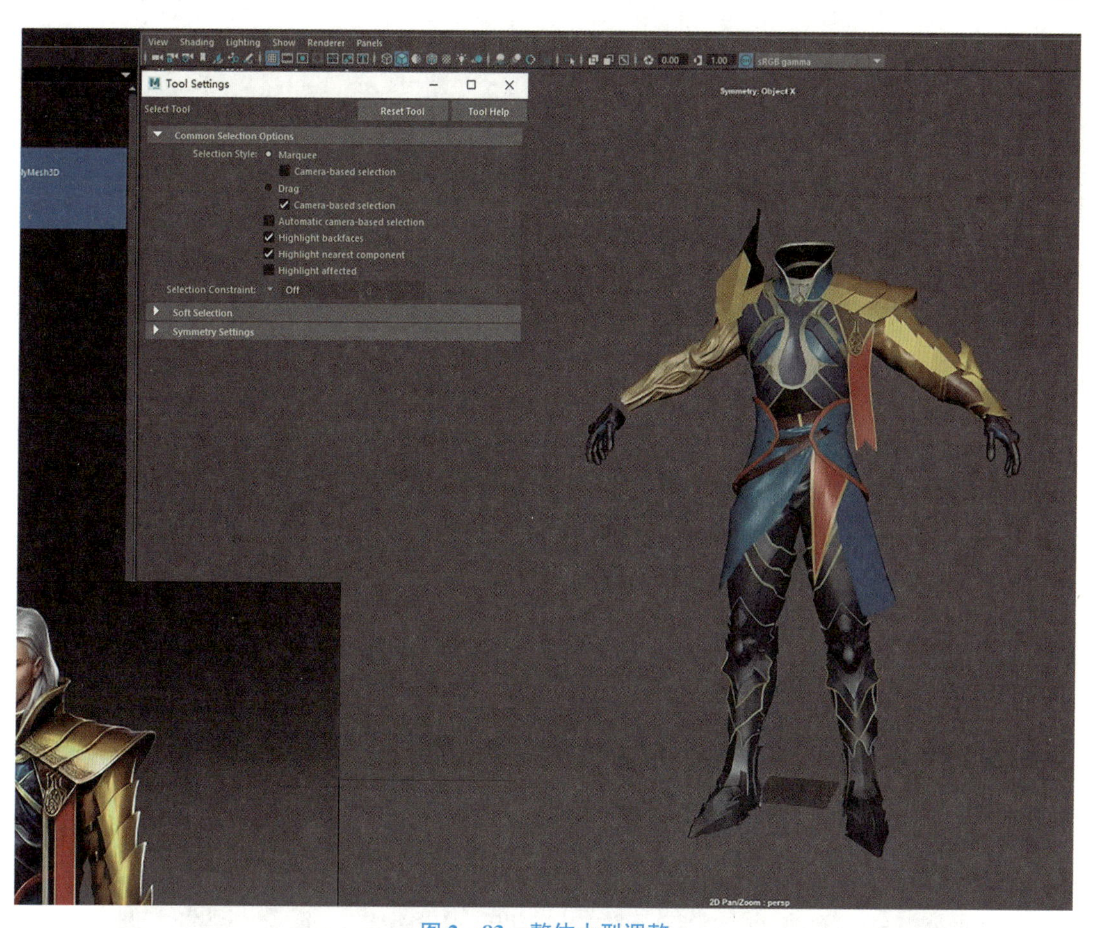

图 2－83　整体大型调整

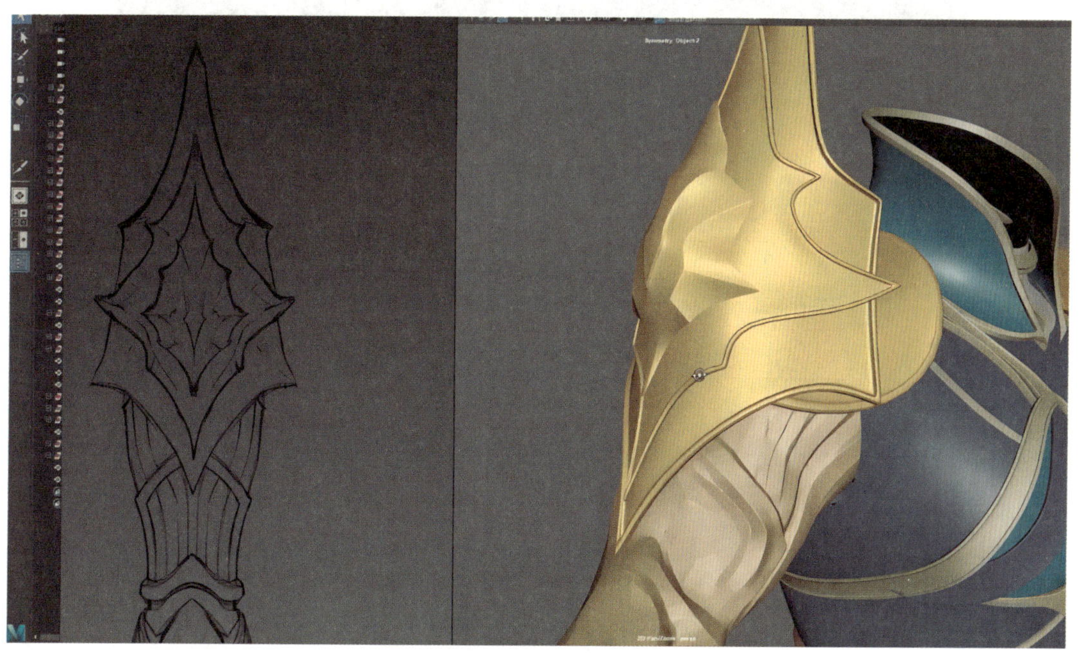

图 2－84　调整肩部铠甲大型

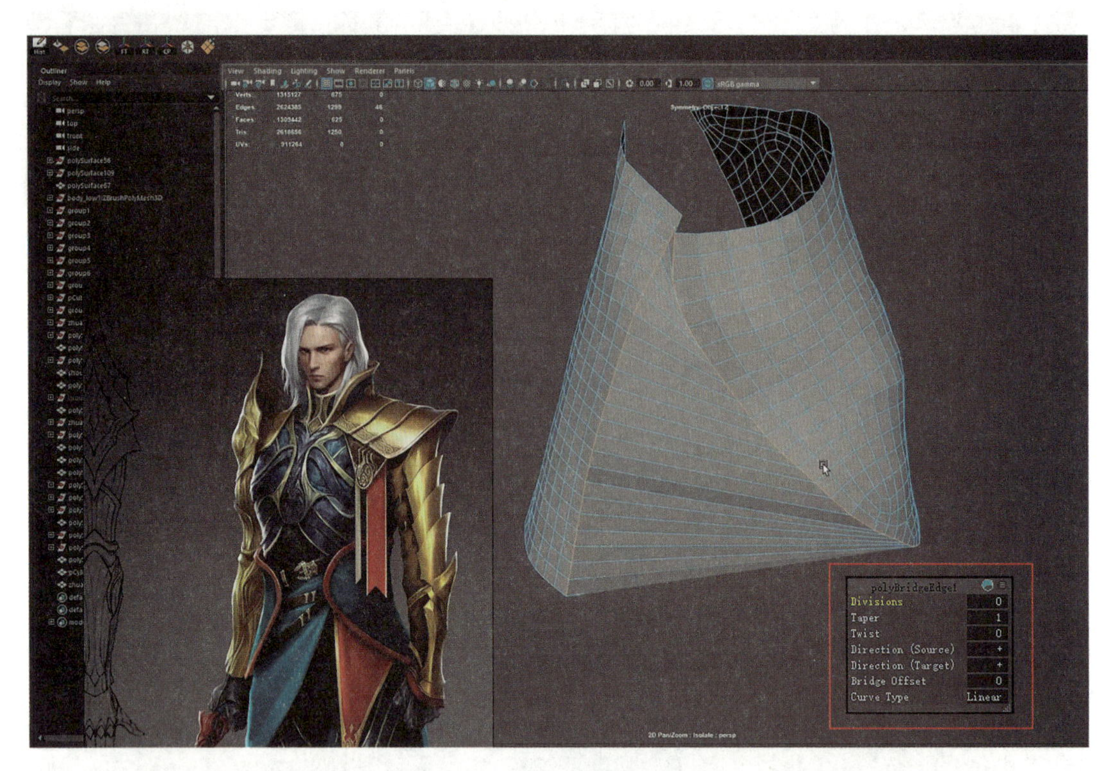

图 2-85　调整裙摆大型及布线

图 2-86　完善裙摆

【任务总结】 至此，男性剑士服饰装备装备已经全部完成。制作正确的服饰装备比例及硬表面卡线为此阶段的重点及难点。在制作过程中，需要不断检视服饰装备比例、按 3 键观察平滑后的卡线效果。

【作业】

男性人体雕刻	
作业概况	
根据本任务讲解的内容完成男性剑士的装备。	
项目要求	
服饰装备准确，比例适度，服饰装备结构明显，40%；服饰装备结构比例正确，位置准确，30%；剪影比例、曲线准确，穿插覆盖关系正确，30%。	
作业提交要求	
如案例所示，提供男性剑士装备的五张图，并拼合成一张。	

任务三　男性角色头发模型制作

【任务目标】 完成男性角色头发模型制作。

【任务分析】 使用 Maya CV 曲线与 Bonus Tool 插件制作男性剑士头发。在制作过程中，需正确表现头发的层次。

【知识准备】 头发结构。

人体的毛发分为长毛、短毛、毳毛等。头发属于长毛的范围，长毛常在 1 cm 以上，并且较粗硬，色泽浓。头发的数量有 10 万 ~15 万根，头皮面积约 600 cm^2，每 1 cm^2 约有 200 根头发。头发的形状有直发、波状发和卷缩发。我国大多数民族为直发，毛发直而不卷，其断面呈圆形。白种人多为波状发，其断面呈卵圆形。黑种人为卷缩发，其断面变异大。头发的色泽有黑、褐、黄、红、白等色。含黑色素多则为黑色，少则为灰色，无则为白色，含铁色素则为红色。

【任务实施】

步骤 1：在 ZBrush 中，使用 Extract 工具制作头发基础模型，再使用 Move、Standard 笔刷做出头发大型，如图 2－87 所示。

图 2－87　头发大型

步骤 2：在 ZBrush 中，使用导出命令导出 obj 格式的模型至 Maya 中。如图 2－88 所示，根据原画比例，使用移动工具与缩放工具调整头部的位置，记住头部的缩放比例。

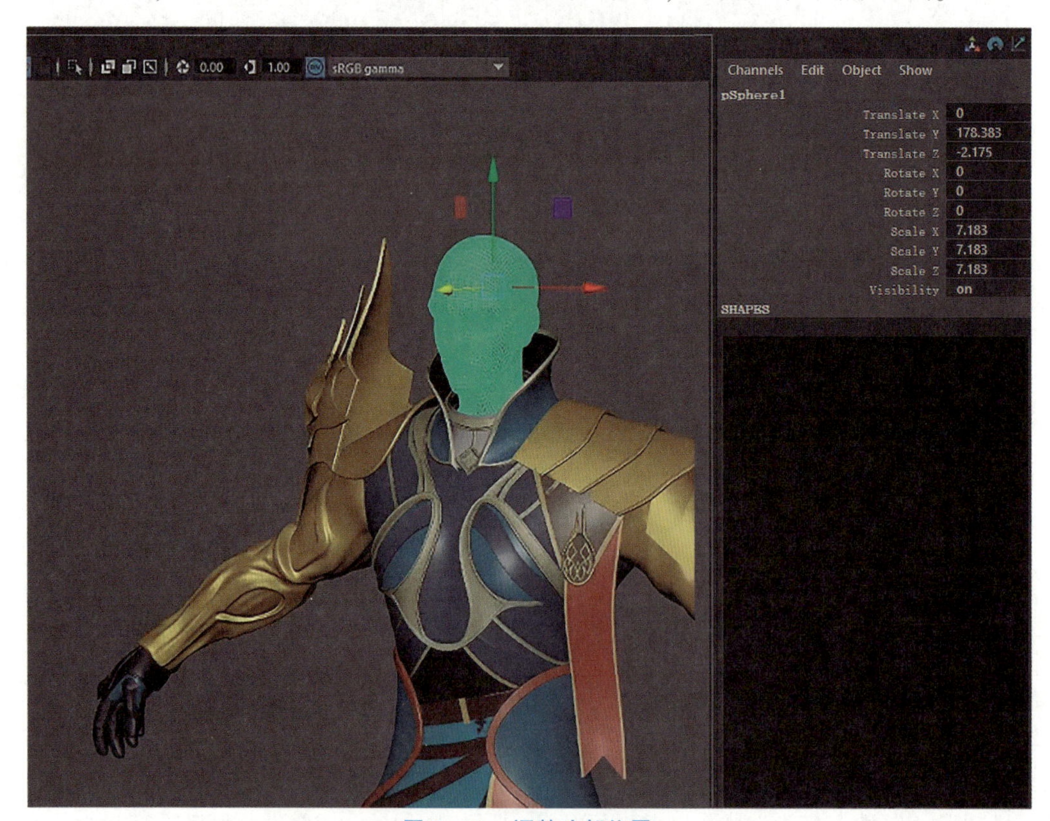

图 2－88　调整头部位置

步骤3：在ZBrush中，找到导出菜单栏，根据记录的Maya缩放比例数值，填入导出下方的比例当中，如图2－89所示。

图2－89　调整缩放比例

步骤4：如图2－90所示，在ZBrush中，使用子工具菜单栏下面的追加命令，将比例调整完成的头部模型导入装备文件，使用移动工具和缩放工具调整头部模型的位置。

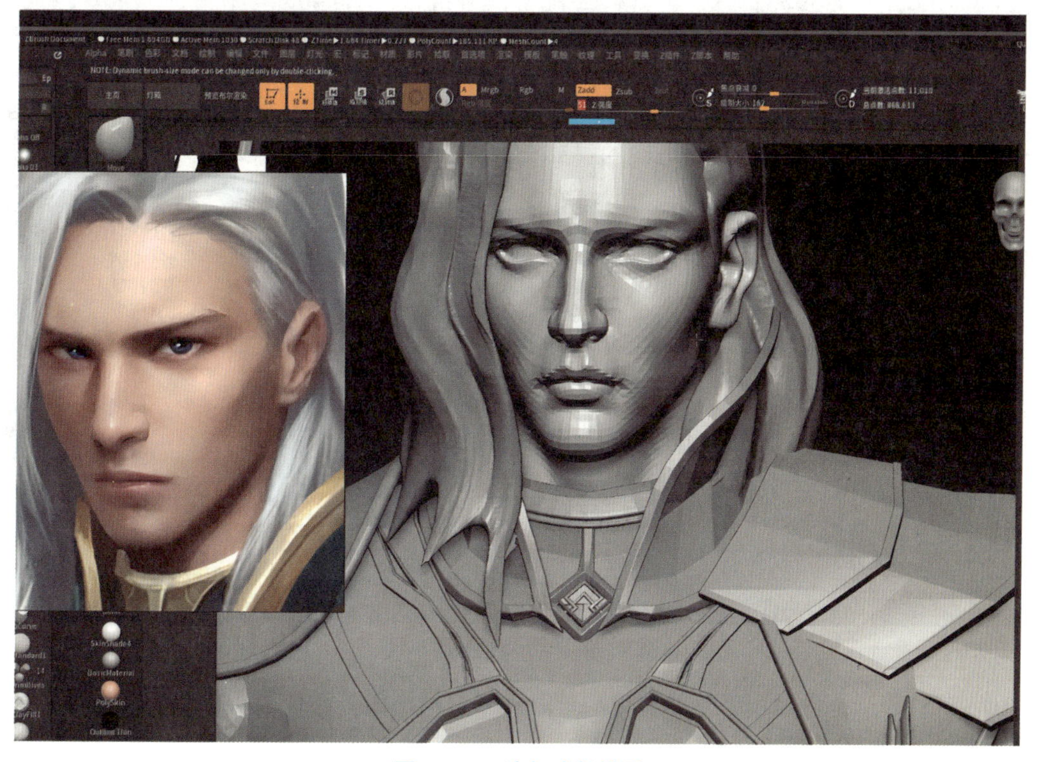

图2－90　追加头部模型

步骤5：原画中头发包裹在装备外侧领子中，使用 Move 笔刷、Claybuildup 笔刷调整头发与装备之间的关系，如图 2－91 所示。

图 2－91　调整头发与装备之间的关系

步骤6：如图 2－92 所示，根据参考以及原画对头发的细微结构进行调整，并且加入一定的艺术加工。

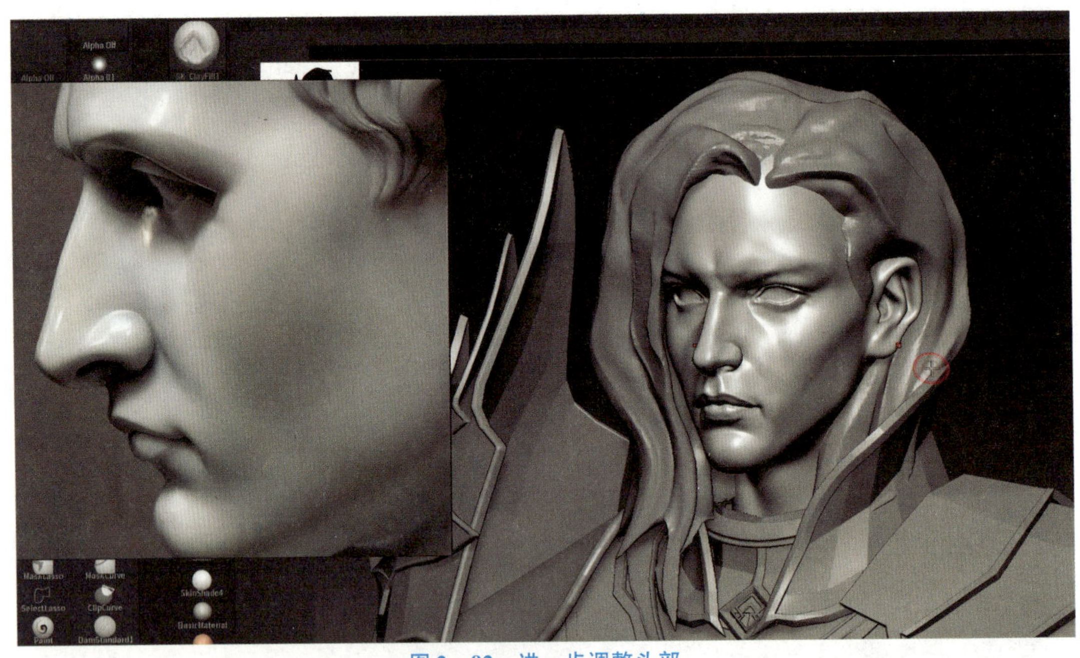

图 2－92　进一步调整头部

步骤7：将头部模型调整到最低级别，选中头发，使用 Z 插件菜单栏下方的减面大师工具，选择2万进行减面，如图 2－93 所示。

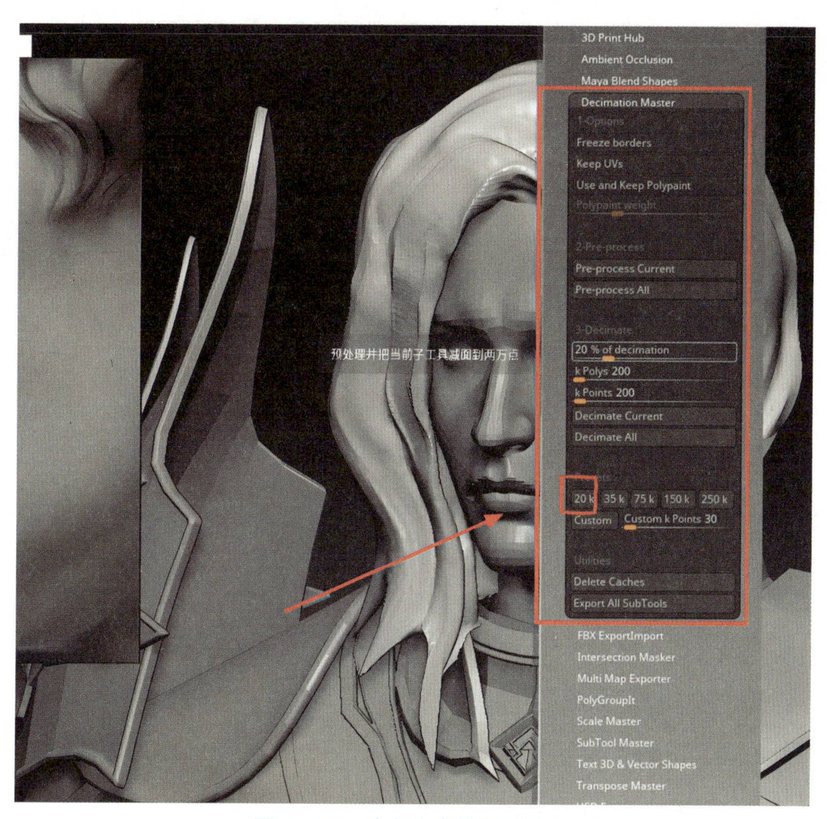

图 2－93　减少头发模型的面数

步骤 8：将 ZBrush 中的模型使用导出命令，以 obj 格式导入 Maya 当中。根据原画，对脸部材质进行赋予，如图 2－94 所示。

图 2－94　赋予脸部材质

步骤 9：如图 2－95 所示，在 Maya 中，选择头发模型，使用吸附工具进行吸附，使用绘制 CV 曲线工具进行头发曲线的绘制。按住 B 键激活软选择功能，使用软选择与移动工具进行头发曲线与模型的匹配。

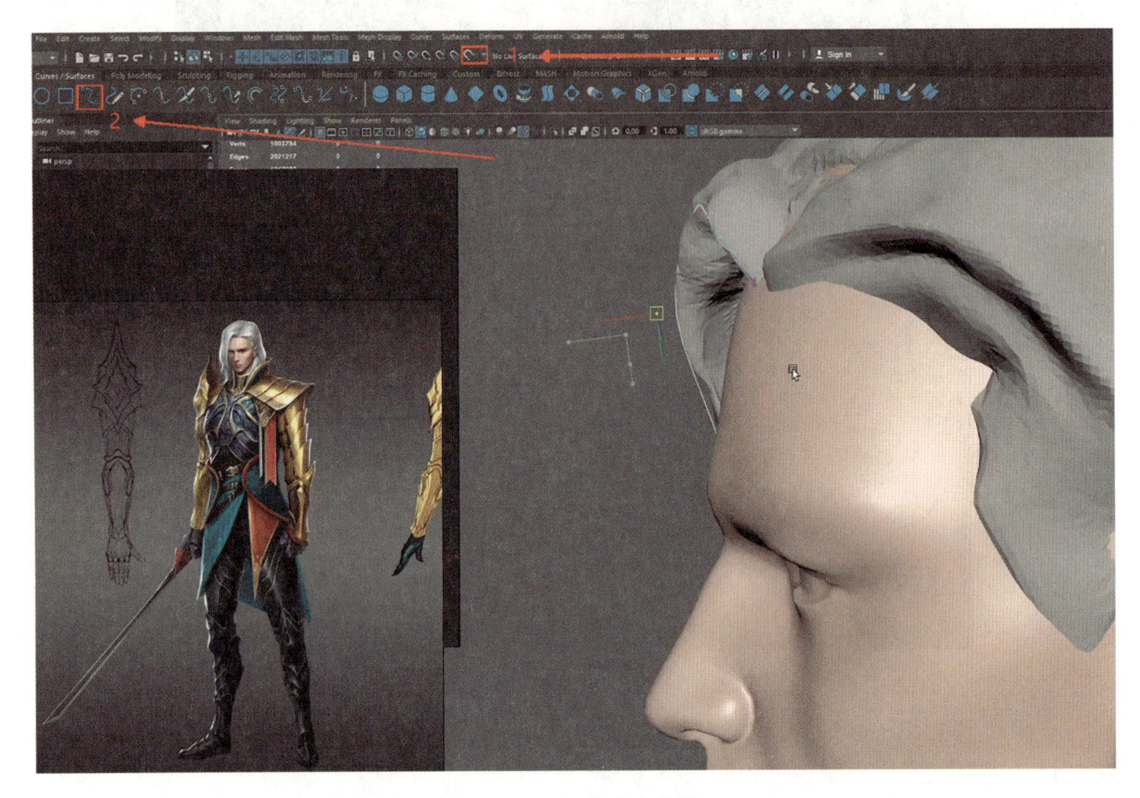

图 2－95　调整头发曲线

步骤 10：使用复制命令复制出另一根头发曲线。按住 B 键，激活软选择功能，使用软选择功能、移动工具与旋转工具调整头发曲线。重复以上操作，对外侧头发进行补充，如图 2－96 所示。

步骤 11：使用复制命令复制出其他的曲线。按住 C 键，激活吸附曲线功能，同时按住 D 键，移动操作柄，将操作柄吸附至曲线起始处，调整头发曲线。重复以上操作，对头发进行补充，如图 2－97 所示。

步骤 12：如图 2－98 所示，使用复制命令复制出另一根头发曲线。按住 B 键，激活软选择功能，使用软选择功能、移动工具与旋转工具调整头发曲线。重复以上操作，对外侧头发进行补充。

步骤 13：如图 2－99 所示，使用 Bonus Tool 插件选择头发曲线，单击 Curve Ribbon Mesh 命令生成发片，使用编辑菜单的命令对发片进行调整。使用软选择工具与雕刻笔刷工具对发片的大型进行进一步的调整。

步骤 14：重复第 13 步，做出所有的头发曲线，使用雕刻笔刷工具进行大型的修整，如图 2－100 所示。

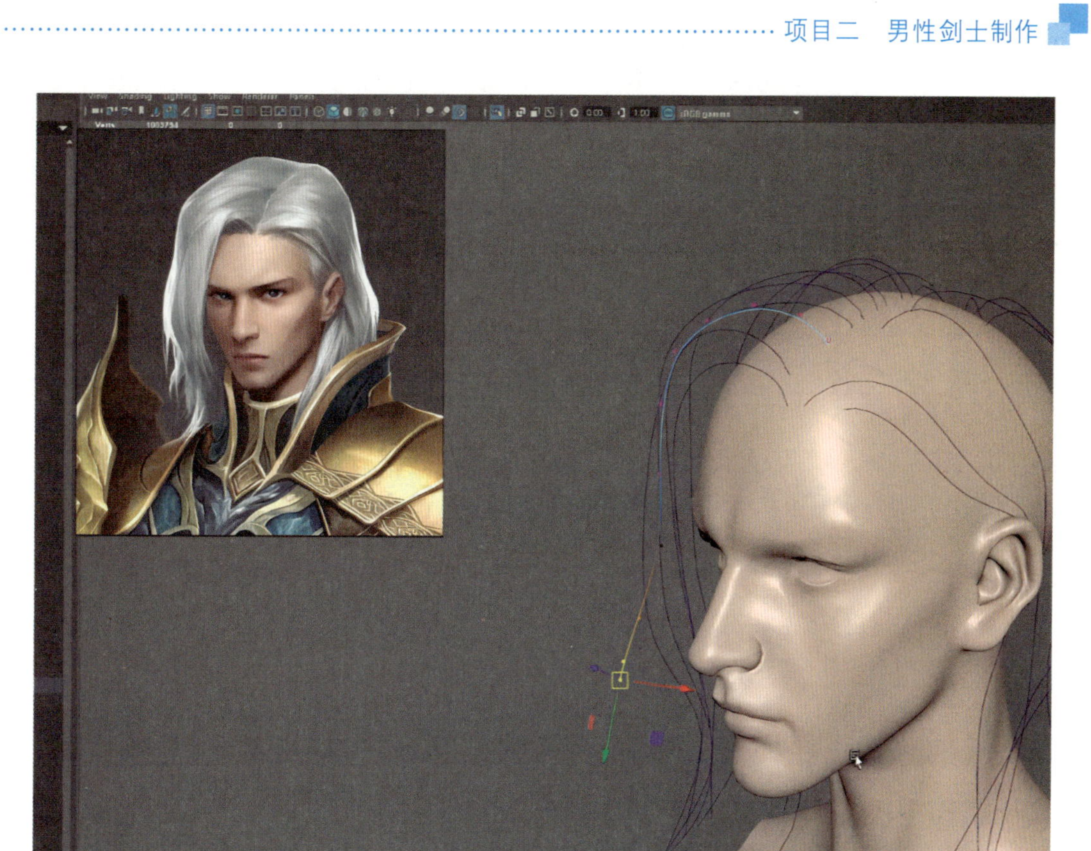

图 2－96　对外侧头发进行补充

图 2－97　对头发进行补充

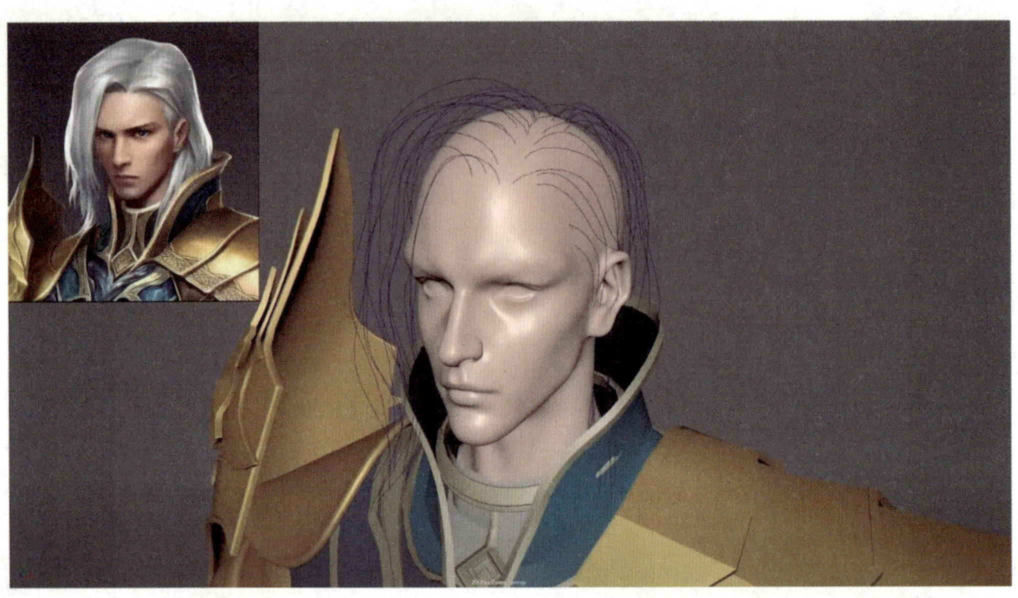

图 2－98　丰富头发外侧曲线

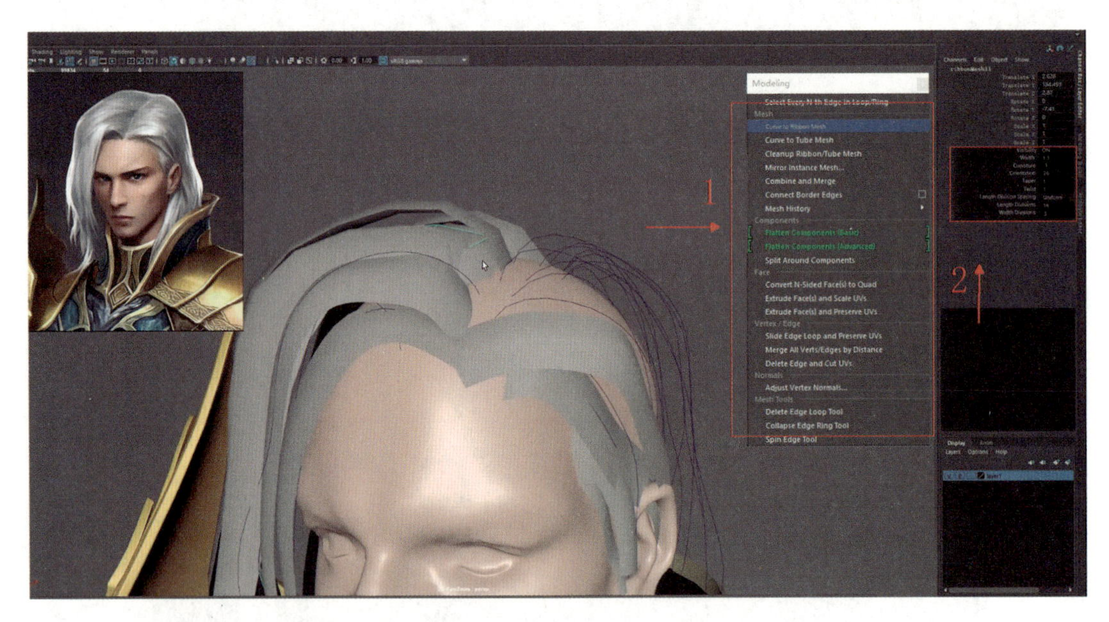

图 2－99　将曲线转换成发片

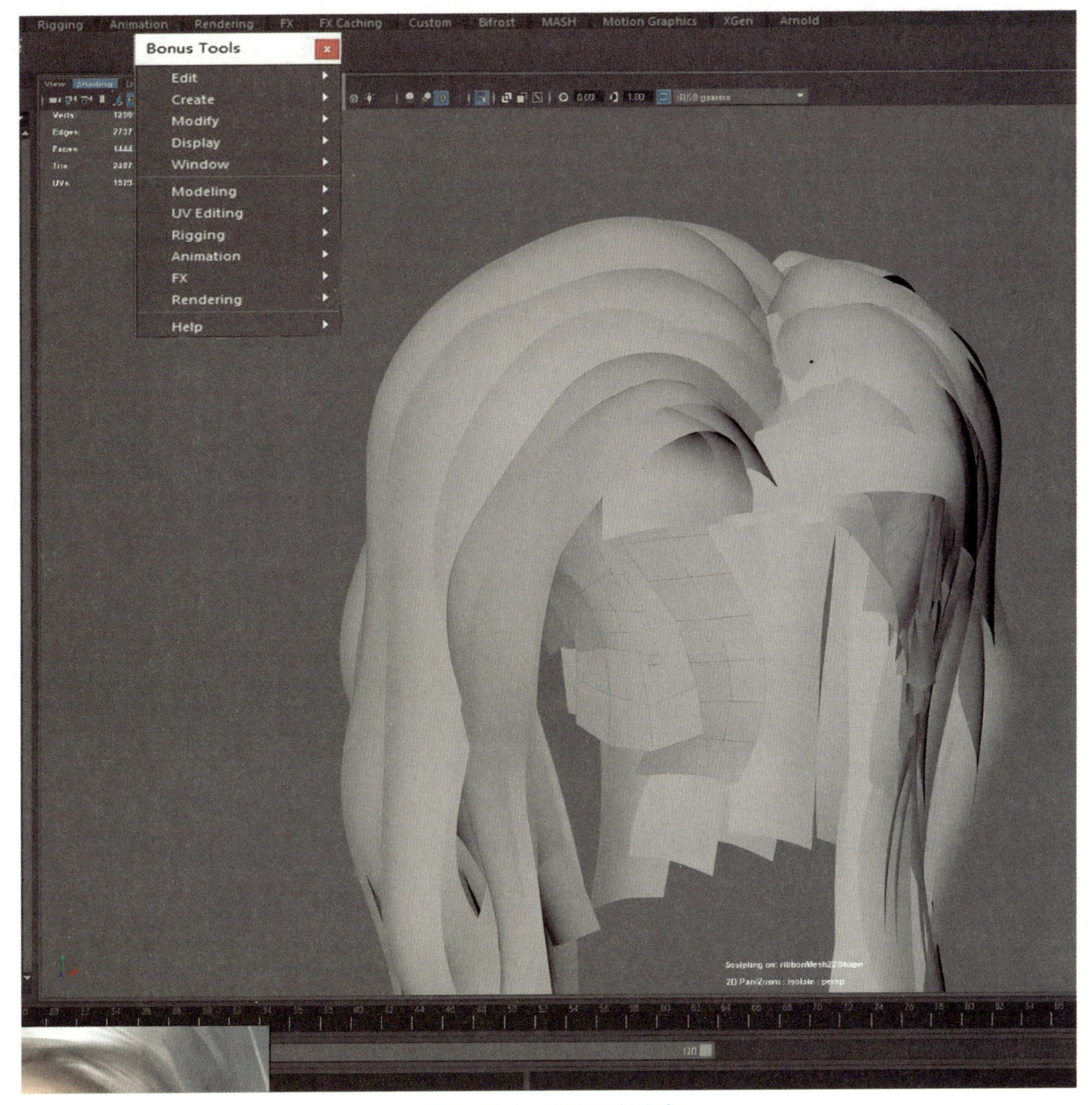

图 2-100　完善所有头发

【任务总结】 至此，男性剑士头发已经全部完成。掌握头发比例，使用 Maya CV 曲线与 Bonus Tool 插件合理制作头发的层次与结构重点及难点。在制作过程中，从不同角度不断检视头发比例，才能制作出准确的头发模型。

【作业】

男性头发制作	
作业概况	
根据本任务讲解的内容完成男性头发。	
项目要求	
头发准确，比例适度，剪影比例，曲线准确，发片全部放样成功。	

续表

作业提交要求	
如案例所示，提供男性剑士头发的三张图，并拼合成一张。 	

任务四 整理男性剑士角色模型

【任务目标】 整理男性剑士角色模型。

【任务分析】 使用 Maya 整理男性剑士角色模型。修改有问题的布线与卡线。

【知识准备】 模型清理规范

①整体拓扑与单独拓扑结合，使包裹物体以包一半露一半最佳。

②表面的小起伏（结构）直接包裹。

③所有复制的物体只拓扑一个，镜像的物体根据情况可以拓扑一半。

④拓扑可以使用简模加线或高模减线来提高效率。

⑤重要结构部分棱角处须倒角。

⑥布线要注意避免一点多连。

⑦机械物体平面上的所有点必须保证处在一个平面上。

⑧看不见的面可以删除。

【任务实施】

步骤 1：如图 2 – 101 所示，选择腿甲模型，选择 Mesh 菜单中的 Smooth 命令对腿甲进行平滑处理。

步骤 2：如图 2 – 102 所示，选择腿甲模型的多余的线段，按住 Shift + 鼠标右键调出菜单栏，选择 Merge/Collapse Edge 菜单中的 Merge Edges To Center 命令合并线段。选择中间的线，按住 Shift + 鼠标右键调出菜单栏，使用 Delete Edge 命令删除线条。重复操作，清理线段。

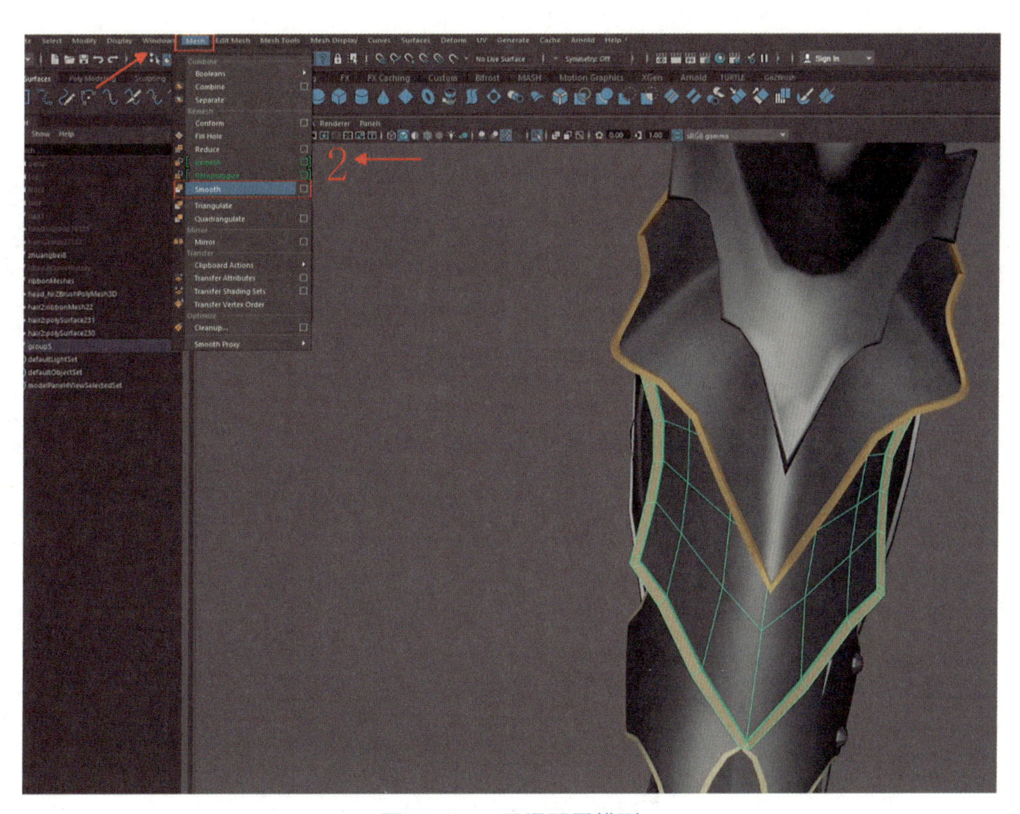

图 2－101　平滑腿甲模型

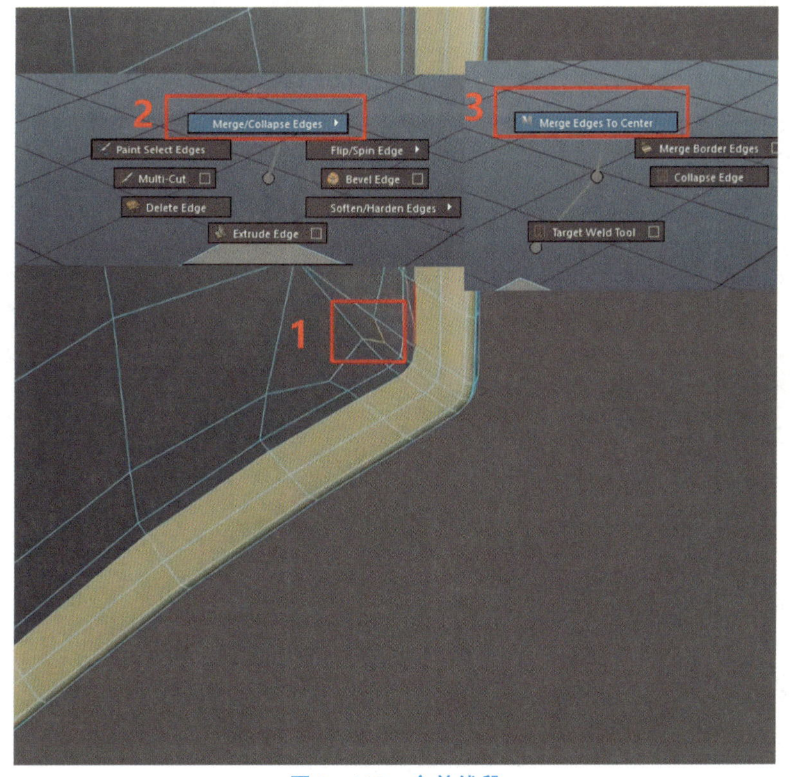

图 2－102　合并线段

步骤 3：选择模型，选择 Mesh 菜单中的 Clean up 菜单栏对模型的网格进行检查与清理，如图 2－103 所示。

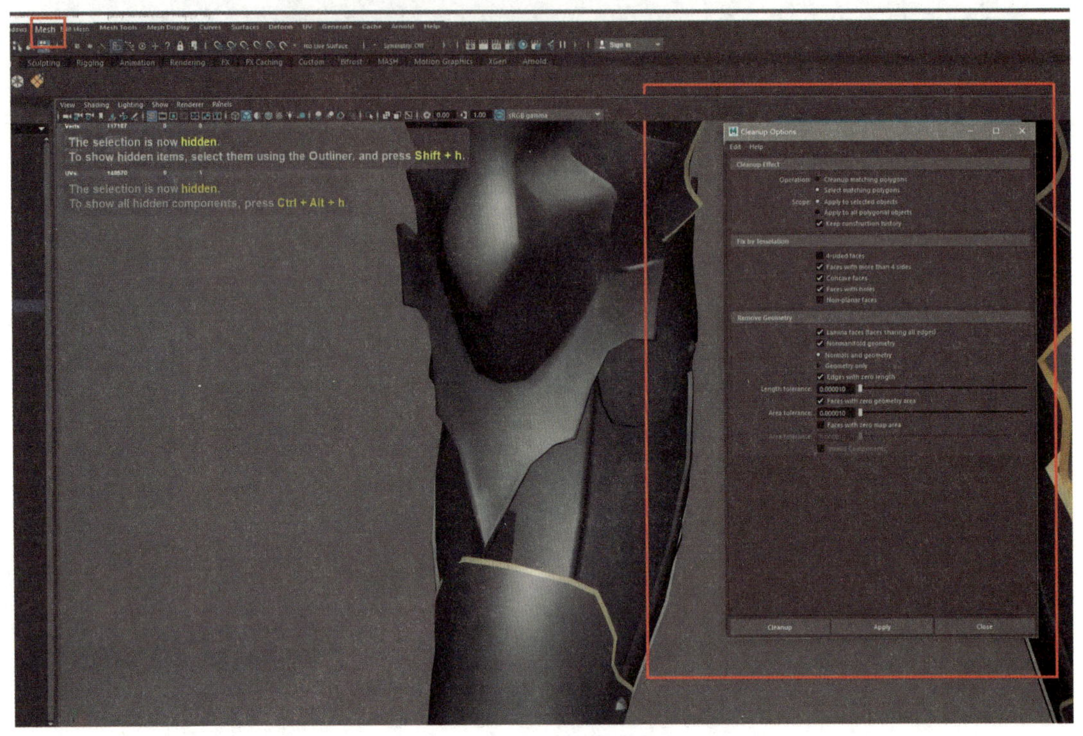

图 2－103　清理模型

步骤 4：选择陷入的点，使用移动工具进行移动调整，如图 2－104 所示。

图 2－104　调整陷入的点

步骤5：按住 Shift + 鼠标右键调出菜单栏，使用 Multi – Cut 工具连接如图 2 – 105 所示的两个点。

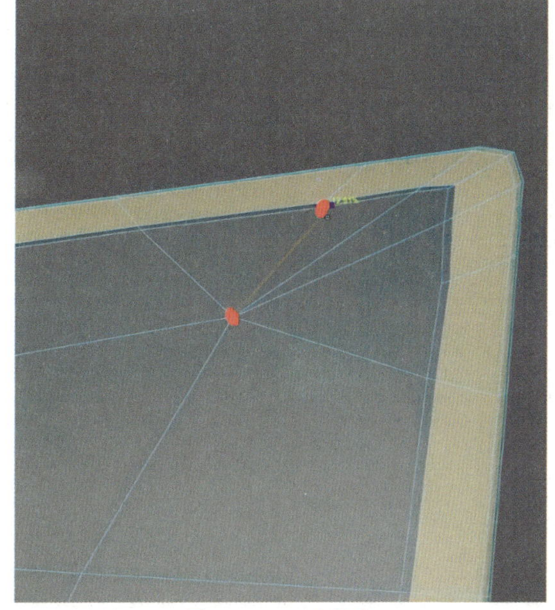

图 2 – 105　连接点

步骤6：选择重叠的面上的点，使用移动工具调整重叠的点，如图 2 – 106 所示。

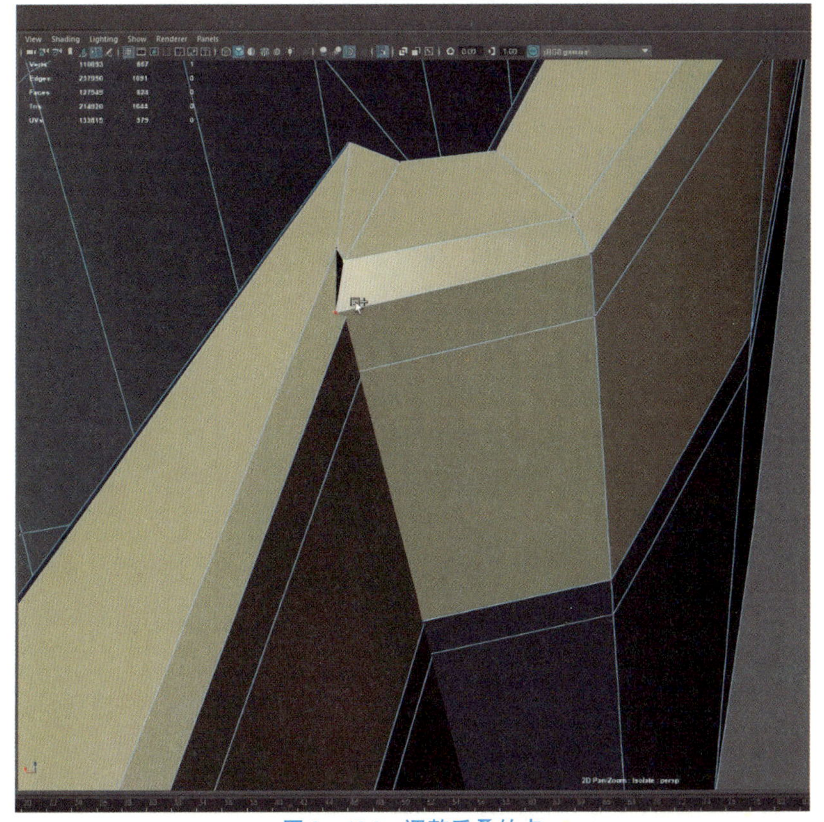

图 2 – 106　调整重叠的点

步骤 7：如图 2－107 所示，选择模型，按住 Shift + 鼠标右键调出菜单栏，使用 Soft/Harden Edges 菜单中的 Soften Edge 命令软化所选择模型。

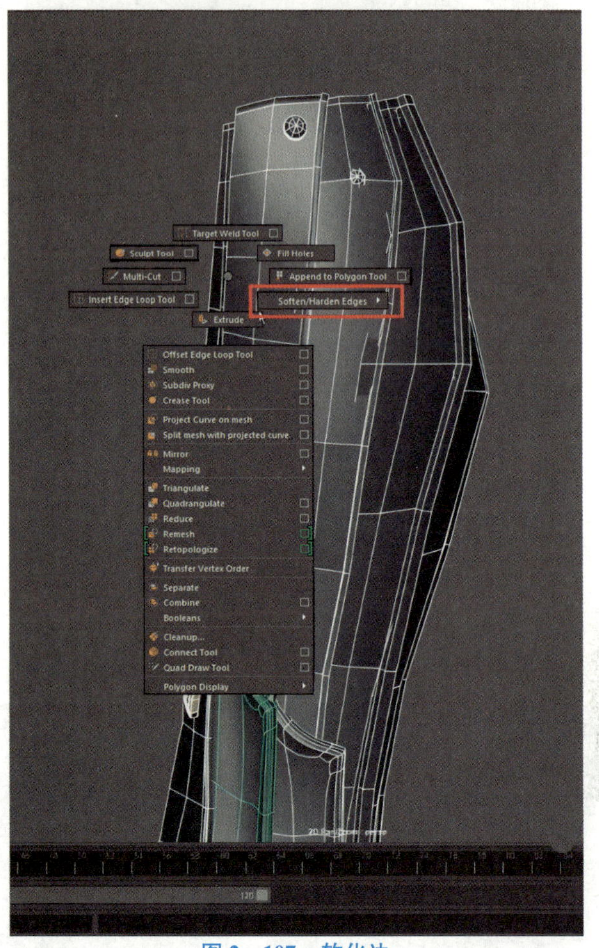

图 2－107　软化边

步骤 8：选择腿甲模型，按住 Shift + 鼠标右键调出菜单栏，使用 Cleanup 工具清理多边面，如图 2－108 所示。

步骤 9：选择模型，按住 Shift + 鼠标右键调出菜单栏，使用 Multi－Cut 工具添加循环边，如图 2－109 所示。

步骤 10：如图 2－110 所示，选择模型，选择 Mesh 菜单栏下方的 Mirror 命令，将 Mirror Axis Position 改成 World，选择 Mirror 镜像腿甲。

步骤 11：由于衣服没有卡线，这样的模型导入 ZBrush，调高级别后，模型会收缩变形。所以选择模型，按住 Shift + 鼠标右键调出菜单栏，使用 Multi－Cut 工具和 Extrude Edge 添加循环线进行卡边，如图 2－111 所示。

步骤 12：如图 2－112 所示，按住 Shift + 鼠标右键调出菜单栏，使用 Sculpt Tool 工具对纠结的线条进行舒缓。

步骤 13：通过检查可知，裤子两层面重叠在一起。选择一个面，按 Shift + > 组合键框选单层的面，按住 Delete 键进行夹面的删除，如图 2－113 所示。

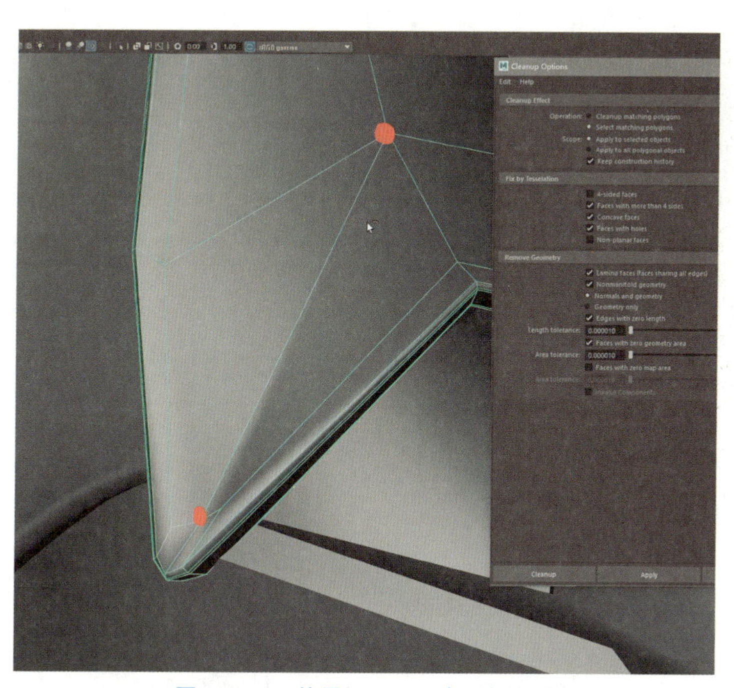

图 2－108　使用 Cleanup 清理多边面

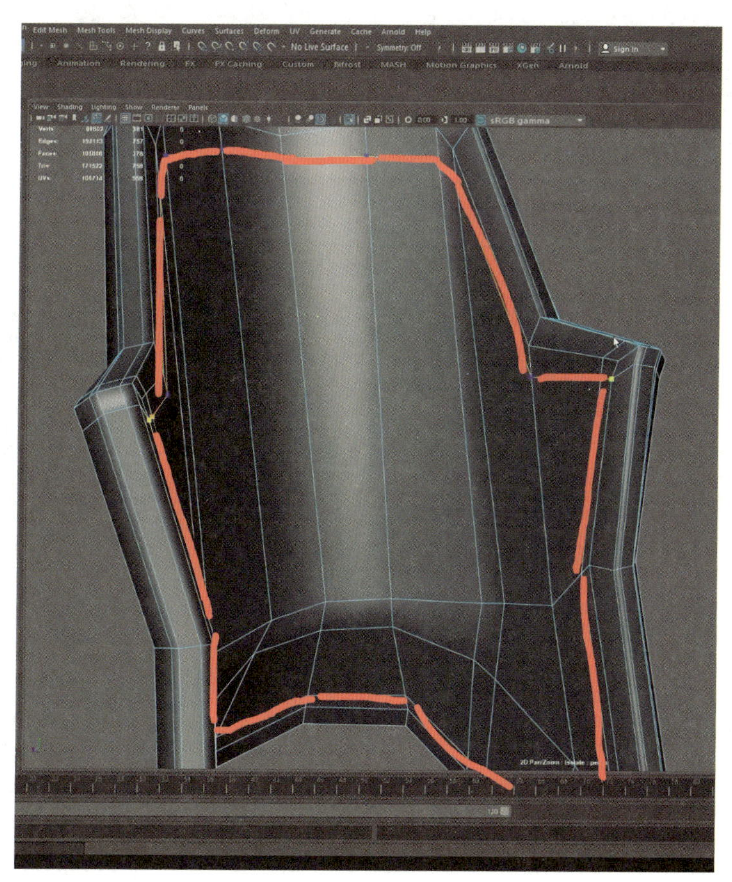

图 2－109　添加循环边

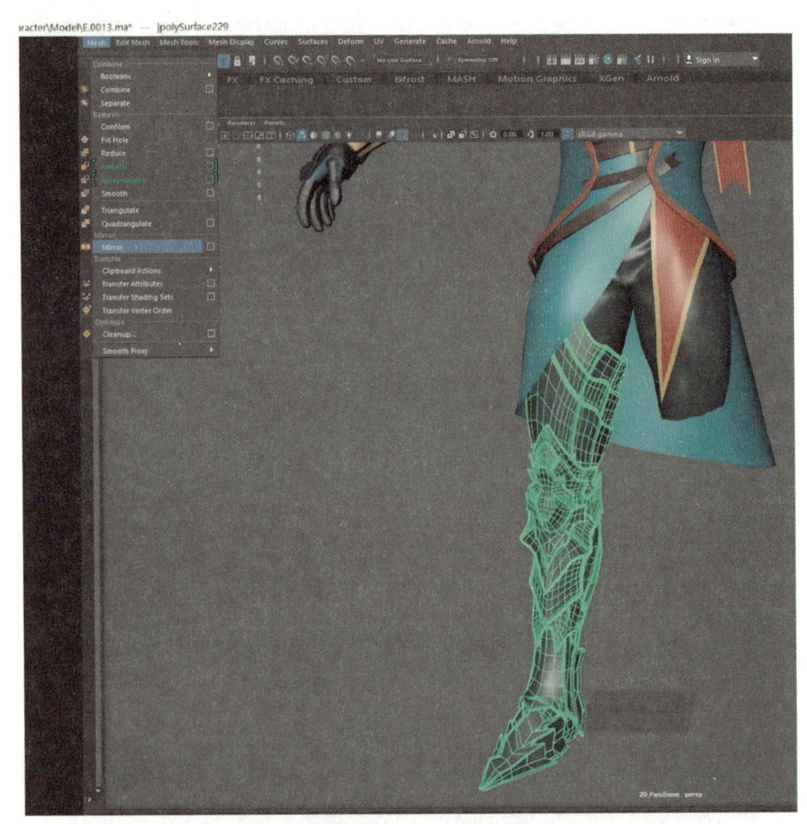

图 2-110　镜像腿甲

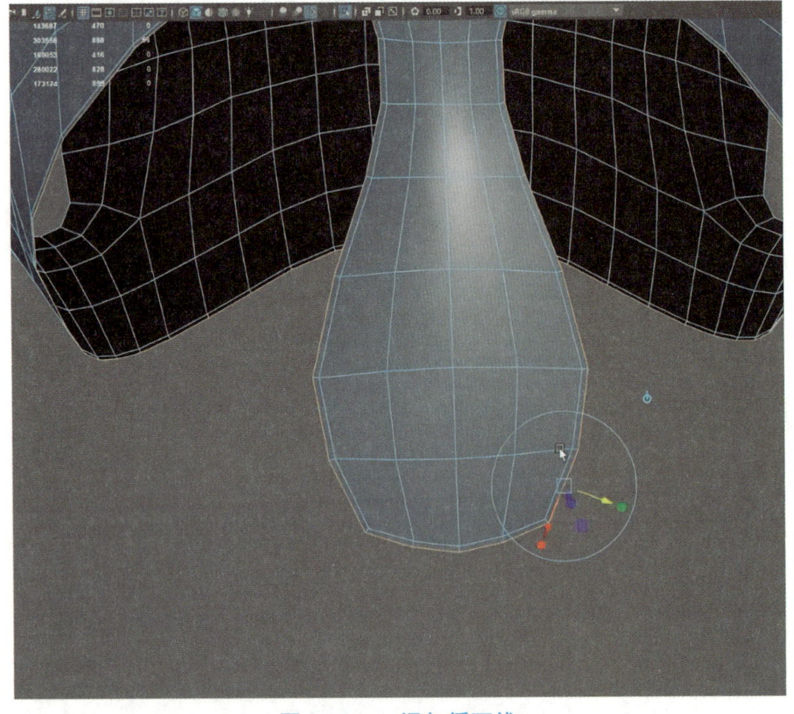

图 2-111　添加循环线

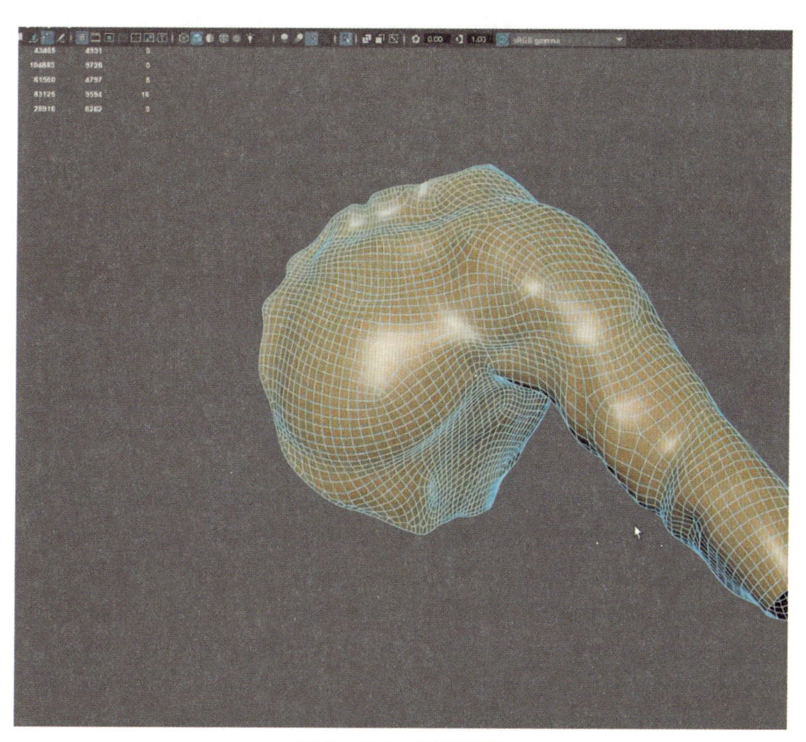

图 2－112　舒缓线条

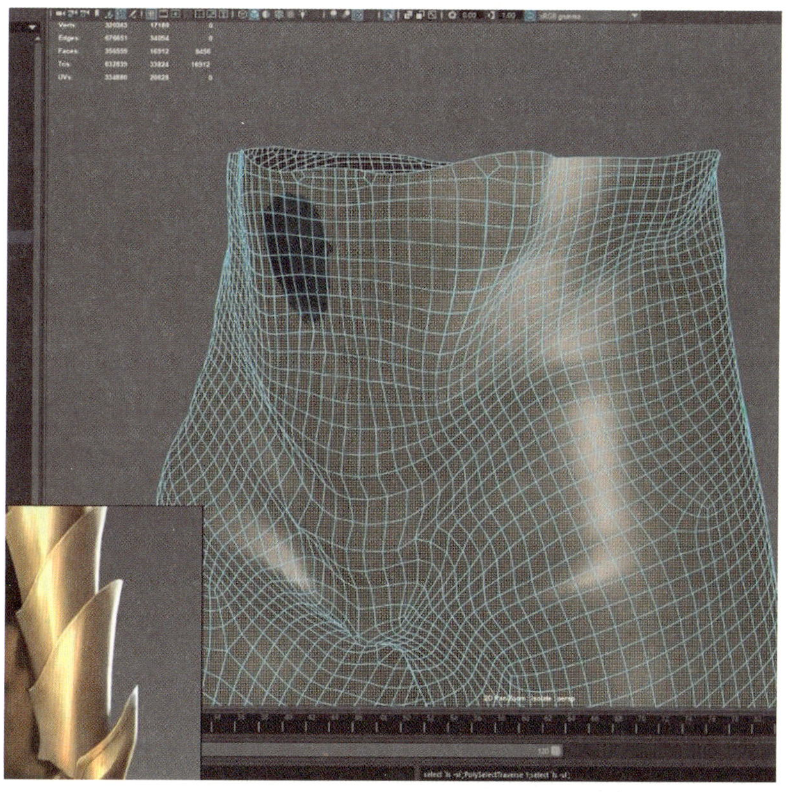

图 2－113　删除夹面

【任务总结】 至此，男性剑士角色的整理全部完成。根据结构和硬/软角合理布线、卡线，正确整理模型以便进入下一工作流程是重点及难点。只有掌握整理模型的方法，才能制作出符合企业需求的规范模型。

【作业】

整理男性剑士角色模型	
作业概况	
根据本任务讲解的内容整理男性剑士角色模型。	
项目要求	
布线准确，卡线适度，无多边面，模型无破洞。	
作业提交要求	
提交源文件。	

任务五　男性剑士装备高模制作

【任务目标】 制作男性剑士装备细节。

【任务分析】 使用 ZBrush 制作男性剑士的装备破损、褶皱等细节。在制作过程中，需正确表现原画服装细节与比例。

【知识准备】

知识 1：破损

由于服饰装备使用的时间不同，破损的程度也不一样。根据职业不同，衣服会出现褶皱、破洞等状态。硬表面会出现缺角、表面凹凸不平等状态。

知识点 2：衣褶

皱的本质是布料的凸起。一般可以视作一个三角。越是轻薄的布料，凸起的坡度就会越陡峭；反之，则会更加平滑。而一般布料凸起时，则或多或少会有一些偏向。角度比较陡峭的一面，里面会形成一个凹进去的“山洞”。这个有“洞”的小山坡，某种程度上就是褶皱的基本单位。仔细观察就会发现，几乎所有的褶皱都是从这个基本单位中变化而来的。

知识点 3：高模制作标准

①模型规范和参数整理。

②对模型整体感觉的把握。

③正确表现服饰的材质与细节。

【任务实施】

步骤 1：如图 2－114 所示，经过检查发现，模型手臂上的皮带还未制作。根据原画，选择相应的面。按住 Shift＋鼠标右键调出菜单栏，使用 Duplicate Face 命令复制相应的面。

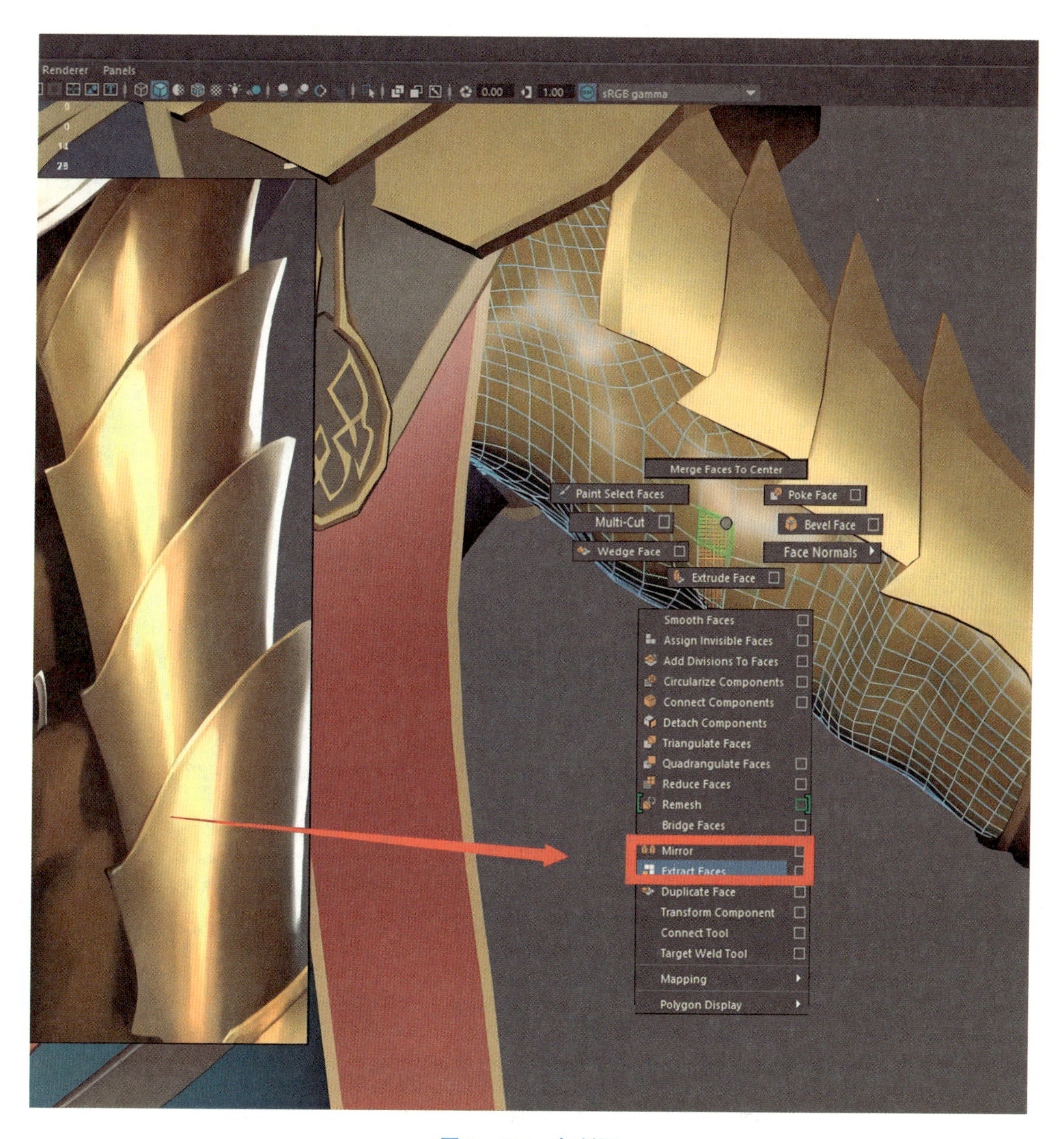

图 2－114　复制面

步骤 2：如图 2－115 所示，按住 Shift＋鼠标右键调出菜单栏，使用 Edit Edge Flow 命令使皮带更加圆滑。选择皮带末处两条线，按住 Shift＋鼠标右键调出菜单栏，选择 Bridge 命令对皮带进行桥接。使用移动工具和 Edit Edge Flow 命令调整皮带的曲度。

步骤 3：选择调整完毕的皮带，按住 Ctrl＋D 组合键，使用复制工具复制另一段皮带。使用移动工具调整皮带的穿插关系。选择所有的面，按住 Shift＋鼠标右键调出菜单栏，使用 Extrude Face 工具挤出厚度，如图 2－116 所示。使用 Insert Edge Loop Tool 工具进行卡线。

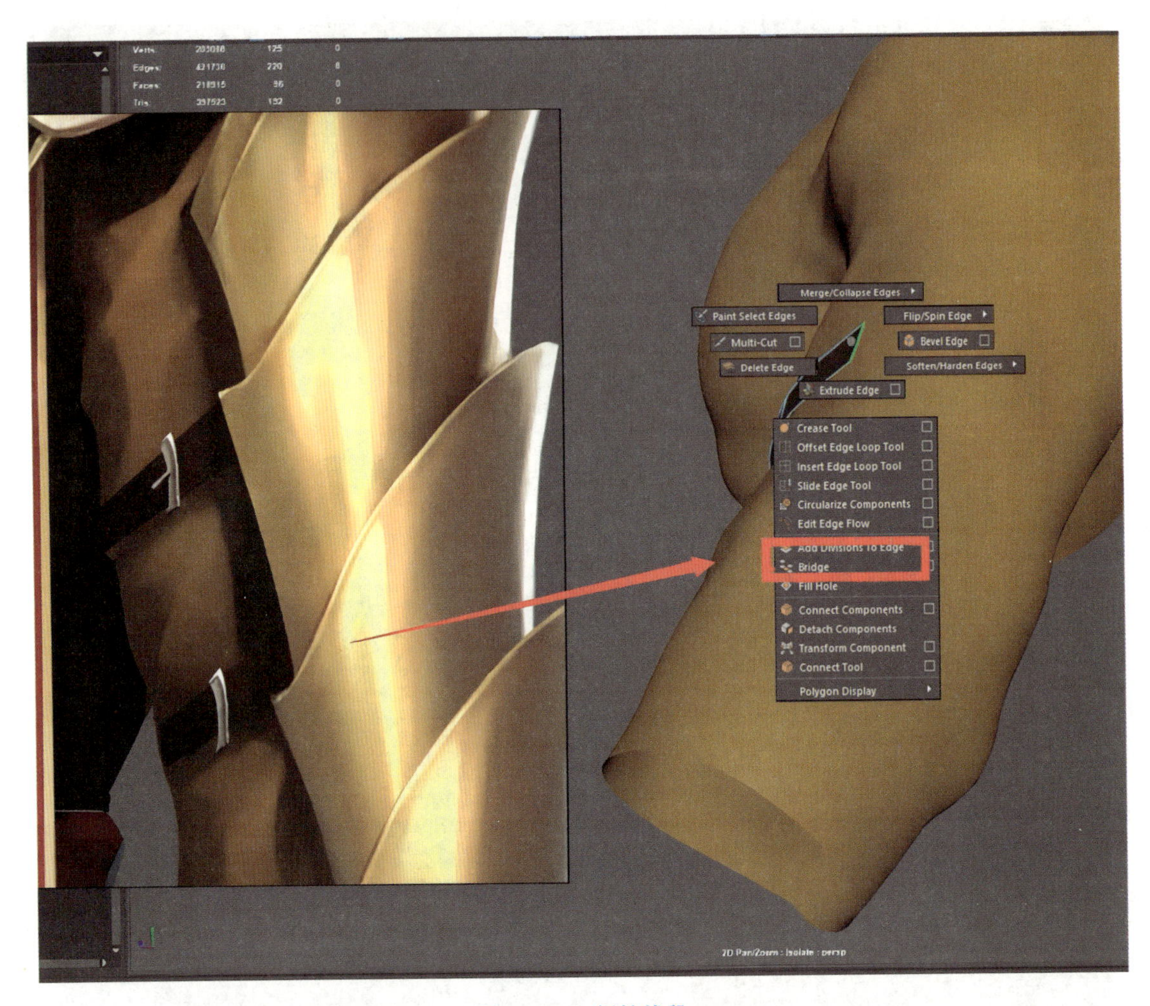

图 2－115　桥接线段

步骤 4：选择制作完毕的模型，导出 obj 格式，在 ZBrush 中使用导入命令进行模型的置换，如图 2－117 所示。使用 Move 笔刷进行穿插关系的调整。

步骤 5：如图 2－118 所示，根据原画可知，袖子与护臂均为较厚的材质，衣褶较大而且不会有细碎的褶子。根据受力方向，使用 Standard 笔刷将绑带周围的衣服刷厚，当两个方向同时有受力点的时候，就会产生“Z”形衣褶。根据衣褶产生原理，使用 Standard 笔刷、Damstandard 笔刷与 Smooth 笔刷进行衣褶的绘制。

步骤 6：根据原画，使用 Damstandard 笔刷大致刷出形状，使用 ClayPolish 将表面整理干净，激活动态网格，使用 Damstandard 笔刷和 Move 笔刷对花纹进行调整，如图 2－119 所示。

步骤 7：根据原画，使用 Damstandard 笔刷刷出胸部胸甲条状物的花纹。使用 Smooth 笔刷对边缘进行处理，如图 2－120 所示。

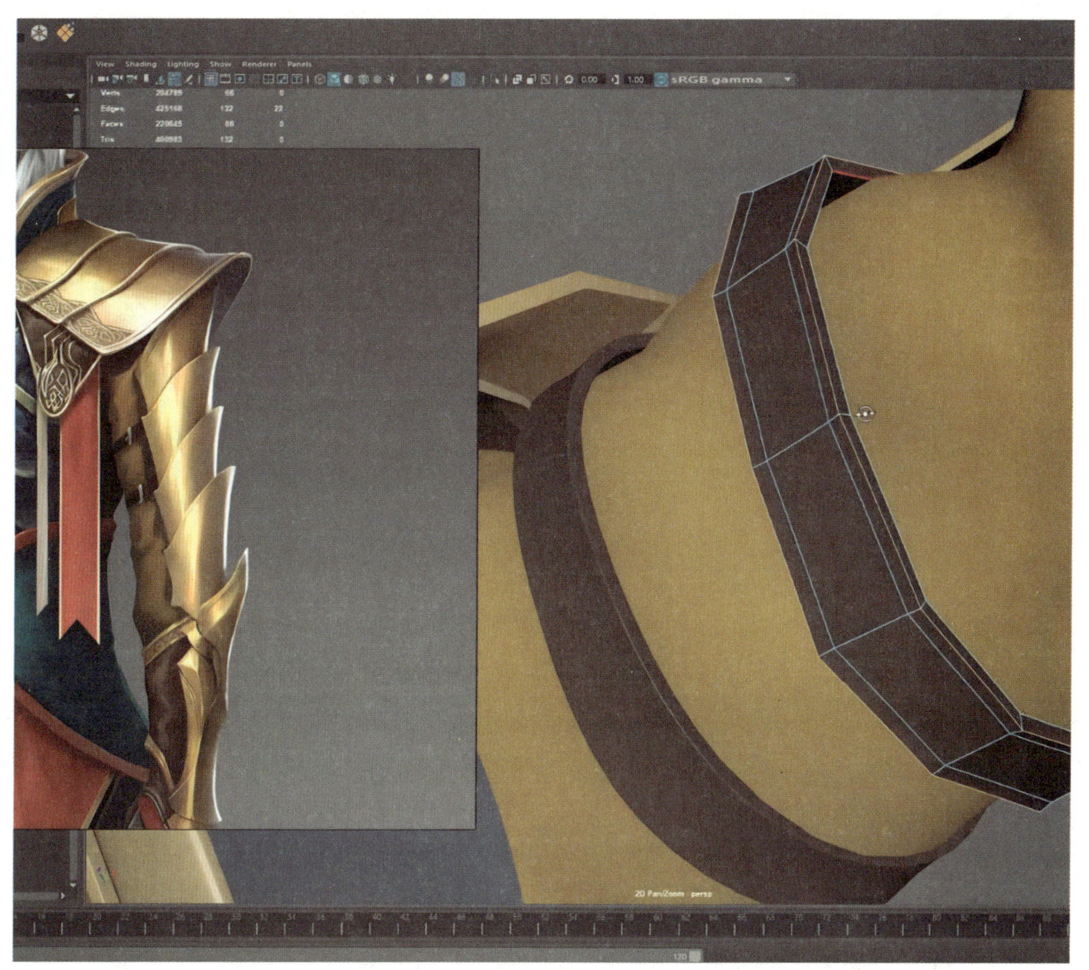

图 2－116　挤出厚度

图 2－117　胸甲花纹置换模型

图 2－118　袖子衣褶

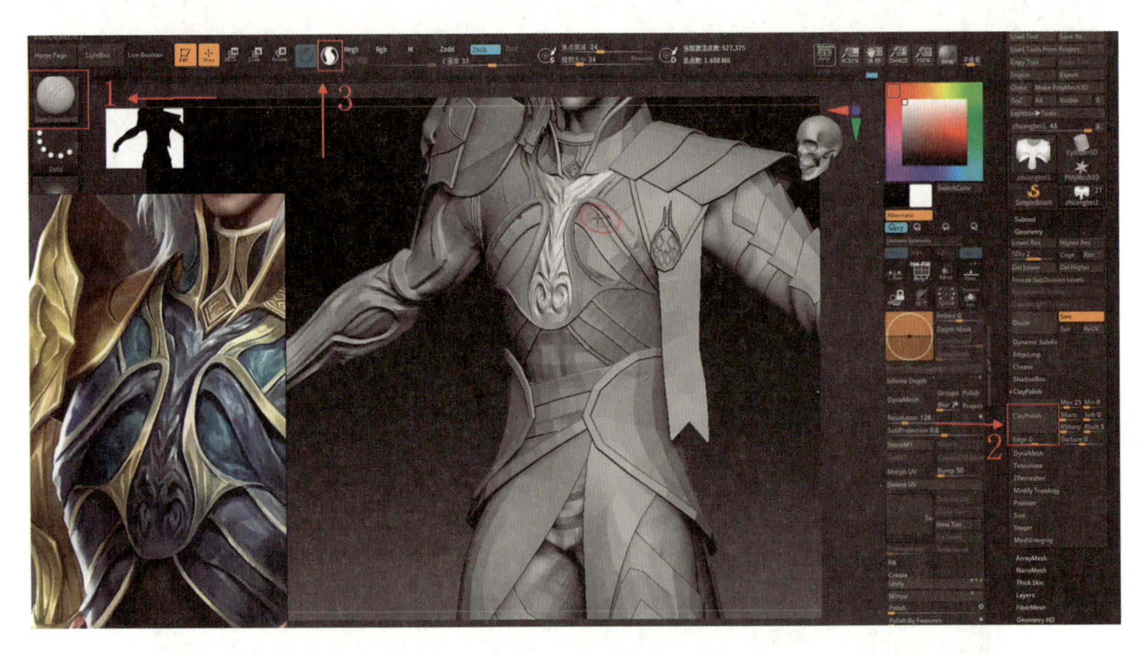

图 2－119　胸甲花纹

步骤 8：根据原画，使用扣子笔刷拉出需要的皮带扣，使用子工具菜单栏下方的拆分菜单中的按组拆分命令使皮带扣分离。使用移动工具进行位置的调整。当一颗扣子调整完毕后，按住 Ctrl 键 + 移动工具进行复制，使用移动工具调整另一颗扣子的相应位置。使用子工具菜单栏下方的拆分菜单中的拆分未遮罩点命令将两颗扣子进行拆分，如图 2－121 所示。

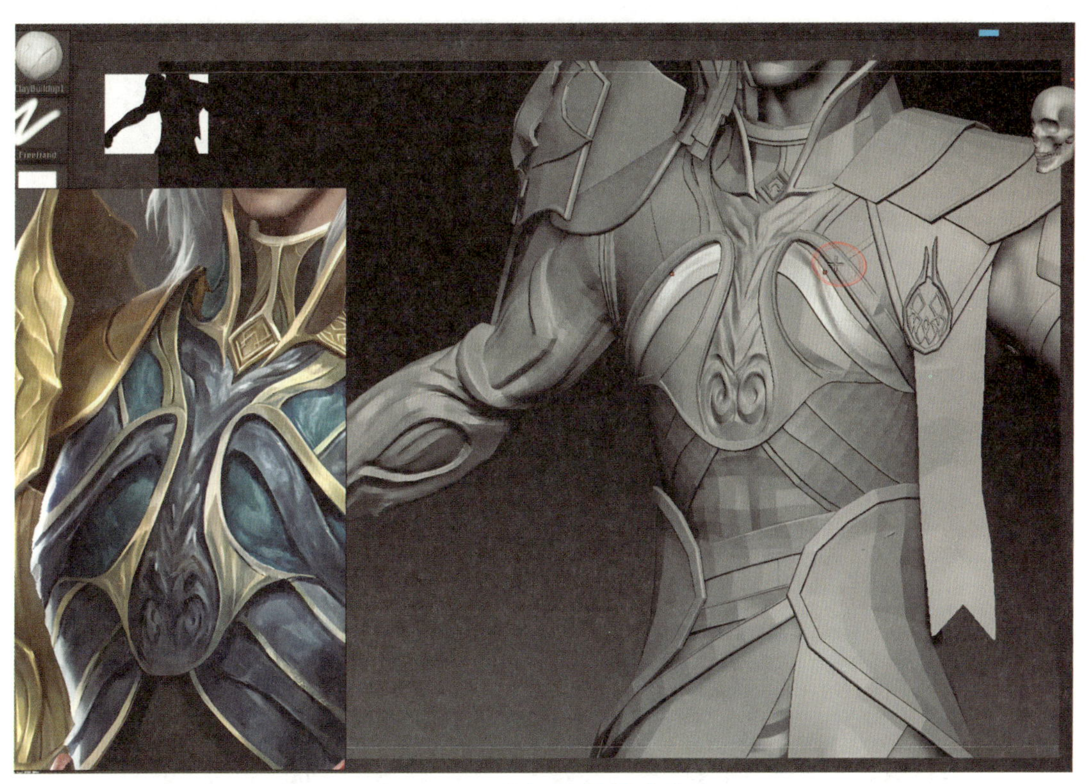

图 2－120　胸部胸甲条状物花纹

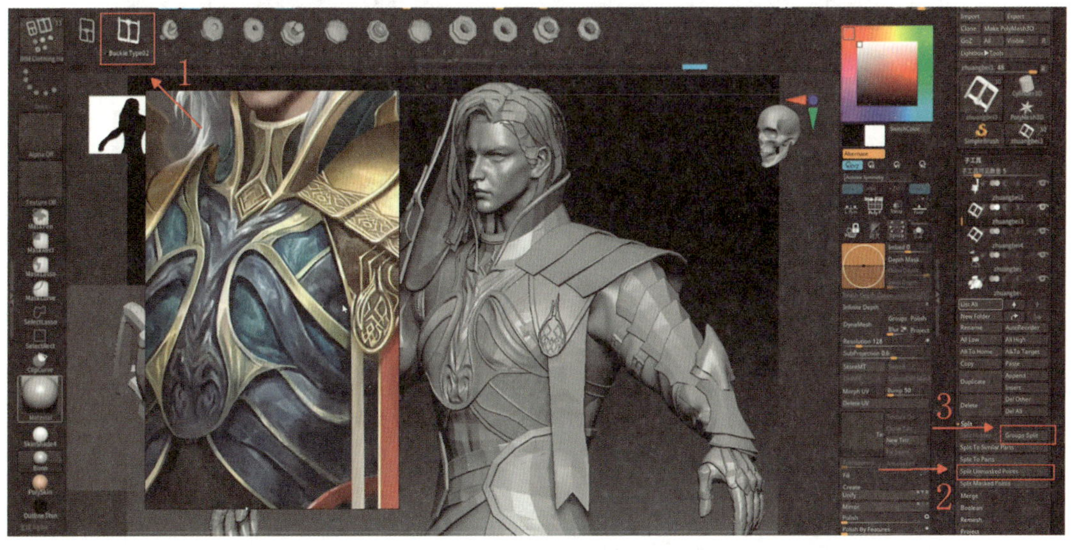

图 2－121　制作皮带扣

步骤 9：如图 2－122 所示，根据原画，使用 Damstandard 笔刷对裙摆的衣褶进行绘制。裙摆受到重力和腰带束缚，与身体产生摩擦力，所以衣褶应该是沿着受力点向下发散的。

步骤 10：根据原画，使用 Damstandard 笔刷对内部胸甲花纹进行雕刻，使用 Smooth 笔刷对表面进行整理，如图 2－123 所示。注意，花纹边缘线条是平滑的，而不是凹凸起伏的。

图 2－122　制作裙摆衣褶

图 2－123　制作内部胸甲花纹

步骤 11：如图 2－124 所示，根据原画，使用 Damstandard 笔刷对腹部服装衣褶进行制作。由于腹部服装受到了多方的作用力，所以衣褶应该是拉扯型的，并且会堆积在腰带的上方。

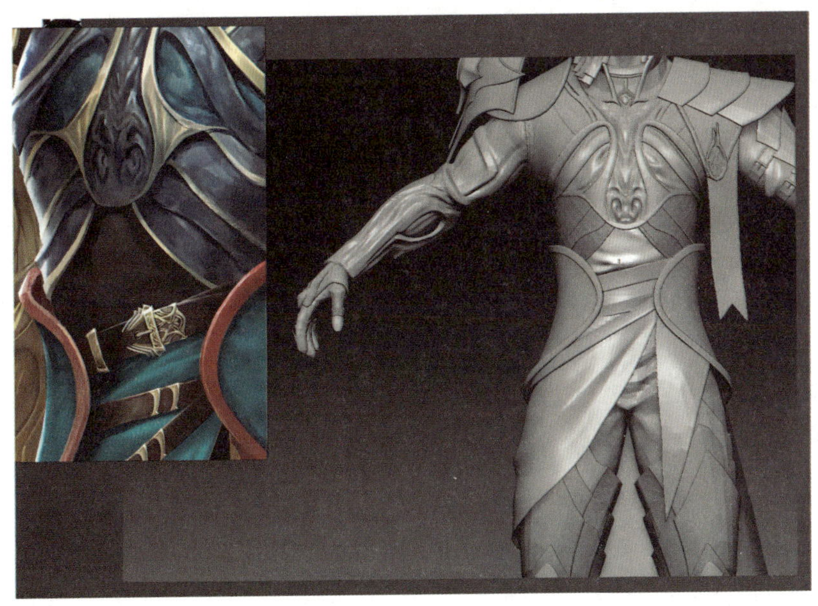

图 2－124　制作腹部服装衣褶

步骤 12：如图 2－125 所示，根据原画，使用 Damstandard 笔刷对后半部分裙摆的衣褶进行制作。裙摆受到重力和腰带束缚，与身体产生的摩擦力，所以衣褶也是沿着受力点向下发散的。

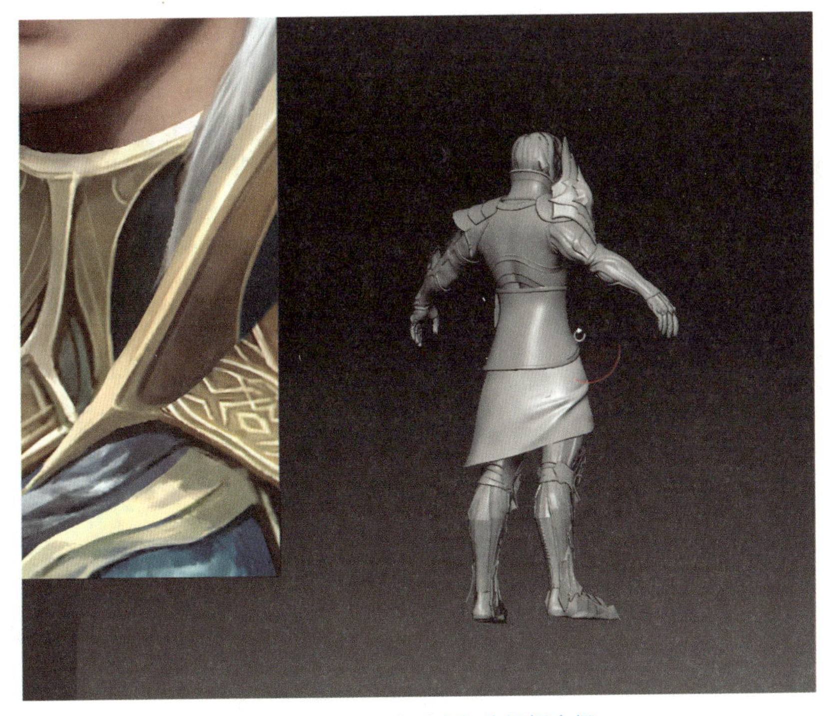

图 2－125　制作后半部分裙摆衣褶

步骤 13：根据原画，使用 Damstandard 笔刷对花纹方向与形状进行大概的绘制，使用 ClayBuildup 笔刷对花纹的层级进行绘制，使用 Damstandard 笔刷对边缘进行整理。使用几何体编辑菜单中的 ClayPolish 命令对模型进行整理，如图 2－126 所示。

图 2－126 制作外侧领子花纹

步骤 14：根据原画，使用 Damstandard 笔刷对花纹方向进行大概的绘制，使用 ClayBuildup 笔刷填平凹洞，使用 Damstandard 笔刷对边缘进行整理，如图 2－127 所示。

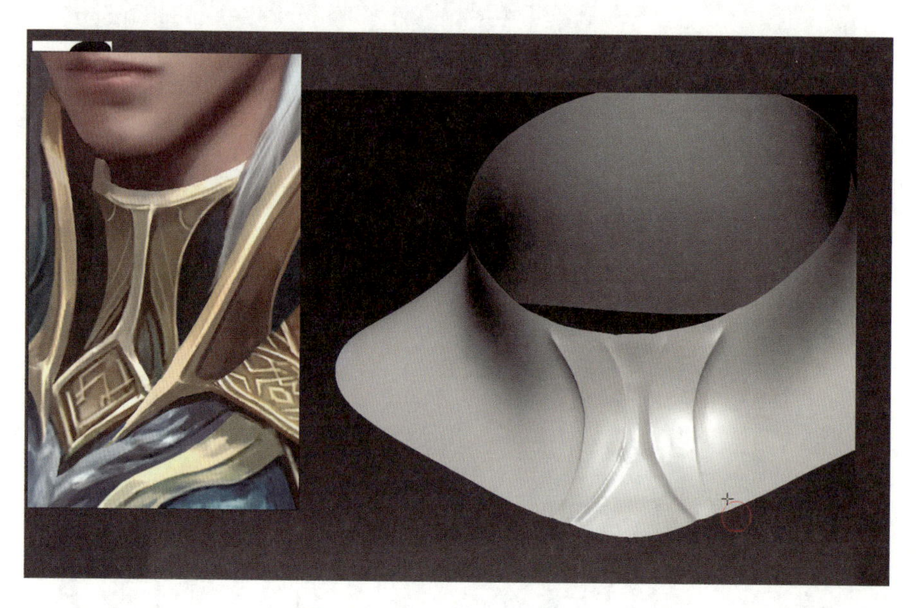

图 2－127 制作内部领子花纹

步骤 15：如图 2－128 所示，根据原画，打开灯箱，选择笔刷下面的纹理，选择相应的纹理，使用 Standard 笔刷将 Dots 改成 DragRect，进行纹理的拖曳。

图 2－128　制作皮革纹理

步骤 16：根据原画，使用 Damstandard 笔刷绘制出花纹。打开灯箱，选择笔刷下面的纹理，选择相应的纹理，使用 Standard 笔刷将 Dots 改成 DragRect，进行纹理的拖曳，如图 2－129 所示。

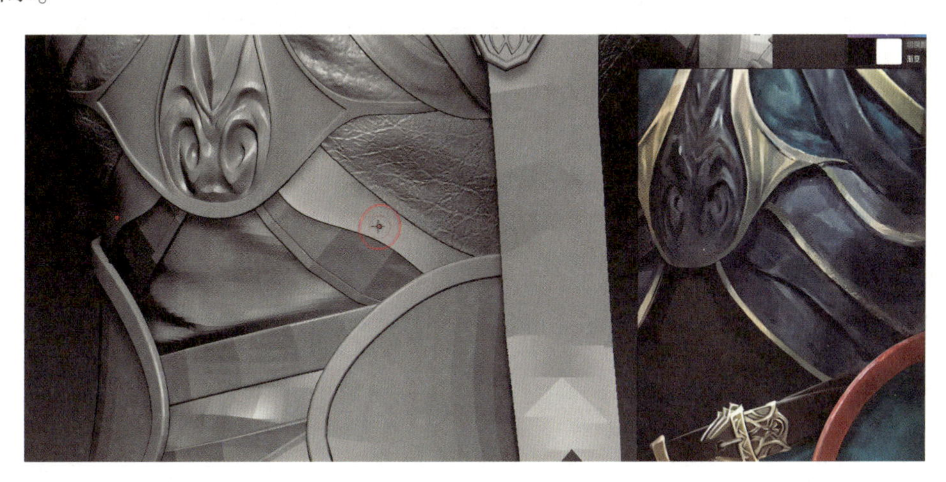

图 2－129　制作肋骨部分胸甲条状物

步骤 17：根据原画，选择还未制作纹理的模型，用上述步骤的方法进行纹理的补充，如图 2－130 所示。

步骤 18：根据原画，使用皮革素材笔刷进行拖曳，对花纹进行补充，如图 2－131 所示。使用 Standard 笔刷对花纹进行修改。

图 2－130　补充皮革纹理

图 2－131　花纹的补充

步骤 19：如图 2－132 所示，根据原画与材质，选择布纹纹理，使用 Standard 笔刷将 Dots 改成 DragRect，进行纹理的拖曳。

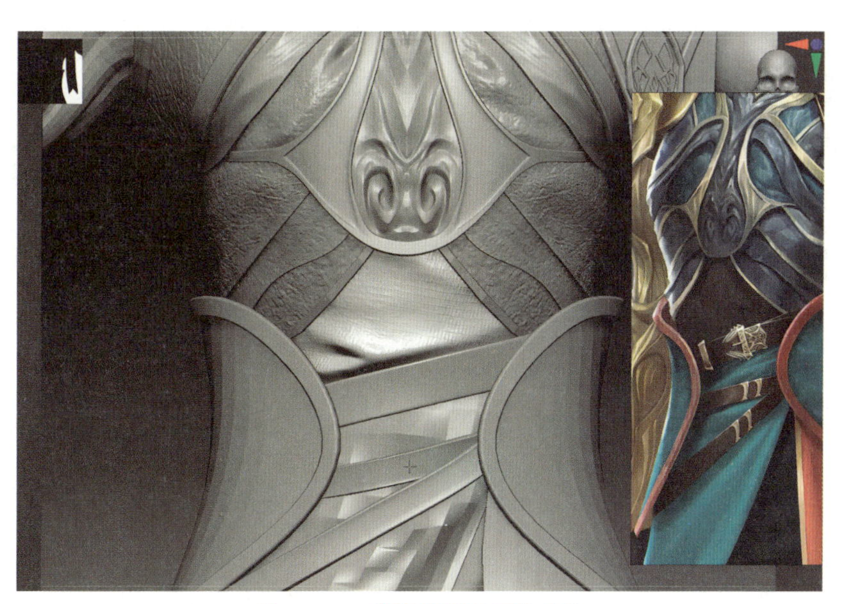

图 2－132　腹部服装纹理的制作

步骤 20：如图 2－133 所示，选择裙摆模型，选择 Z 插件菜单栏下方的 UV 大师子菜单，选择展开命令将裙摆的 UV 进行展开。根据原画，在右侧菜单栏中选择图层菜单栏，新建图层。选择表面菜单栏，选择噪波命令，在编辑菜单中选择 Alpha，在文件夹中选择布纹纹理，将 3D 模式改为 UV 模型，调整属性，单击确定按钮。在确认纹理无误后，选择应用到网格进行纹理的填充。

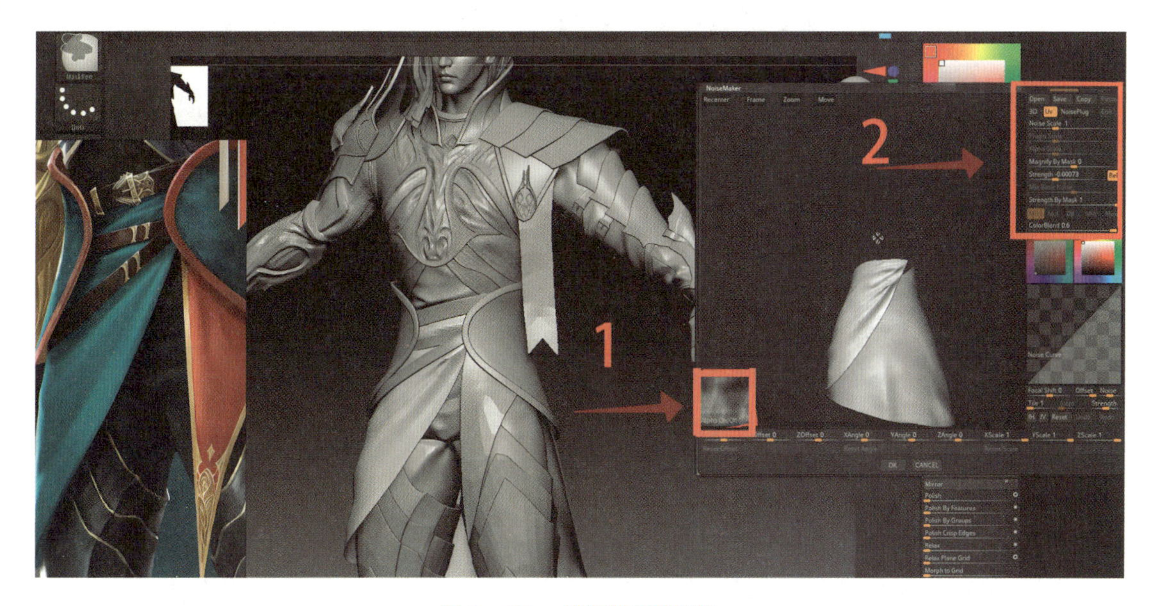

图 2－133　裙摆纹理的制作

步骤 21：选择裙摆模型，根据步骤 20 的操作，选择皮革 Alpha，制作腰部皮甲的纹理，如图 2－134 所示。

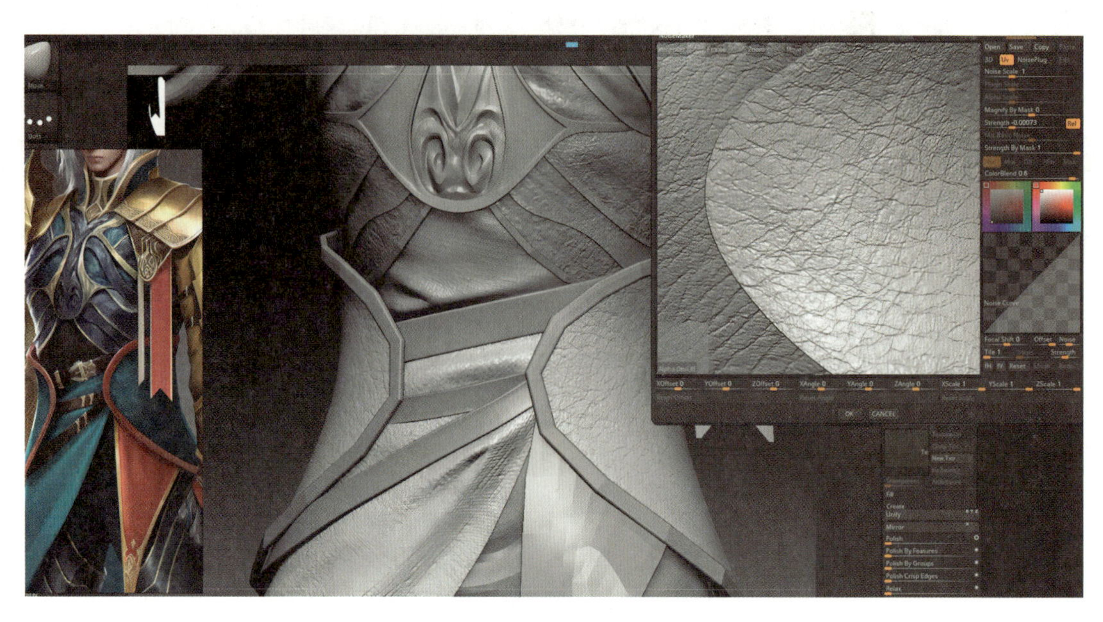

图 2－134　制作腰部皮甲的纹理

步骤 22：根据原画，使用 Standard 笔刷对肩部布条的衣褶进行绘制，使用 Smooth 笔刷对衣褶进行舒缓，如图 2－135 所示。

图 2－135　制作肩部布条衣褶

步骤23：如图2－136所示，根据原画，在Maya中选择腿甲最上边的一圈环线，按住Shift＋鼠标右键调出菜单栏，选择Duplicate Face对面进行复制。选择重叠的点，使用移动工具进行调整。选择复制出来的面，按住Shift＋鼠标右键调出菜单栏，选择Extrude Face进行厚度的挤压。选择制作完毕的模型，以obj格式导入ZBrush。

图2－136　制作腿甲包边

步骤24：根据原画，合理选择破损纹理，使用Standard笔刷将Dots改成Spray，进行纹理的绘制，如图2－137所示。

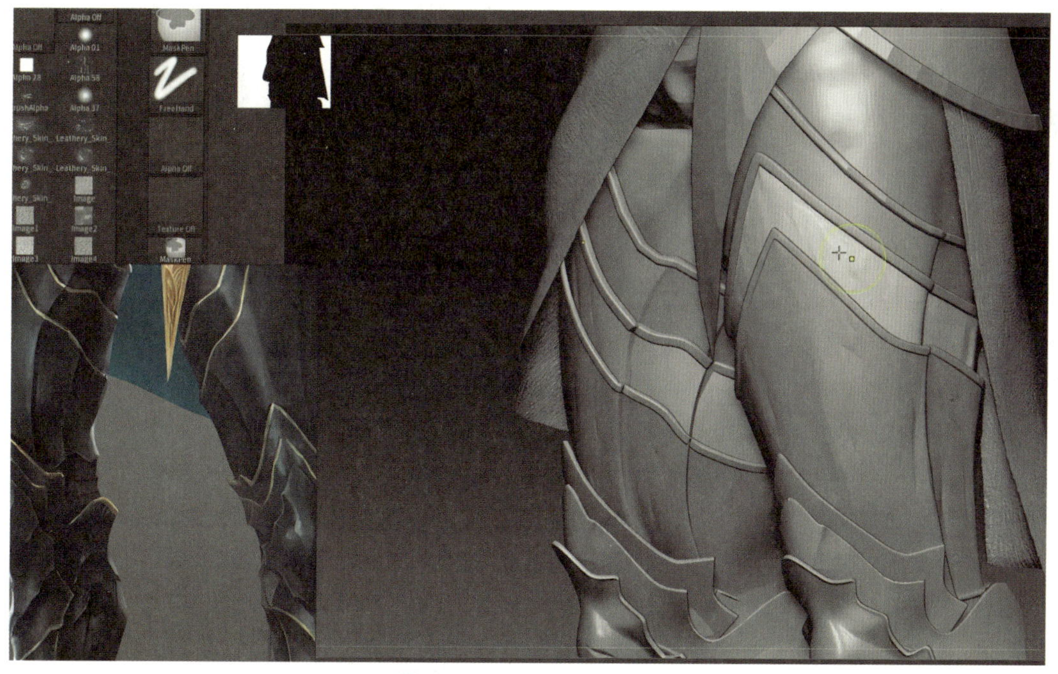

图2－137　制作腿甲破损

步骤 25：选择裤子模型，根据步骤 20 的操作，选择布纹 Alpha，制作裤子的纹理。由于 ZBrush 自动展开的 UV 有问题，所以以 obj 格式导入 Maya，选择中间的线剪切，调整 UV 的位置，如图 2－138 所示。

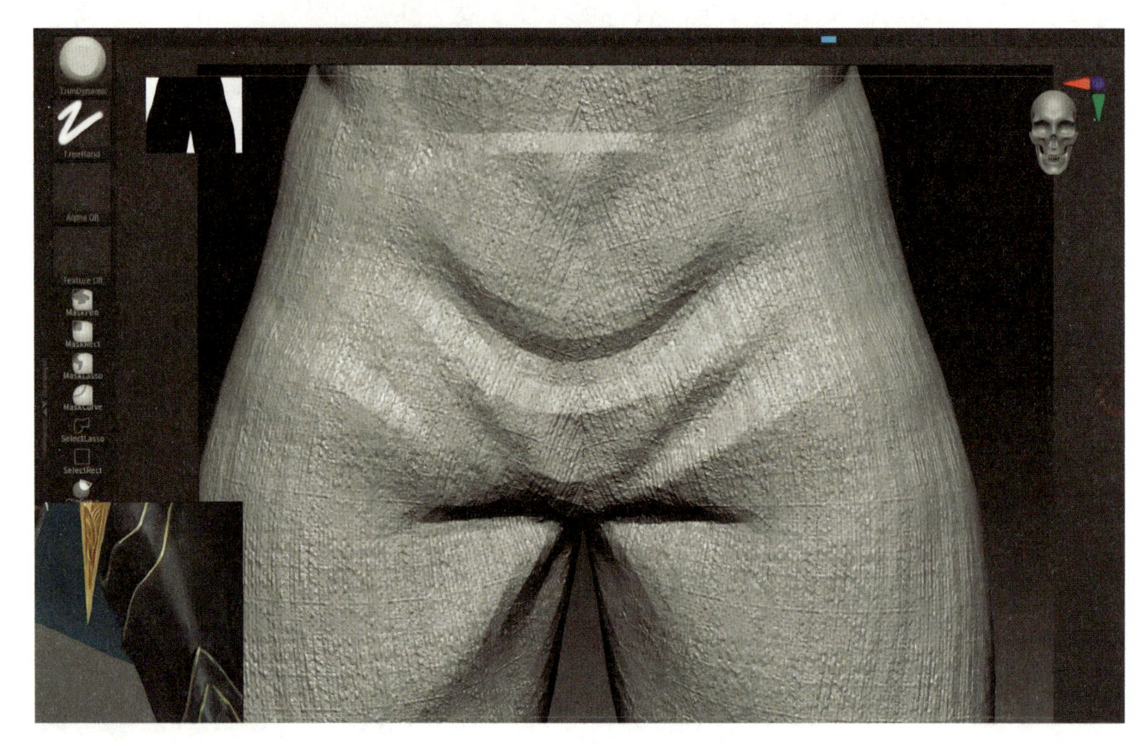

图 2－138　制作裤子纹理

步骤 26：如图 2－139 所示，根据原画，使用 Damstandard 笔刷与 Polish 笔刷对臂甲模型进行修整，注意边缘的平滑。使用子工具菜单栏下的 ClayPolish 命令对模型进行修整。按住 Ctrl + Shift 组合键选择模型上部分进行删除，选择变形菜单栏中的按特性抛光选项进行抛光。

步骤 27：将臂甲以 obj 格式导入 Maya，选择靠近手边最里面的一圈面删除。双击选择臂甲顶部与底部的两圈线，按住 Shift + 鼠标右键调出菜单栏，使用 Extrude Face 工具挤出厚度，如图 2－140 所示。

步骤 28：选择破洞的面，按住 Shift + 鼠标右键调出菜单栏，选择 Multi－Cut 命令加线。删除中间多余的面，选择周围的线，选择 Fill Hole 命令对洞进行填补，使用 Multi－Cut 命令连接中间的线，如图 2－141 所示。

步骤 29：如图 2－142 所示，将改完线的臂甲模型以 obj 格式导入 ZBrush 中，使用子工具菜单栏下方的投射子菜单栏，逐级别进行全部投射。投射完毕之后，发现边缘有不平整的地方，选择 Morph 笔刷进行抹除。使用移动工具与 Move 笔刷对臂甲位置进行匹配。

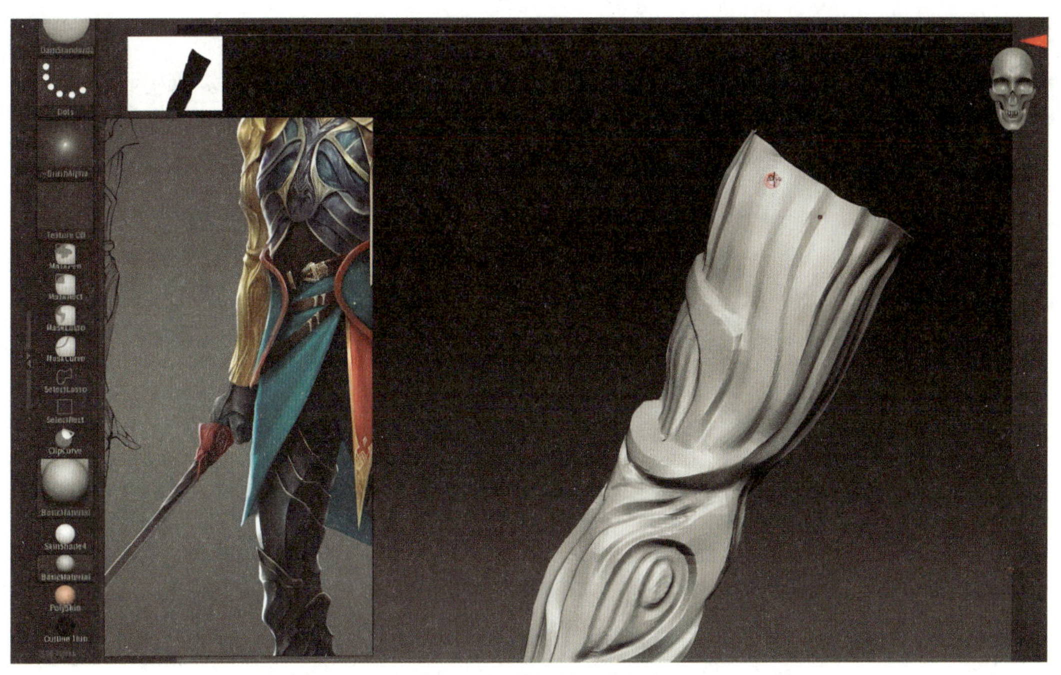

图 2－139　臂甲模型的修整

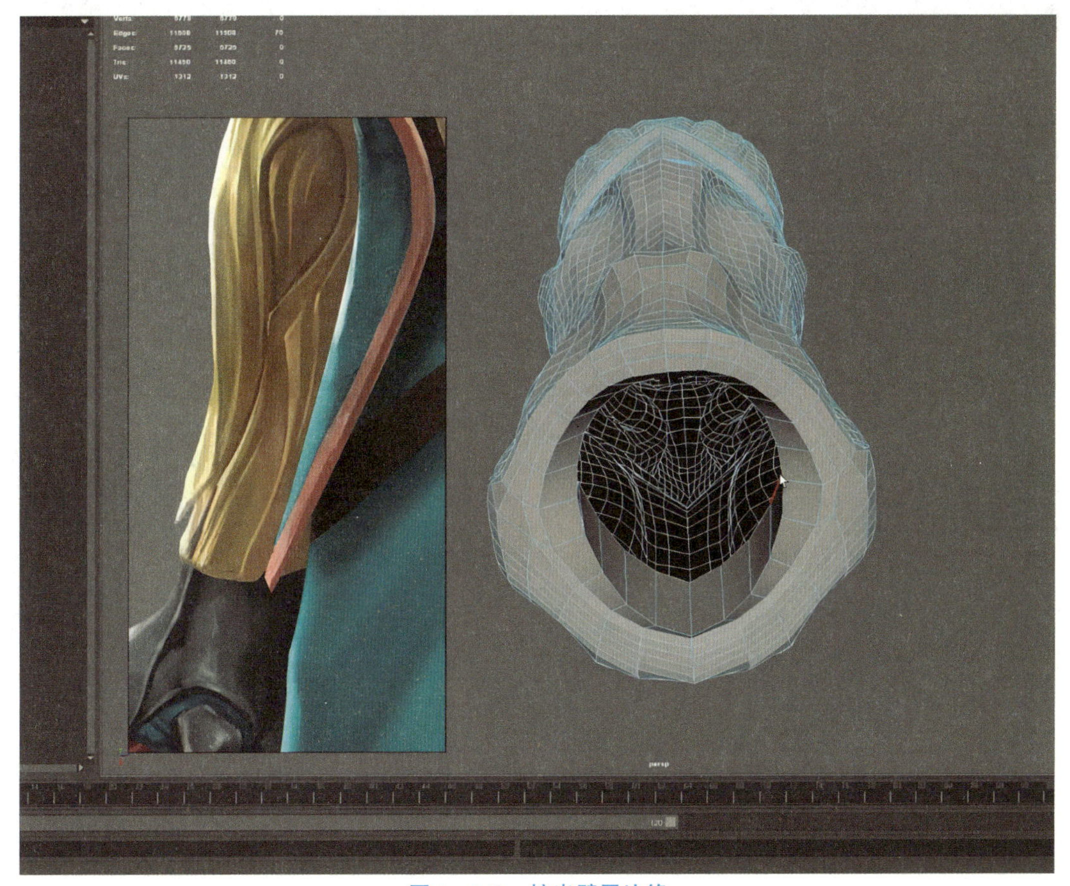

图 2－140　挤出臂甲边缘

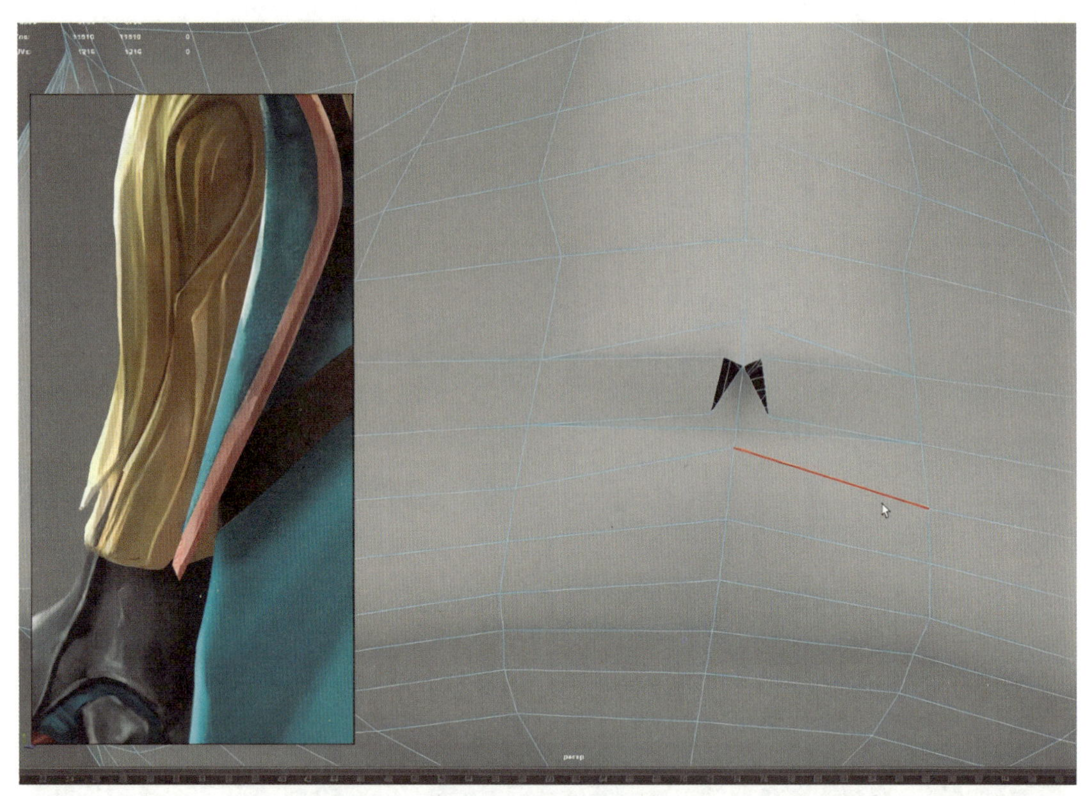

图 2-141　改线

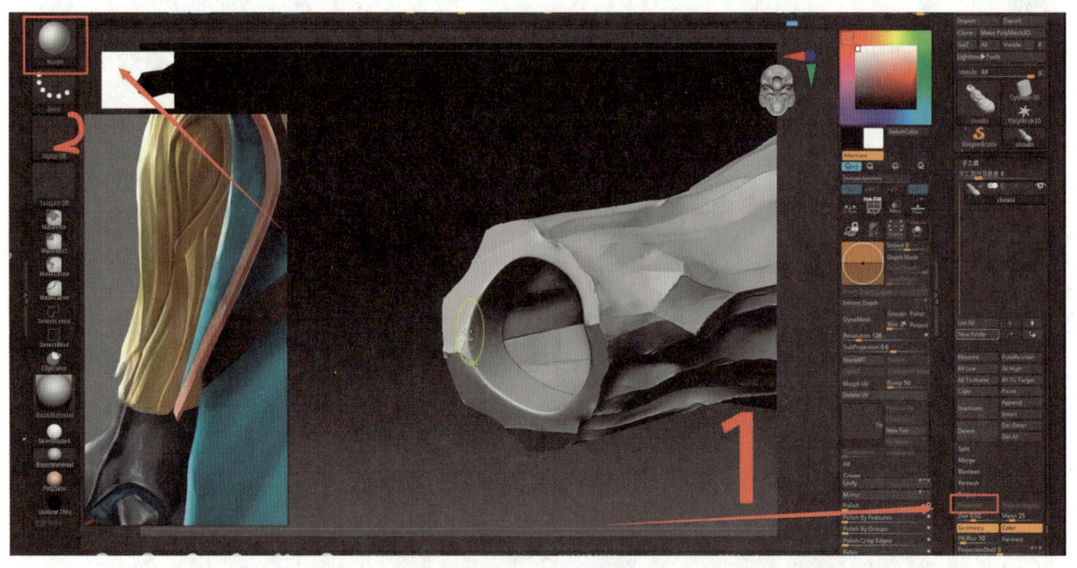

图 2-142　投射模型

步骤 30：如图 2-143 所示，选择臂甲模型，根据原画，合理选择破损纹理，使用 Standard 笔刷将 Dots 改成 Spray，进行纹理的绘制。使用 TrimDynamic 笔刷对纹理进行修整。

步骤 31：如图 2-144 所示，根据原画，合理选择纹理，对还没有纹理的模型进行补充。

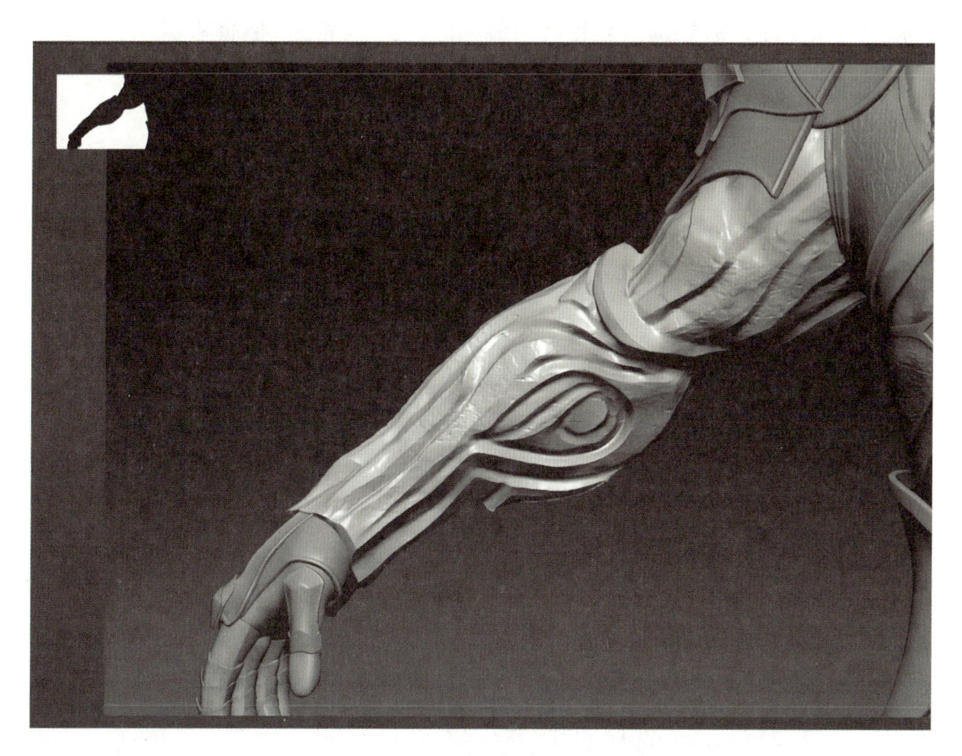

图 2－143　臂甲纹理

图 2－144　完善纹理

【任务总结】 至此，男性剑士角色高模雕刻已经全部完成。掌握衣褶、装备破损雕刻技法是此阶段的重点及难点。只有了解衣褶、装备破损雕刻技法才能正确制作男性剑士角色高模。在制作过程中，需要不断检视衣褶、装备破损。

【作业】

男性角色雕刻	
作业概况	
根据本任务讲解的内容完成男性剑士角色高模雕刻。	
项目要求	
躯干整体大结构准确，比例适度，衣褶结构明显，40%；衣褶结构比例正确，肌肉结构明显，位置准确，30%；模型纹理比例、曲线准确，装备破损明显，关系正确，30%。	
作业提交要求	
如案例所示，提供男性剑士角色高模的五张图，并拼合成一张。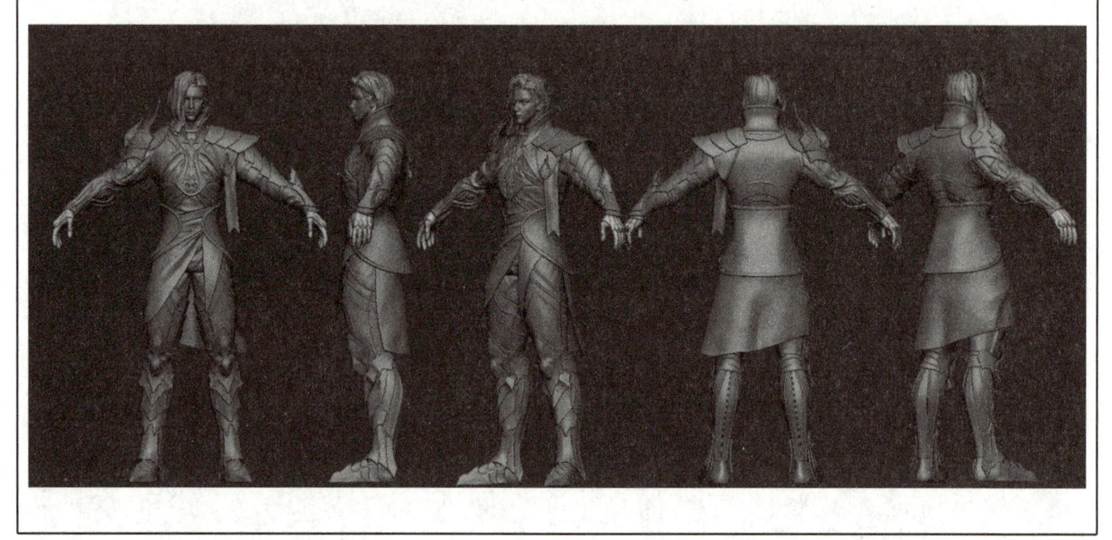	

任务六 男性剑士贴图制作

【任务目标】 使用 Substance Painter、ZBrush 制作男性剑士装备贴图。

【任务分析】 使用 Substance Painter 制作男性剑士角色贴图，使用 ZBrush 制作角色面部颜色贴图。在制作过程中正确表现材质、破损。

【知识准备】

知识 1：Substance Painter 界面介绍

①画笔工具。

②橡皮擦工具。

③仿制图章工具。

④切换视图。

⑤显示设置。

⑥着色器设置。

⑦新建蒙版。

⑧新建绘画图层。

⑨新建新建填充图层。

⑩新建文件夹。

如图 2－145 所示。

图 2－145　Substance Painter 界面介绍

知识 2：贴图绘制规范

①游戏贴图的长、宽都必须是 2 的倍数的任意组合，例如 2，4，6，8，16，32，64，…，1 024 等。

②正确地命名所有图层。

③正确地表现不同材质的不同纹理。

④正确地表现不同材质的不同粗糙度、金属度等属性。

知识 3：智能材质球的属性

①红色框选部分为不同的金属材质球。

②黄色框选部分为不同的布料材质球。

③蓝色框选部分为不同的皮革材质球。

④紫色框选部分为不同的皮肤材质球。

不同材质球属性如图 2－146 所示。

图 2－146　不同材质球属性

【任务实施】

步骤 1：将低模拖曳至 Substance Painter 画布中，将已经烘焙完成的贴图按照属性贴入不同的通道中，如图 2－147 所示。

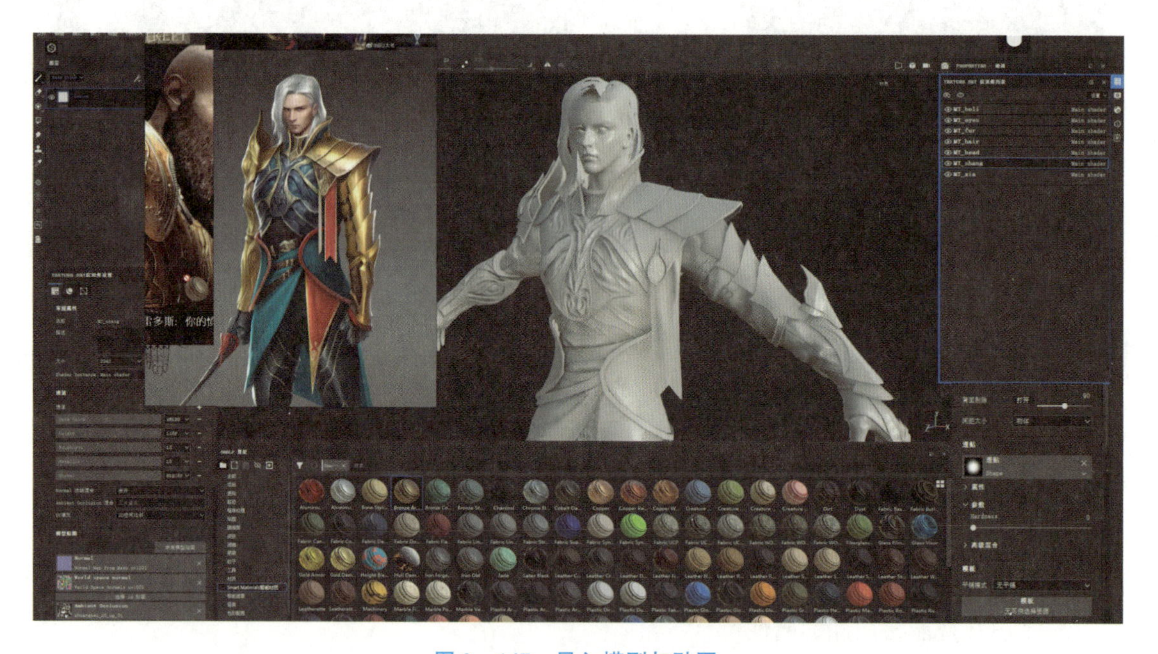

图 2－147　导入模型与贴图

步骤 2：如图 2－148 所示，Substance Painter 中有许多智能材质球，拖曳尝试不同材质球。根据原画，找出所需要的材质球，在右侧属性栏中更改颜色。

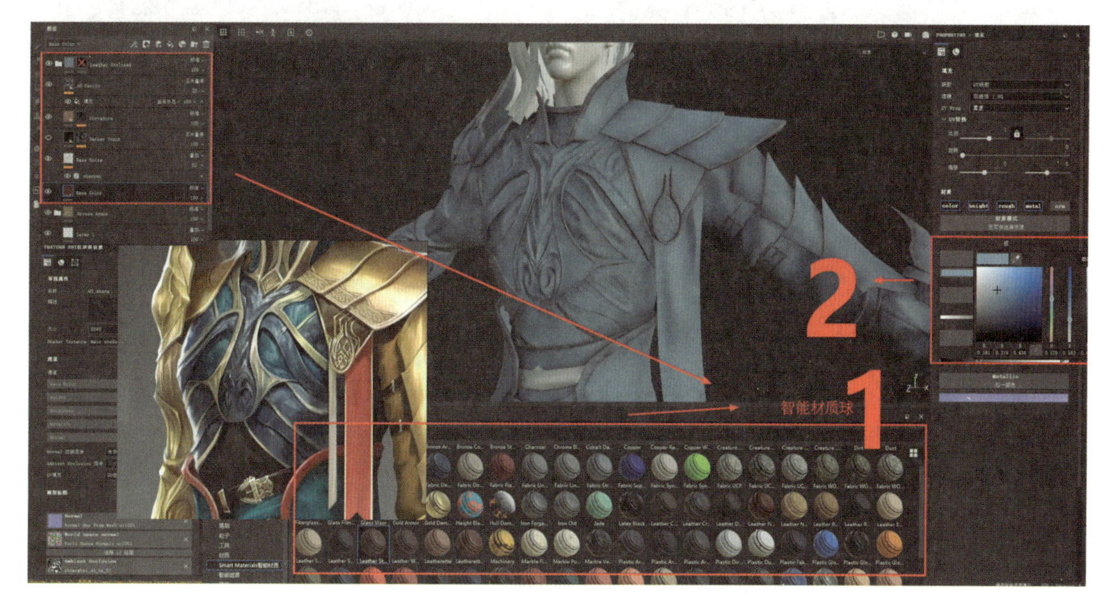

图 2-148 智能材质球

步骤 3：如图 2-149 所示，在左侧菜单栏中，选择智能材质球的文件夹，右击，选择新建黑色遮罩，此时模型上将完全不显示该材质。按住 4 键，右侧菜单中的三角形按钮为按照三角面选择，四边形按钮为按照四边面选择，立方体按钮为按照单个模型选择，棋盘格按钮为按照 UV 选择。选择立方体，根据原画，单击需要该材质的模型。

图 2-149 指定材质

步骤 4：根据原画，在智能材质球中选择 gold 材质，可以关闭图层左侧的眼睛来观察图层的作用。调整相应的颜色与粗糙度等属性，按住 4 键，选择立方体按钮，将金属材质赋予臂甲模型上，如图 2-150 所示。

图 2－150　臂甲金属材质

步骤 5：如图 2－151 所示，在制作贴图的时候，通过检查发现曲率贴图有问题。选择左侧菜单栏中的烘焙模型材质按钮，取消勾选除曲率贴图以外的所有贴图，将贴图分辨率改为 2 048，选择烘焙此模型进行烘焙。

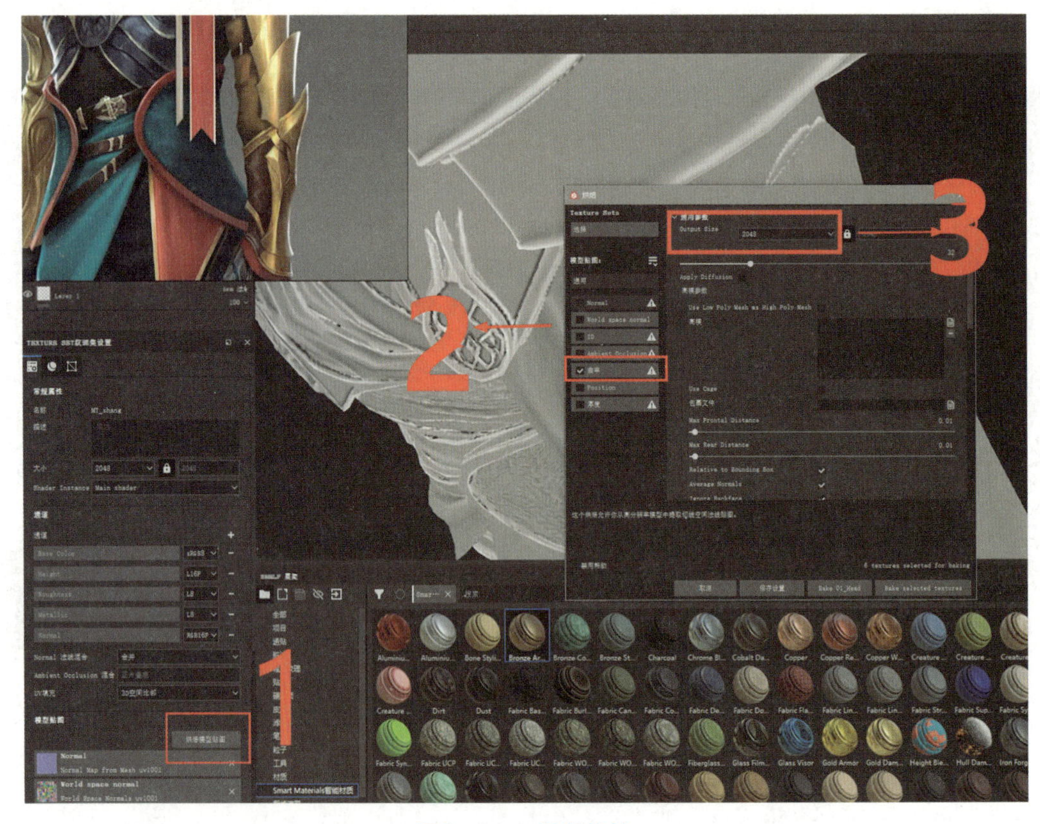

图 2－151　重新烘焙

步骤6：如图2－152所示，使用步骤4的方法制作肩甲材质。注意，即使是相似的金属，也不能全部使用同一材质。在该材质文件夹内的最上方添加一个填充图层，右击，选择添加黑色遮罩，右击遮罩，再添加过滤器。在过滤器中选择 light 节点，根据原画高光的位置，调整灯光至相应的角度，调整属性，使材质更为真实。

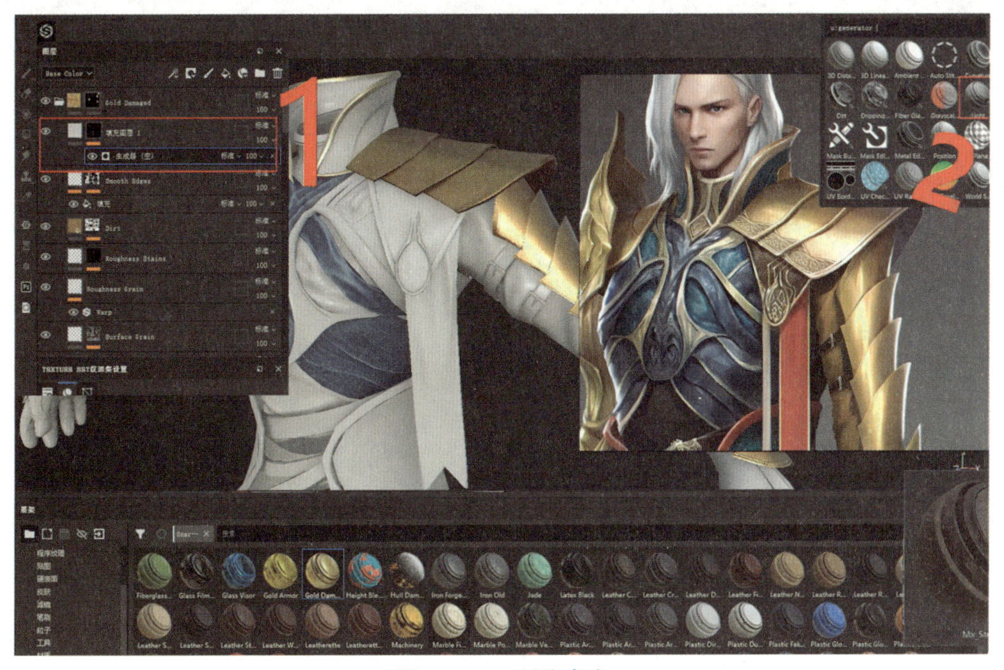

图2－152 制作高光

步骤7：使用步骤4的方法制作上衣材质，根据图片中右侧菜单栏的属性对材质进行调整。选择材质文件夹，右击，新建黑色遮罩。按住4键，选择立方体按钮，选择相对应的模型，赋予上衣材质，如图2－153所示。

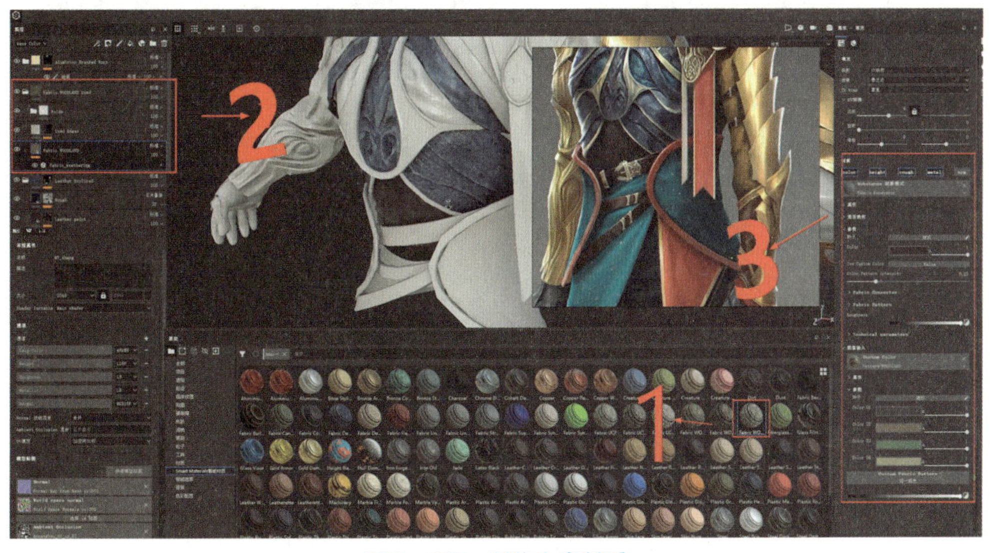

图2－153 制作上衣材质

步骤8：如图2－154所示，选择金属材质文件夹的遮罩，按住键盘上的4键，选择四边形按钮，按住F1/F2键切换UV视图与透视视图。根据原画，框选金属包边相应的面，赋予材质，制作金属包边。

图2－154　制作金属包边

步骤9：使用步骤4的方法制作胸甲内部皮革材质，调整材质球的属性。在材质球文件夹内部最上方添加一个填充图层，右击，添加一个黑色遮罩，选择黑色遮罩，右击，添加生成器，选择如图2－155所示节点，调整属性，使材质更加丰富。注意观察真实材质参考，注意纹理的大小与匹配。选择相胸甲的模型，赋予材质。

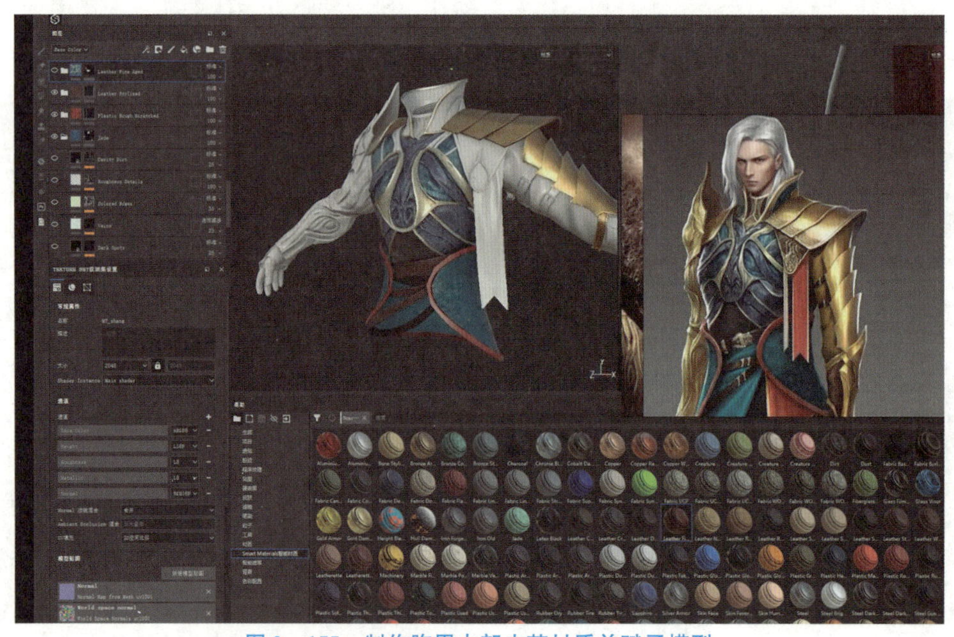

图2－155　制作胸甲内部皮革材质并赋予模型

步骤 10：根据原画选择皮革材质球，对属性进行相应的调整。在文件夹上方新建一个填充图层，右击，新建黑色遮罩，添加 leather 程序纹理，如图 2 - 156 所示。

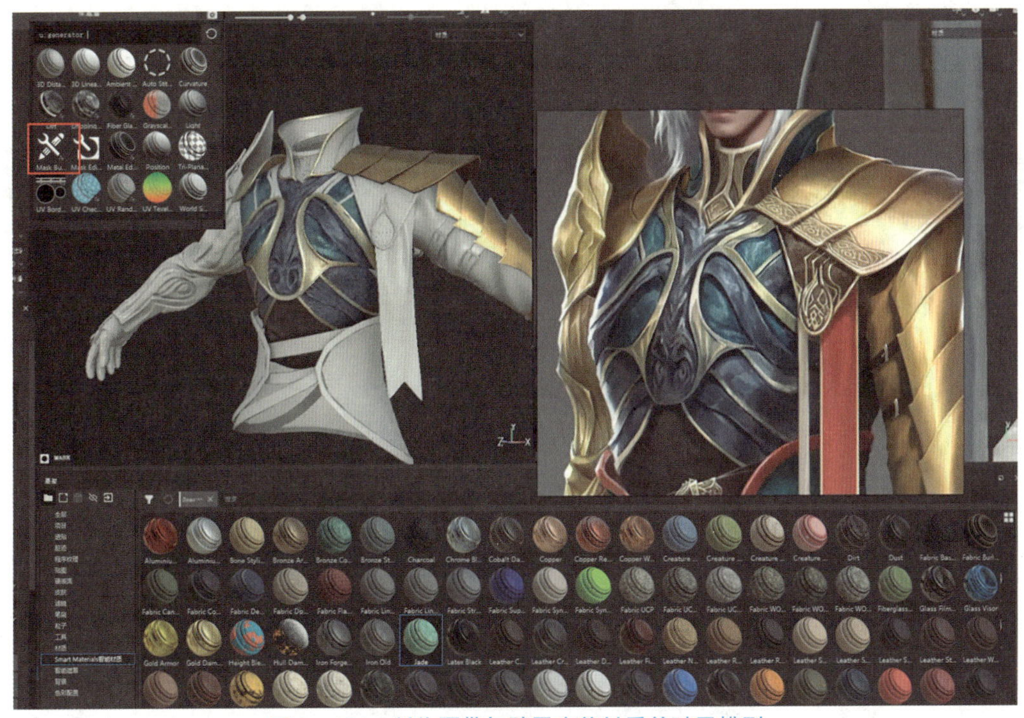

图 2 - 156　制作腰带与臂甲皮革材质并赋予模型

步骤 11：按照步骤 4 的方法制作飘带上方皮甲材质，如图 2 - 157 所示。

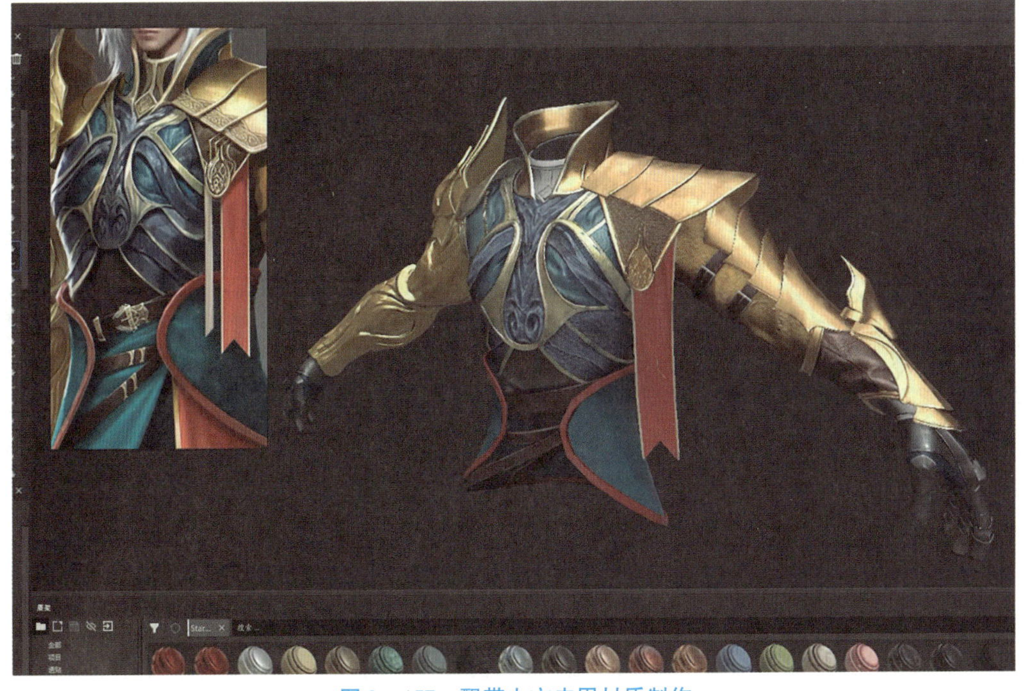

图 2 - 157　飘带上方皮甲材质制作

步骤12：如图2-158所示，在所有材质球文件夹上方新建一个文件夹，在文件夹内新建一个填充图层。根据原画，调低粗糙度，将颜色改为红色。选择文件夹，右击，新建黑色遮罩，按住4键，选择立方体按钮，选择飘带模型。在红色填充图层上方新建填充图层，调整为黄色。选择图层，右击，新建黑色遮罩，选择四边形按钮，根据原画选择相应的面，制作飘带材质。

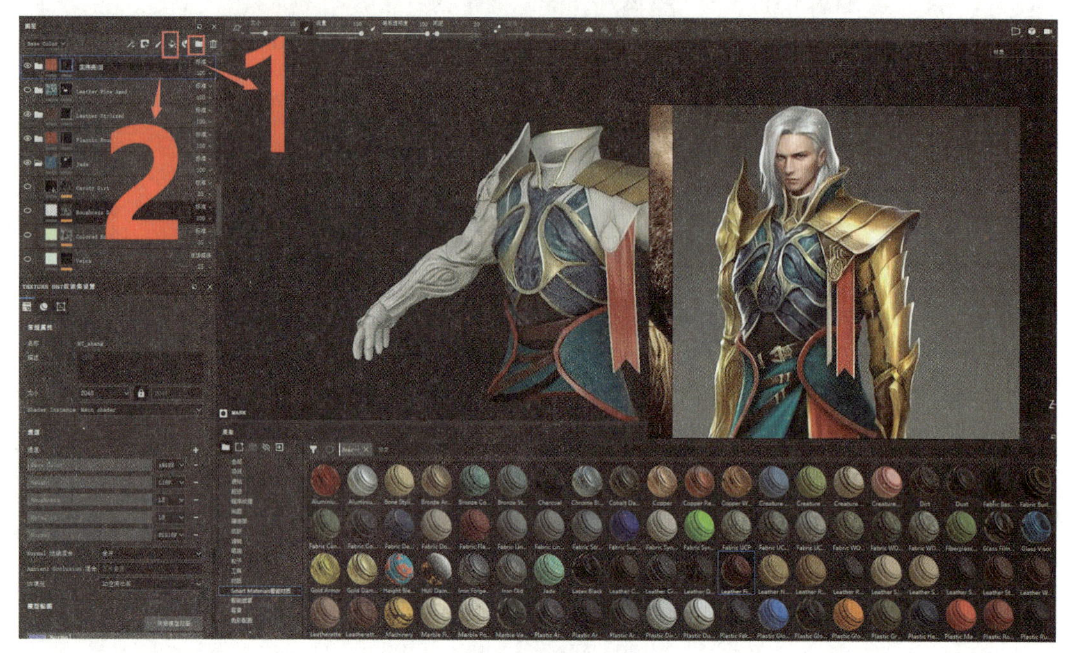

图2-158　制作飘带材质

步骤13：根据原画，使用步骤4的方法制作左侧臂甲与腿甲材质，如图2-159所示。

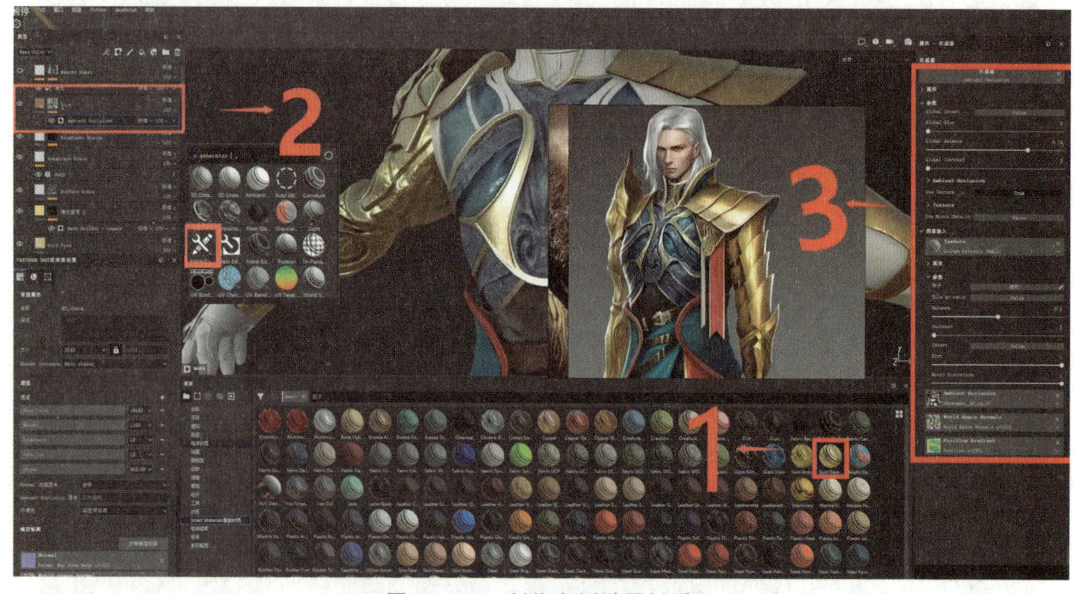

图2-159　制作左侧臂甲材质

步骤 14：选择窗口菜单栏下方的 views 子菜单，选择显示设置命令。将背景贴图改为 studio03，将阴影透明度调低，如图 2－160 所示。

图 2－160　切换背景贴图

步骤 15：如图 2－161 所示，使用步骤 4 的方法制作裤子材质。

图 2－161　制作裤子材质

步骤 16：新建文件夹，在文件夹内新建一个填充图层，根据原画，调整图层属性。在该图层上方再次新建一个白色填充图层，右击，新建黑色遮罩，右击黑色遮罩，添加生成器，选择 Mask Builder 节点，调整属性，如图 2－162 所示。

图 2－162　制作裙摆材质

步骤 17：选择胸甲内部皮甲的材质球文件夹，选择黑色蒙版，右击，增加一个绘画层，使用笔刷画出材质范围。直线可以使用 Shift 键，单击开始与末端两个点拉出。用相同方法制作内侧领子材质。可以按住右上角的摄像机按钮，对贴图进行简单的渲染测试，如图 2－163 所示。

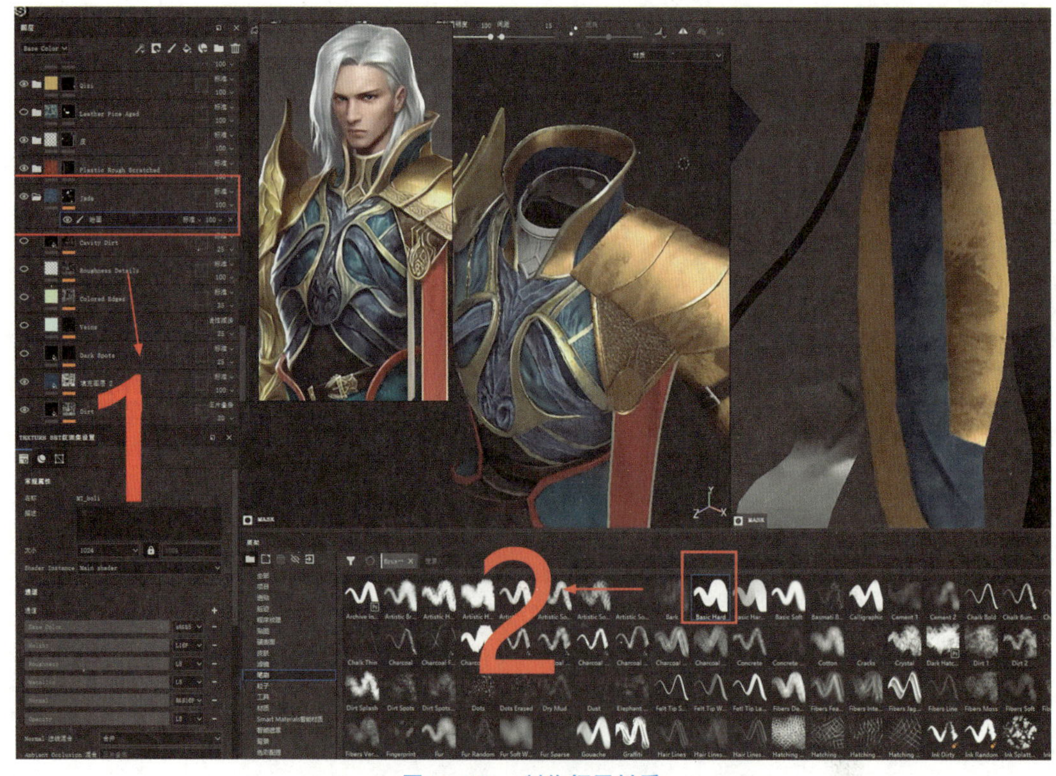

图 2－163　制作领子材质

步骤 18：新建文件夹，在文件夹内新建一个填充图层，根据原画，调整图层属性。通过检查，发现腿甲材质破损与全身破损不匹配。通过调节破损层的各项属性来增加腿甲的磨损程度。注意装备磨损的一致性，如图 2－164 所示。

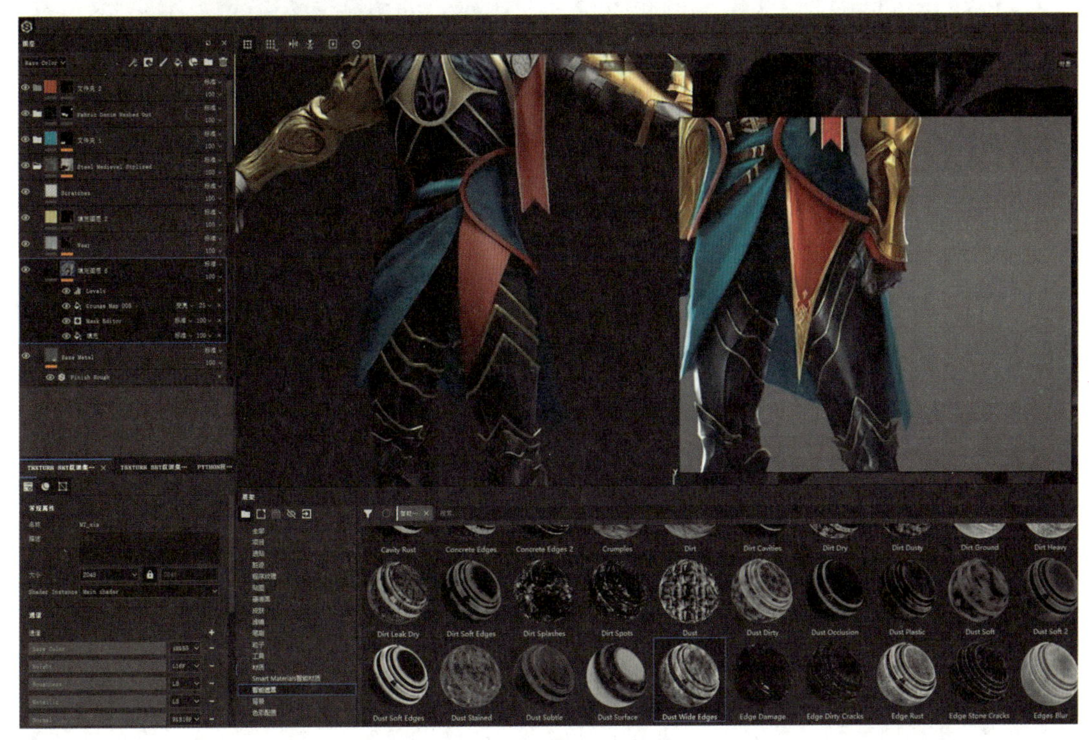

图 2－164　调节腿甲的磨损程度

步骤 19：找到相应的金属材质参考，通过分析参考可知，金属颜色红色调更重，在边缘处有黑色污垢堆积。新建一个填充图层，选择下方菜单栏中的智能遮罩，选择合适的遮罩，对属性进行相应的调整，如图 2－165 所示。

步骤 20：使用步骤 21 的方法制作胸甲金属材质的污垢堆积，如图 2－166 所示。

步骤 21：如图 2－167 所示，根据原画，调整遮罩的属性。调整完毕后，发现脏渍过多，选择遮罩，右击，新建绘画层，使用笔刷擦除一些脏渍。

步骤 22：根据原画，调整遮罩的属性，使边缘磨损更加清晰。按住 4 键，选择立方体按钮，选择相应的模型，如图 2－168 所示。

步骤 23：如图 2－169 所示，新建一个填充图层，选择图层，右击，新建一个黑色遮罩，右击遮罩，新建一个绘画层，打开间距，使画笔更加稳定。根据原画，画出肩甲花纹。

步骤 24：根据步骤 25 的方法，制作飘带上方皮甲的花纹。调整图层金属度与高度，使花纹感觉更加贴近原画，如图 2－170 所示。

步骤 25：选择皮革素材图，打开 Adobe Photoshop 软件，复制三张图片拼在一起。在滤镜菜单栏中找到其他子菜单栏，选择位移按钮将接缝放置到合适位置。使用仿制盖章工具处理接缝。在图像菜单栏中找到调整子菜单栏，找到滤色按钮去除颜色，如图 2－171 所示。

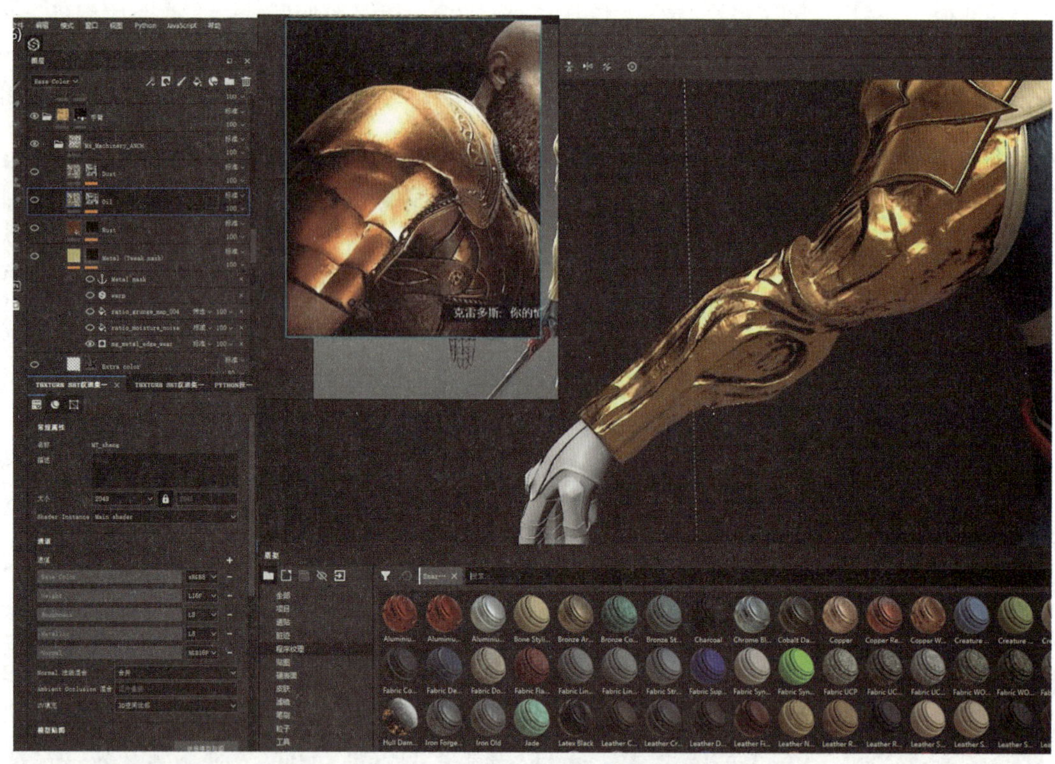

图 2 – 165　修改左侧臂甲材质

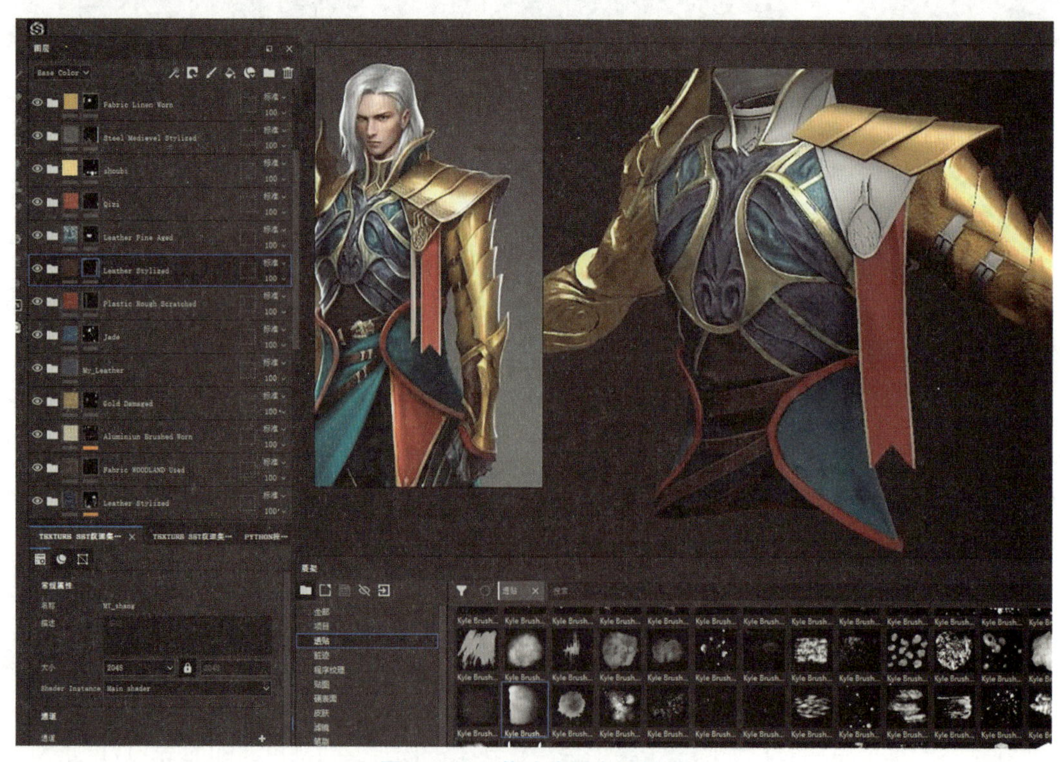

图 2 – 166　修改胸甲金属材质

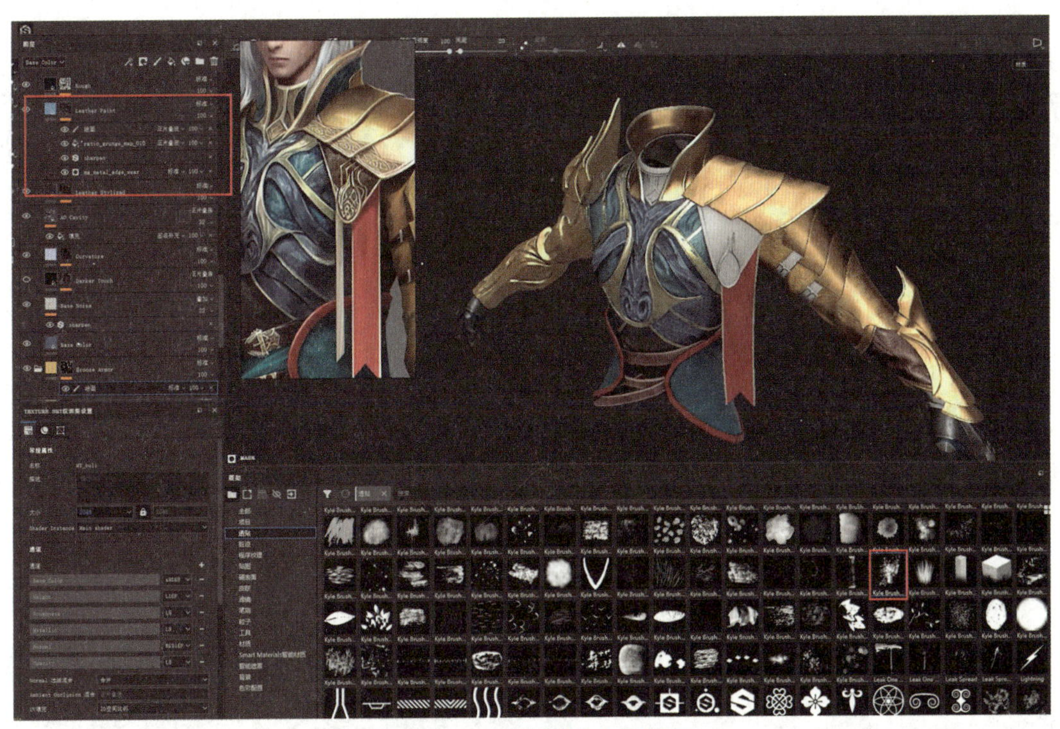

图 2－167　完善胸前皮甲材质

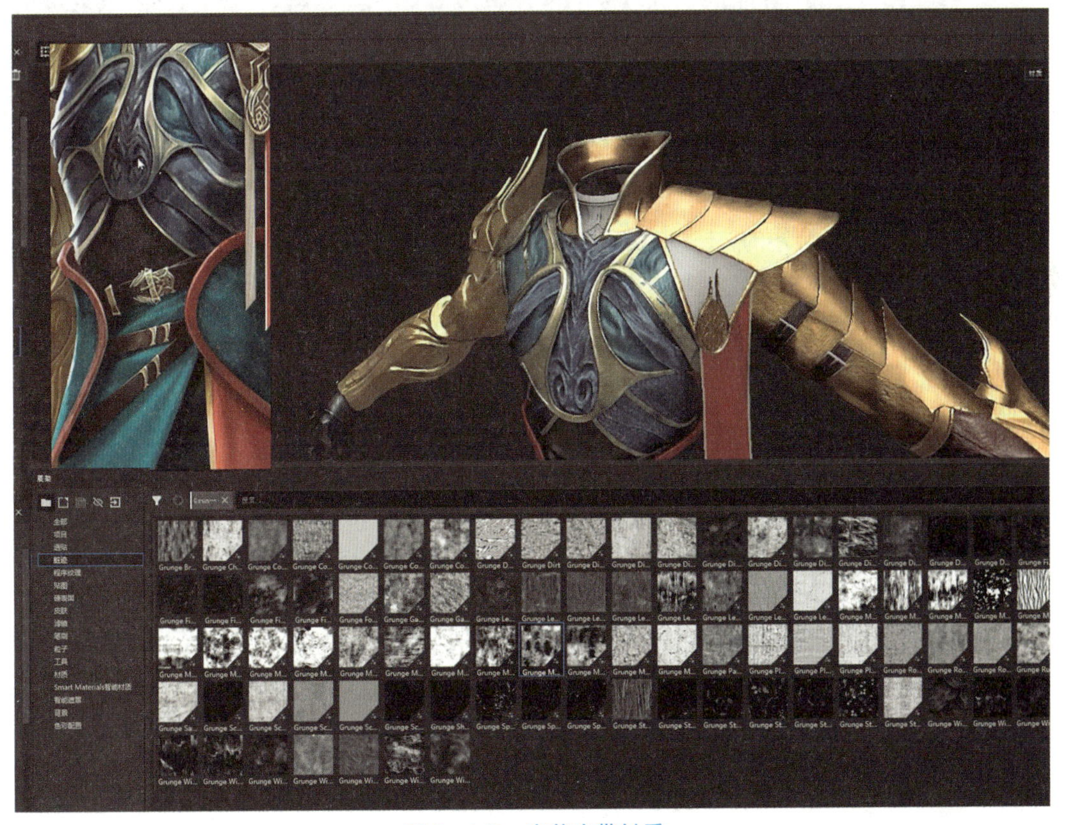

图 2－168　完善皮带材质

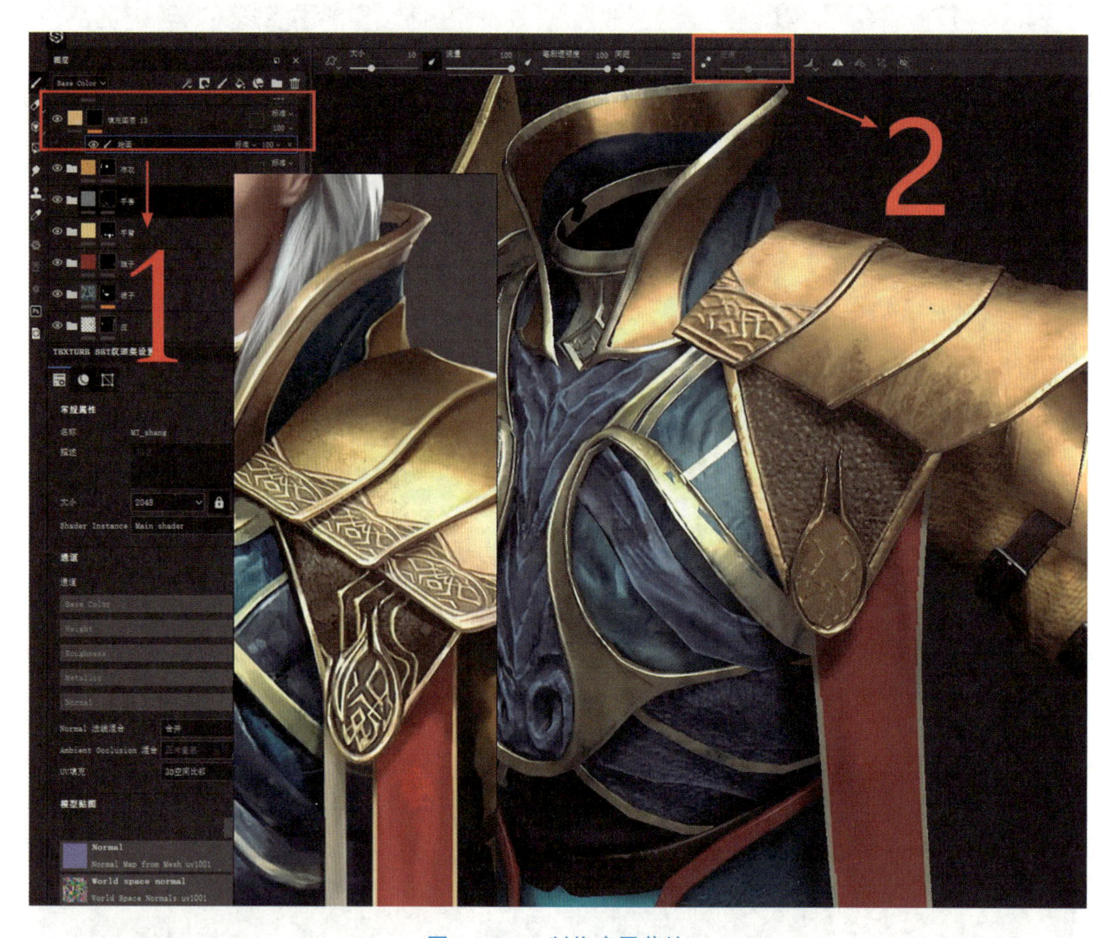

图 2－169　制作肩甲花纹

步骤 26：如图 2－172 所示，根据步骤 20 的方法导入刚刚制作的皮革纹理。在黑色遮罩上方添加一个填充图层，将皮革纹理贴入属性中。根据原画，调整该材质的破损程度。

步骤 27：根据步骤 25 的方法，画出飘带花纹。根据原画与画面的和谐度，将飘带的基本颜色调整至更加鲜艳，添加智能遮罩增加脏渍，如图 2－173 所示。

步骤 28：如图 2－174 所示，在纹理类设置当中单击 + 按钮，新建一个 opacity 通道。新建一个填充图层填充头发的底色，在底色上方再新建一个填充图层制作发丝效果。单击最上方填充图层、右击，新建黑色遮罩，单击黑色遮罩，右击，新建填充层。在下方展架中输入 Fur，选择 Fur 3 的纹理，对属性进行调整，使其有发丝的效果。

步骤 29：如图 2－175 所示，复制一个填充图层用来增加头发的颜色变化，右击黑色遮罩，添加色阶，通过色阶调整发丝效果。通过观察发现，头发的末端过于整齐，导出头发的贴图进入 Adobe Photoshop 软件，在末端画出黑色，将绘制完毕的图片导入 Substance Painter 中进行替换。

步骤 30：如图 2－176 所示，使用步骤 22 的方法调整每个材质脏渍的数量、颜色等。制作完毕之后，将所有的文件夹全部命名为该材质所属的模型名字。

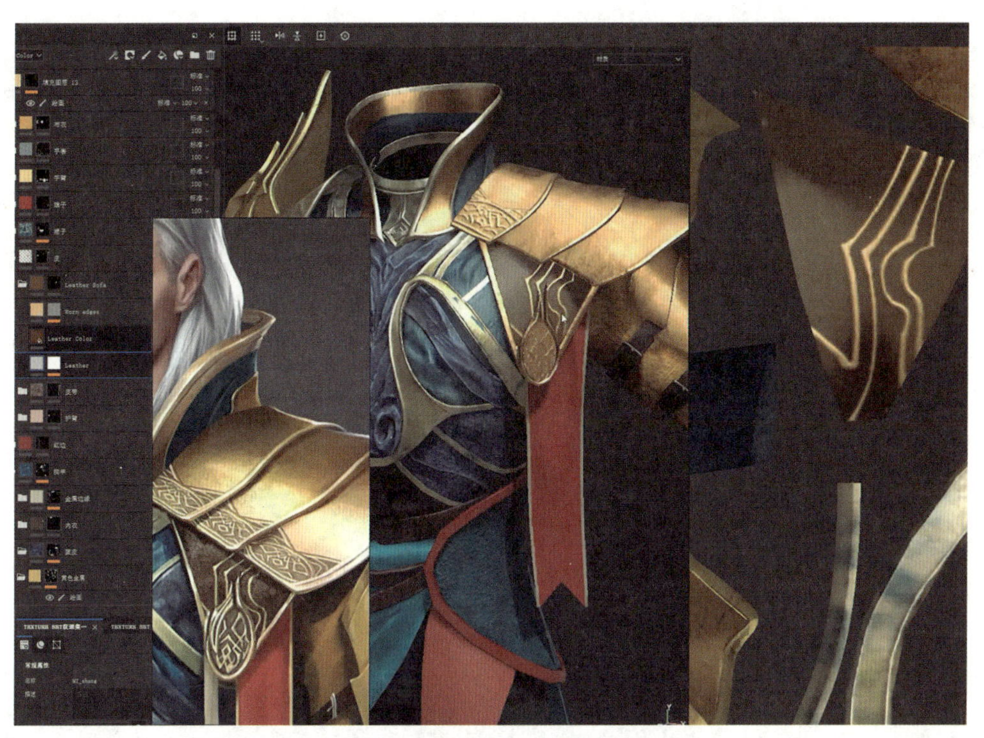

图 2－170　制作皮甲花纹

图 2－171　制作皮革纹理

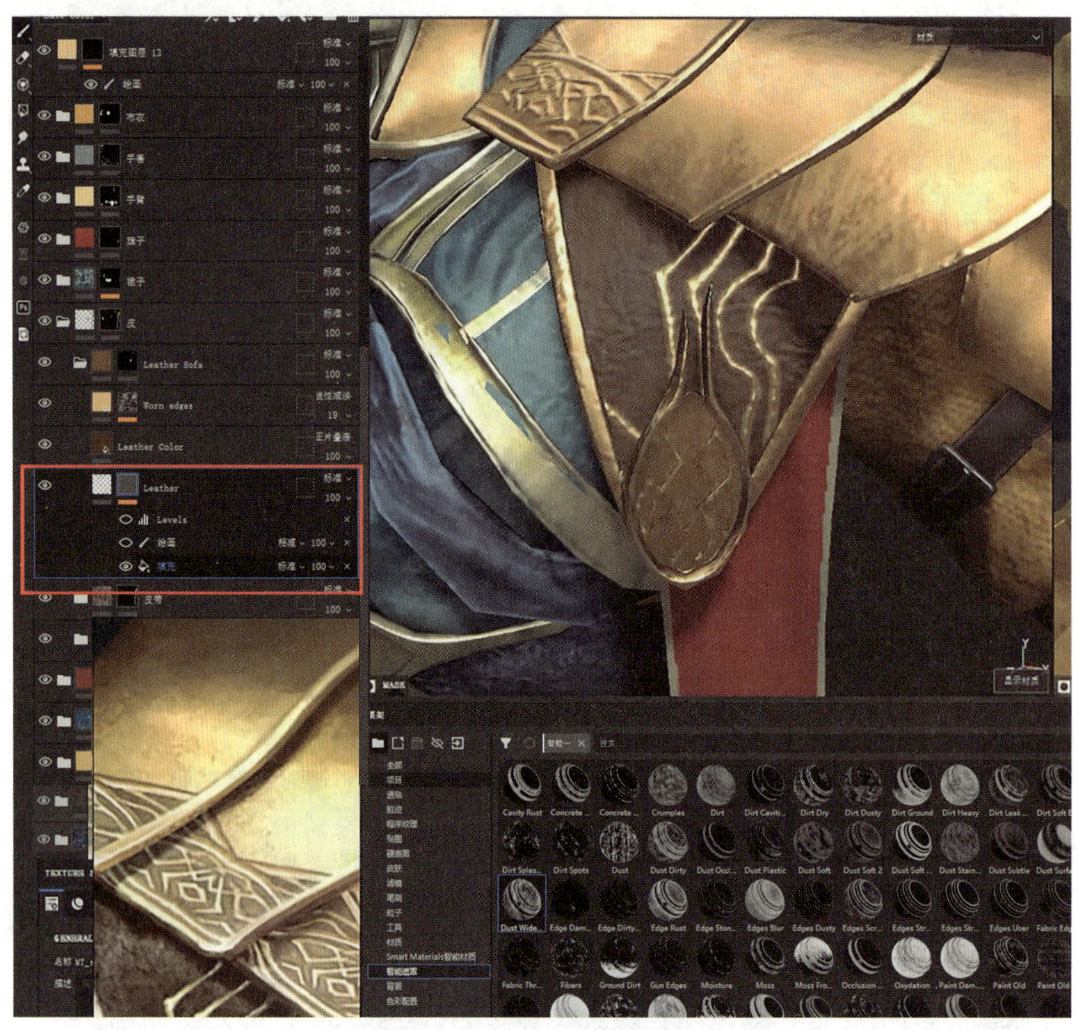

图 2－172 贴入皮革纹理

步骤 31：如图 2－177 所示，选择智能材质球中的 Skin Face 材质球，打开显示设置菜单栏，勾选激活次表面映射。在着色器显示中添加 pbr－metal－rough－with－alpha－blending 节点。选择烘焙模型贴图按钮烘焙贴图。

步骤 32：如图 2－178 所示，选择文件菜单栏下方的 Import resources 命令导入眼球素材图，按住 3 键，将素材图拖曳至 base colour 上。根据原画，映射出眼睛贴图。

步骤 33：在 ZBrush 中找到纹理菜单栏，单击导入命令导入人头素材图。使用聚光灯模式进行映射。将 Standard 笔刷的 RGB 模式打开、Zadd 关闭。使用中间圆盘上的液化功能调整参考图与模型的匹配度，旋转圆盘来调整图片的透明度，如图 2－179 所示。

步骤 34：如图 2－180 所示，按住 C 键吸取颜色，在还未绘制的区域涂上颜色。重新单击未液化的素材图，放大素材图，使用液化匹配模型的嘴唇，修正嘴唇贴图。吸取颜色覆盖住映射出来的眼球与睫毛贴图，同时将周围颜色进行融合。使用相同方法修正眉毛，注意绘制的时候不要有高光或者阴影。

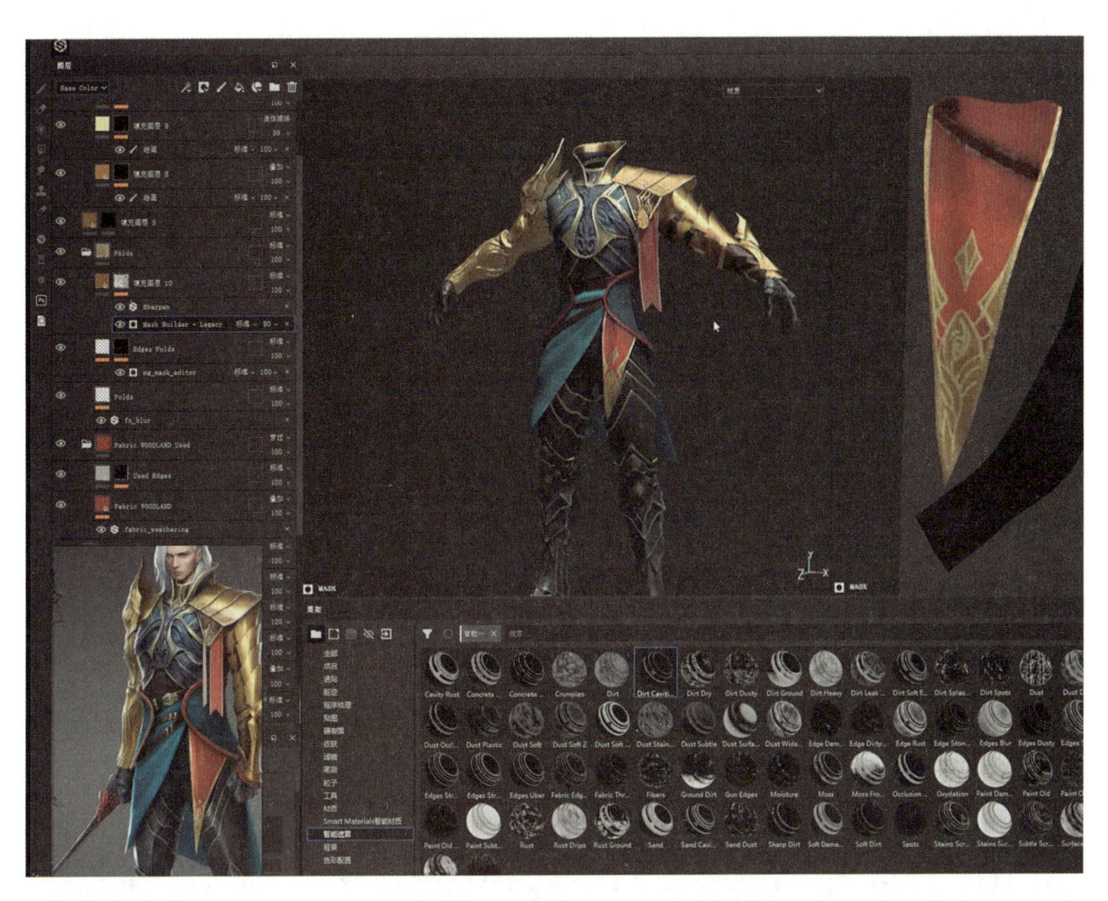

图 2－173　制作飘带花纹

图 2－174　初步制作头发材质

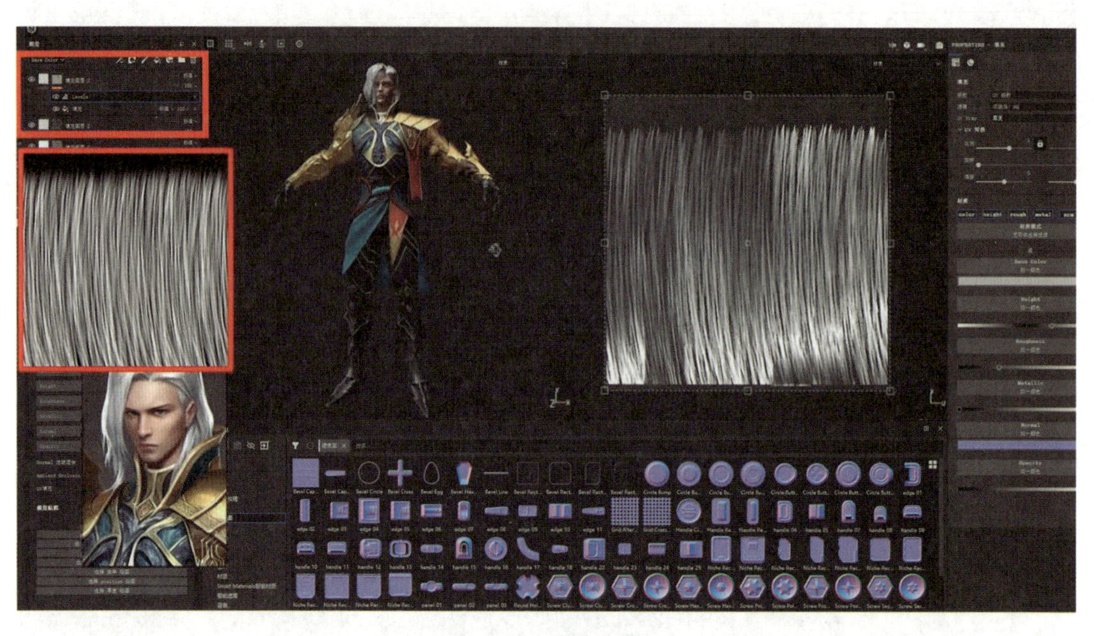

图 2－175　完善发材质

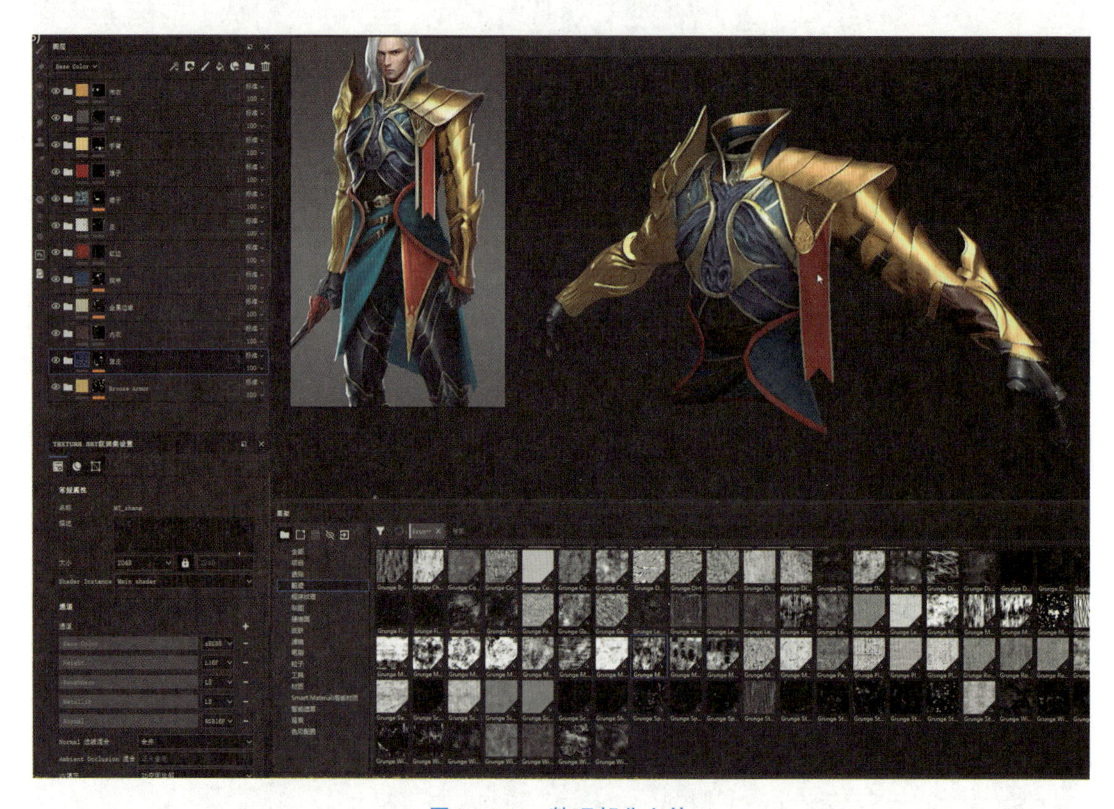

图 2－176　整理部分文件

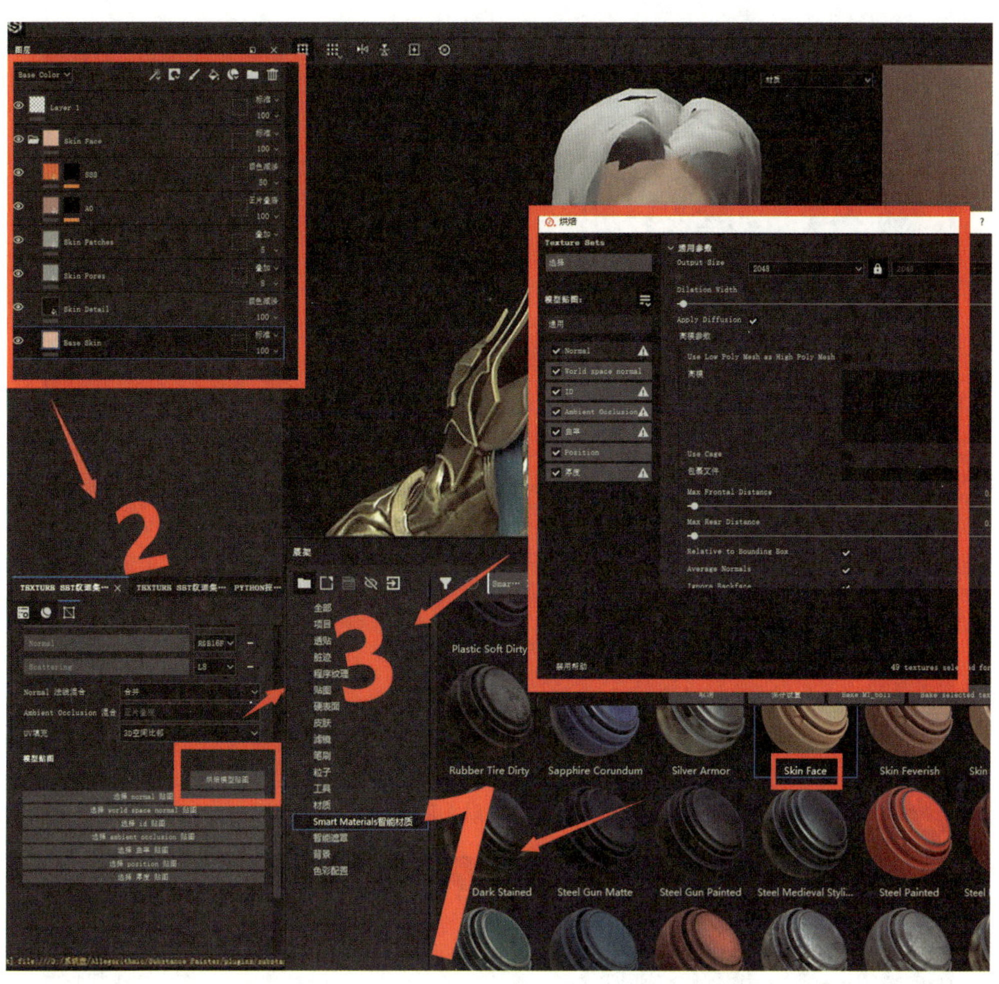

图 2－177　制作脸部材质

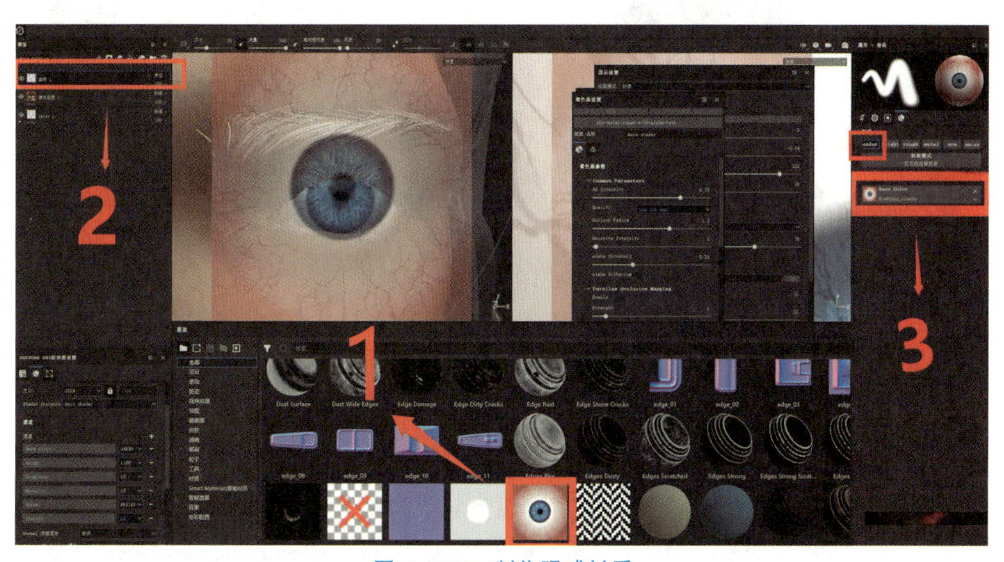

图 2－178　制作眼球材质

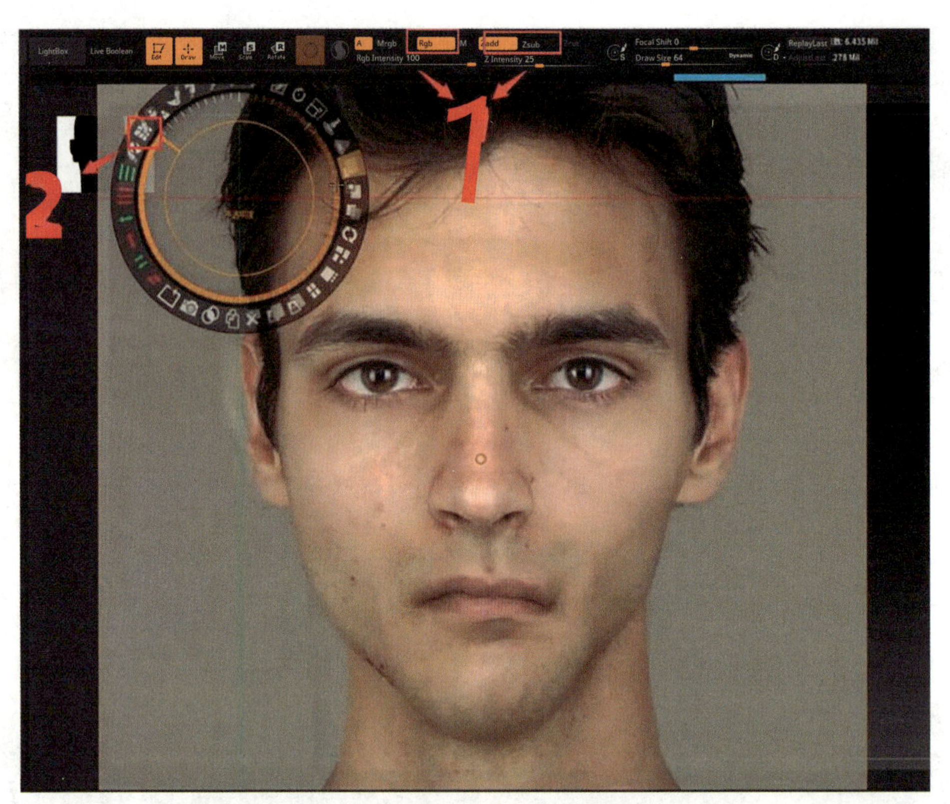

图 2－179　映射头部贴图

图 2－180　修正头部贴图

【任务总结】

至此，男性剑士角色贴图已经全部完成。此阶段主要使用 Substance Painter 制作男性剑士角色贴图，使用 ZBrush 制作皮肤贴图，使用 Photoshop 制作皮革纹理贴图与毛发贴图。

【作业】

男性剑士角色贴图制作	
作业概况	
根据本任务讲解的内容完成男性剑士角色贴图制作。	
项目要求	
型贴图无接缝，贴图无明显的拉伸或破损 30%，材质区分完整，符合设计 30%，质感清晰准确，面部五官有丰富细节 40%	
作业提交要求	
如案例所示，提供角色的五张截图，并拼合成一张。	

【项目小结】　本项目为次世代主机制作一款 AAA 级别的游戏，其中游戏风格为写实题材，制作一个写实的男性剑士角色。通过本项目的学习，学生了解和学习了 PBR 次世代角色制作流程及规范要求，人体解剖及结构理论知识，使用 Maya、ZBrush 制作男性带装备角色模型的技法，使用 Substance Painter 烘焙制作贴图的方法。

【综合实训】

男性剑士角色项目实训	
项目概况	
根据本项目讲解的次世代角色人制作流程完成男性战士角色的制作。 制作男性战士角色，要求制作的男性人体与装备结构准确、材质真实。	

续表

<table>
<tr><td>项目要求</td><td></td></tr>
<tr><td colspan="2">要求与原画结构一致，比例相同，并按照 PBR 角色制作流程完成本项目，尽可能还原原画的细节和纹理。
低精度模型面数：30 000 tris
贴图大小：2 048 px</td></tr>
<tr><td>项目原画</td><td></td></tr>
<tr><td colspan="2"></td></tr>
<tr><td colspan="2">★网上查找更多类似图片作为参考</td></tr>
<tr><td>完成时间</td><td></td></tr>
<tr><td colspan="2">参考完成时间：32 课时</td></tr>
<tr><td>其他信息和下载资源</td><td>请通过下面二维码下载资源</td></tr>
<tr><td colspan="2">技术文档和参考文件请查看下载文件 </td></tr>
</table>

【项目评价标准】

检查列表

	序号	评分项目	要求	特征描述	分值	得分
客观检查	1	软件版本	Maya 2019	软件版本必须与要求一致	3	
	2	Maya 工程目录		是否设置 Maya 工程目录	3	
	3	模型命名规则	Grenade_＊. ma	模型文件名应按照正确项命名	3	
	4	模型面数	2 000 tris	控制模型面数在 2 000 tris	3	
	5	模型法线	法线软硬边设置正确	软硬边设置是否正确	3	
	6	模型中心	坐标（0，0，0）	模型在场景中的坐标原点	3	
	7	历史记录	历史记录清空	是否清空模型历史记录	3	
	8	模型拓扑	clean up 无报错	大于四边面或者面有低级错误	3	
	9	模型比例	高度 20 cm	比例是否准确	3	
	10	文件单位	cm	模型场景文件单位设置为 cm	3	
	11	贴图大小	2 048 px	贴图大小应该是 2 048 px	3	
	12	贴图数量	4	颜色、粗糙度、法线、金属	3	
	13	贴图命名	Grenade_＊. tga	贴图命名正确	3	
	14	引擎文件命名	Grenade_＊. uproject	项目工程命名正确	3	
	15	引擎节点	节点连接正确	正确的材质节点连接	3	
	16	引擎工程目录	设置工程目录	工程目录设置正确可打开	3	
	客观项目得分				48	
评分项目			特征描述		分值	得分
主观检查	17	高精度模型还原度	高模高度还原原画结构		20	
	18		高模还原原画结构一般		10	
	19		高模与原画相差较多		5	
	20	低精度模型拓扑	拓扑结构合理		20	
	21		拓扑结构一般		20	
	22		拓扑结构不合理		5	
	23	UV 布局	UV 布局空间使用充分且布局合理		20	
	24		UV 布局空间使用或布局合理性一般		20	
	25		UV 布局空间使用或布局合理性较差		5	
	26	贴图	材质和贴图真实且体现表面使用痕迹		30	
	27		材质和贴图还原原画细节不够，缺少真实材质细节		15	
	28		材质和贴图还原程度较差，不能体现材质质感		5	
总得分					100